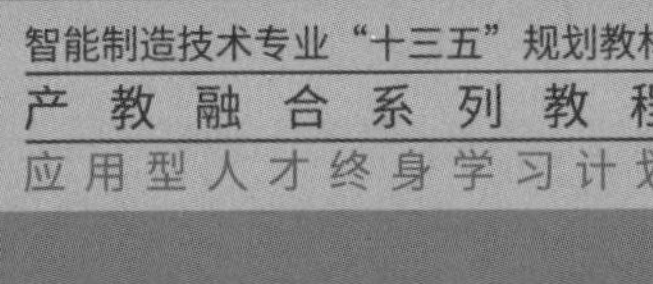

TRIO
EduBot 哈工海渡教育集团
技皆知

智能运动控制技术应用初级教程（翠欧）

总主编　张明文
主　编　王璐欢　石中林
副主编　黄建华　何定阳　许乐平

“六六六”教学法
◆ 六个典型项目
◆ 六个鲜明主题
◆ 六个关键步骤

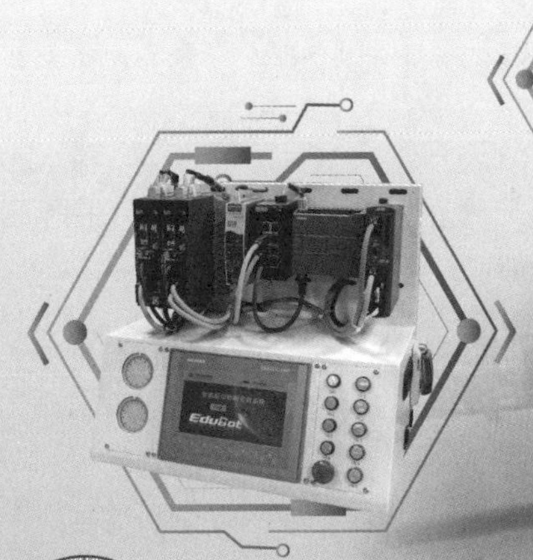

教学视频+电子课件+技术交流

哈爾濱工業大學出版社
HARBIN INSTITUTE OF TECHNOLOGY PRESS

内 容 简 介

本书基于翠欧运动控制器应用，从运动控制器应用过程中需掌握的技能出发，由浅入深、循序渐进地介绍了运动控制器的基础知识与基本指令；从安全操作注意事项切入，配合丰富的实物图片，系统介绍了运动控制器逻辑控制、单轴定位运动、两轴XY联动、主从飞剪随动、MODBUS协议通信、多轴SCARA机器人运动等实用内容。本书基于具体案例，详细讲解了运动控制器的编程、调试与自动生产的过程。通过学习本书，读者可对运动控制器的实际使用过程有一个全面清晰的认识。

本书图文并茂、通俗易懂，具有很强的实用性和可操作性，既可作为高等院校和中高职院校智能制造相关专业的教材，又可作为协作机器人培训机构用书，同时可供相关行业的技术人员参考。

图书在版编目（CIP）数据

智能运动控制技术应用初级教程：翠欧 / 王璐欢，石中林主编. —哈尔滨：哈尔滨工业大学出版社，2020.7

产教融合系列教程 / 张明文总主编

ISBN 978-7-5603-8860-1

Ⅰ. ①智… Ⅱ. ①王… ②石… Ⅲ. ①智能控制—运动控制—教材 Ⅳ. ①TP24

中国版本图书馆CIP数据核字（2020）第099311号

策划编辑　王桂芝　张　荣

责任编辑　张　荣　陈雪巍

出版发行　哈尔滨工业大学出版社

社　　址　哈尔滨市南岗区复华四道街10号　邮编150006

传　　真　0451-86414749

网　　址　http://hitpress.hit.edu.cn

印　　刷　哈尔滨市石桥印务有限公司

开　　本　787mm×1092mm　1/16　印张16.25　字数400千字

版　　次　2020年7月第1版　2020年7月第1次印刷

书　　号　ISBN 978-7-5603-8860-1

定　　价　48.00元

编审委员会

前　言

“中国制造 2025”国家战略的提出，使中国工业自动化产业进入快速发展阶段。随着运动控制技术的不断进步和完善，作为一个独立的工业自动化控制类产品，运动控制系统已成为一项成熟的技术，在自动化产业中占有相当重要的地位。

运动控制技术的快速发展和应用对具有一定运动控制技术知识、能够熟练应用典型的运动控制器的技能型人才的需求十分迫切。从国内人力资源市场供需情况来看，技能人才培养供不应求的局面亟需改变。技工短缺局面已从过去的局部性演变为现在的全国性，从过去的阶段性演变为现在的常态性。

为此，国家相继出台了系列政策支持技能型人才的培养。国务院办公厅印发《职业技能提升行动方案（2019—2021 年）》（以下简称《方案》），《方案》明确了未来 3 年的具体目标任务：在培训数量上，明确年度培训 1 500 万人次以上，并提出到 2021 年要完成补贴性培训 5 000 万人次以上；在培训质量上，明确技能人才比重要得到提高的目标要求，即到 2021 年底，技能劳动者占就业人员总量的比例要达到 25%以上，高技能人才占技能劳动者总量的比例要达到 30%以上。

本书基于翠欧运动控制器，从运动控制器应用过程中需掌握的技能出发，通过项目式教学法由浅入深、循序渐进地介绍了运动控制器的基础知识与基本指令；从安全操作注意事项切入，配合丰富的实物图片，系统介绍了运动控制器逻辑控制、MODBUS 协议通信、单轴定位运动、两轴 XY 联动、主从飞剪随动、多轴 SCARA 机器人运动等实用内容。本书基于具体案例，详细讲解了运动控制器的编程、调试、自动生产的过程。通过学习本书，读者可对运动控制器的实际使用过程有一个全面清晰的认识。

限于编者水平，书中难免存在疏漏及不足之处，敬请读者批评指正。任何意见和建议可反馈至 E-mail:edubot_zhang@126.com。

编　者

2020 年 5 月

目　　录

第一部分　基础理论

第二部分 项目应用

第一部分　基础理论

第1章　运动控制技术概况

1.1　运动控制技术概况

※ 运动控制技术简介

运动控制起源于早期的伺服控制，实现对机械传动部件的位置、速度、加速度等进行实时的控制管理，使其按照预期的轨迹和规定的运动参数完成相应的动作。

运动控制技术作为自动化技术的一个重要分支，在20世纪末进入快速发展阶段。在现代工业自动化技术中运动控制技术代具有最广泛的用途，并承担着最复杂的任务。运动控制系统经历了从直流到交流、从开环到闭环、从模拟到数字，以及基于PC的伺服控制网络系统和基于网络的运动控制系统的发展历程。大体具有以下几种形式。

1. 模拟电路

早期的运动控制系统一般采用运算放大器等分立元件，以模拟电路硬件连线方式构成。这种控制系统具有响应速度快、精度较高、有较大的带宽等优点。然而，与数字系统相比，存在受老化和环境温度影响大、系统复杂、系统无法进行修改等缺点。

2. 微控制器

微控制器将CPU、RAM、ROM或EPROM、I/O等集成在芯片上，具有集成度高、速度快、功耗低、抗干扰能力强等优点，可取代模拟电路作为电动机的控制器。这种控制系统具有可通过软件实现复杂控制算法、系统方便修改等特点。但是由于一般单片机集成度较低，不具备运动控制系统所需要的专用外设，仍然需要集成较多元器件，增加了系统的复杂性，难以满足运算量较大的实时信号处理要求。

3. 通用计算机

通用计算机具有很强的计算处理能力，利用高级语言编制相关的控制软件，配合与计算机进行信号交换的通信接口板和驱动电机的电路板，就可以构成一个运动控制系统。这种运动控制系统利用计算机的高速度、强大运算能力和方便的编程环境，可实现高性能、高精度、复杂的控制算法，并且控制软件的修改也很方便。然而，由于通用计算机体积较大，往往运行非实时操作系统，造成控制器体积较大，难以实现实时性较高的信号处理算法。

4. 专用运动控制芯片

使用专用运动控制芯片的运动控制系统是将实现电机控制所需的各种逻辑功能做在一个专用集成电路内，并提供一些专用的控制指令，同时具有一些辅助功能，使用户的软件设计工作减到最小程度。利用专用电机控制芯片构成的运动控制系统保持了模拟控制系统和以微处理器为核心的运动控制系统两种实现方式的长处，具有响应速度快、系统集成度高、使用元器件少、可靠性好等优点。但是由于已经将软件算法固化在芯片内部，降低了系统的灵活性，不具备扩展能力，很难实现系统的升级。

5. 可编程逻辑器件

可编程逻辑器件控制系统是将运动控制算法下载到相应的可编程逻辑器件中，以硬件的方式实现最终的运动控制系统。这种控制系统减少了元器件个数，缩小了系统体积，响应速度快，可实现并行处理，通用性强。但是由于控制算法由硬件实现，算法越复杂所需的内部晶体管数量越多，其成本越高。因此一般使用可编程逻辑器件实现较简单的控制算法，构成较简单的运动控制系统。

1.2 运动控制技术发展概况

1.2.1 国外发展现状

全球运动控制产品市场在 2016～2019 年期间以 5.5%的年复合增长率增长。事实上，全球运动控制产品市场在 2015 年出现过下降，但到 2016 年又稳健增长，硬件营业收入约 108 亿美元，控制系统软件营业收入超过 2 100 万美元。业内分析师预计，运动控制产品市场将会持续增长，2016～2021 年期间将维持 4.4%的年复合增长率，并在 2021 年预计达到 134 亿美元的总营业收入。

在强劲市场需求的推动下，运动控制技术发展迅速，应用广泛，尤其是机床、纺织、印刷、包装和电子等行业的快速发展有力带动了对运动控制器的需求。

驱动市场增长的因素包括工厂自动化的普及、对工业安全生产率的追求、生产过程中对工业机器人需求的增加，以及运动控制系统中对部件易用性和集成的要求。

1.2.2　国内发展现状

国内的运动控制产品（包括通用伺服系统、步进系统、运动控制器）市场稳步增长。2016 年，中国运动控制行业整体发展取得了长足的进步，部分规模化企业的年增长率均在 10%以上。

通用运动控制器作为步进系统和伺服系统的控制装置，其市场规模受到步进系统和伺服系统的直接影响。近年来，两者的快速增长带动通用运动控制器的市场规模不断扩大。国内通用运动控制器市场规模由 3.74 亿元增长到 5.9 亿元，年均复合增长率为 12.07%，且预计未来几年仍将保持 15%的增速，如图 1.1 所示。

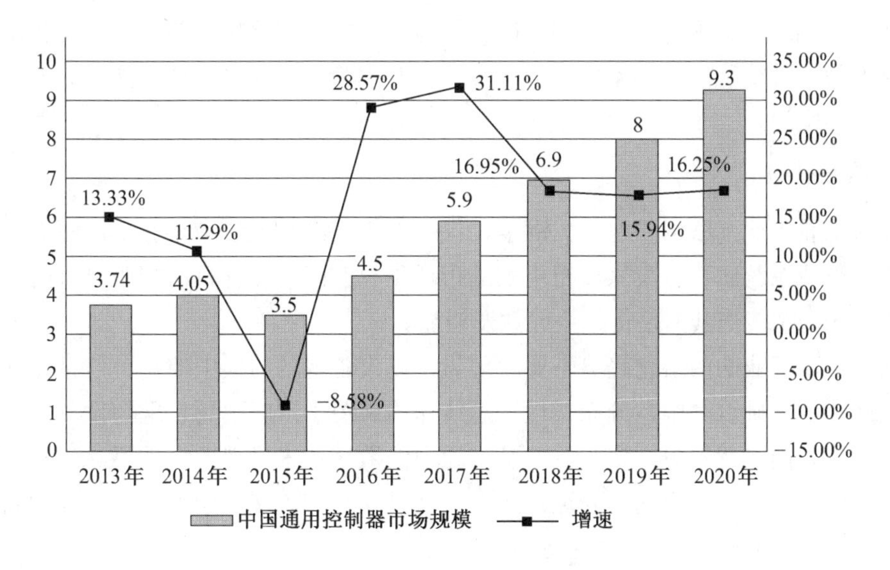

图 1.1　中国通用控制器市场规模及增速

国内的通用运动控制器市场中，外资品牌企业定位于高端市场，国内企业定位于中、低端市场。在 PLC 控制器和嵌入式控制器市场，日本三菱、松下、西门子等外资品牌占据主要高端市场，中、低端市场是完全市场化的竞争格局；在国内的 PC-Based 控制卡市场，高端市场由美国泰道、翠欧等外资品牌占据，目前国内品牌逐渐向中高端发力，外资品牌市场份额呈现萎缩态势。

1.2.3　产业发展趋势

“中国制造 2025”国家战略的提出，使中国工业自动化进入快速发展阶段。无论是从产品质量、性能、外观及产品综合性价比方面都提出了更高层次的要求，装备制造业整体性产业升级开始加速。此时，先进的自动化企业为行业带来先进运动控制技术，成为各大制造业的一大制胜法宝。随着运动控制技术的不断进步和完善，作为一个独立的工业自动化控制类产品，运动控制系统已成为一项成熟的技术，在自动化产业中占有相当重要的地位。

在强劲市场需求的推动下，运动控制技术发展迅速，应用广泛，尤其是机床、纺织、印刷、包装和电子等行业的快速发展有力带动了对运动控制器的需求。如何在小批量生产中提高产品质量、降低生产成本（能耗与维护等）、缩短机器和产品的研发与生产周期等问题，正引导着运动控制沿着数字化、网络化、智能化和信息化的轨迹向前发展。

1. 数字化

随着电子技术与信息产业的飞速发展，在“中国制造 2025”“工业 4.0”等产业革命的推动下，对制造工艺和质量提出了更高的要求：企业需要不断满足日益缩短的新品上市周期，并能顺应更低成本及更加微型化的趋势。

数据是制造业实现智能制造的基础。整体上看，数字化控制与模拟控制相比不仅具有控制方便、性能稳定、成本低廉等优点，同时也为运动控制实现智能化、网络化控制开辟了发展空间。

2. 网络化

在新一轮工业互联网的建设大潮下，仅靠单一产品已无法赢得竞争，而需要进行产品集成，形成系统解决方案来获得更大的市场生存空间。尽管目前伺服电机的控制端仍以脉冲系统为主，但其网络化趋势已愈发明显。

运动控制行业的网络化趋势主要表现为：以设备现场的集中控制、信息互联来构建自动化产线的基础，其中，分布式现场总线作为应用于生产现场、现场设备之间，设备与控制装置之间实行双向、串行、多节点通信的数字技术显得尤为重要，建立网络型伺服系统是实现工业物联网的必要途径之一；并且在一些高端应用场合中，强调高速、实时性的工业以太网系统逐渐开始得到采用。

3. 智能化

伴随着制造业对于“工业 4.0”“中国制造 2025”等战略规划更为清晰和理性的认识，整合包括生产决策、整合制造、友善人机、节能环保加工及全球化生产决策，“智能制造”成为工厂自动化的重要趋势，其中运动控制技术也在其中扮演主要关键角色，也是未来先进“智造”的核心。几乎所有的“动作”都跟运动控制有关，而现在越来越多的技术整合到系统之中，因此，运动控制不再只是控制“运动”,“智能化”在运动控制中将占据重要角色。

4. 信息化

从用户的需求来看，用户对整个设备的控制需求，逐步向物联网方向发展，对控制器解决方案提出的需求日新月异。目前，现有架构要求控制器提供上层管理软件信息系统的接口直接与云端连接，生产过程的实时数据和生产设备的数据需要集成统一分析，以满足客户个性化的产品服务需求。

在可预见的未来，智能制造将以前所未有的速度席卷整个制造业。随着智能制造领域转型升级，单纯依靠单机的运动控制将不可持续，中国制造业要坚持智能转型，实现中国制造业从低端向高端转变，中国的运动控制产品市场也必须迎头而上，不断创新突破核心技术，从而迎来新的爆发。

1.3　运动控制技术基础

1.3.1　运动控制系统组成

典型的运动控制系统由运动控制器、驱动控制器、执行器及反馈装置组成，如图 1.2 所示。

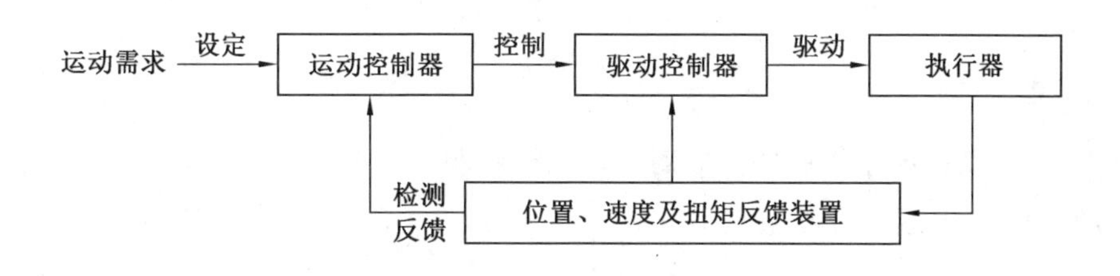

图 1.2　运动控制系统组成

1. 运动控制器

运动控制器是运动控制系统的核心，用于生成轨迹点和驱动单元的闭环控制，主要分为基于计算机标准总线的运动控制器、嵌入式运动控制器和 Soft 型开放式运动控制器 3 种，如图 1.3 所示。

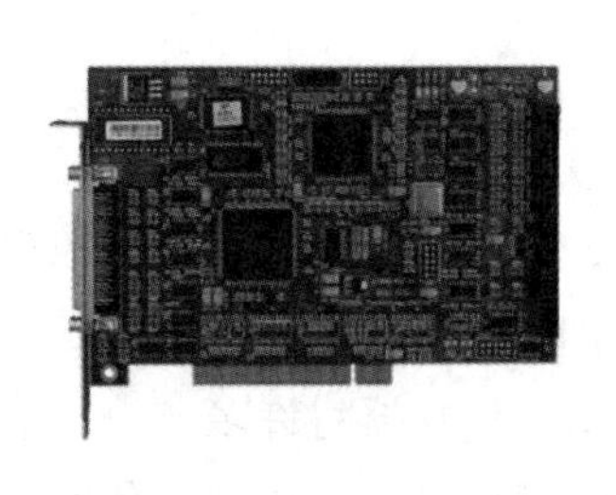

（a）基于计算机标准总线的运动控制器

（b）嵌入式运动控制器

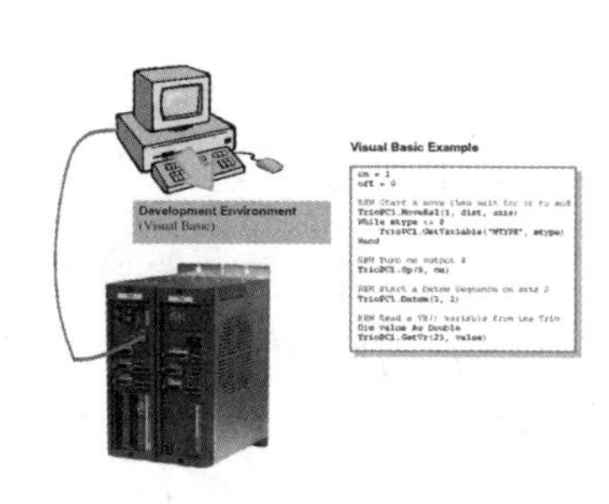

（c）Soft 型开放式运动控制器

图 1.3　典型的运动控制器形式

2. 驱动控制器

驱动控制器是运动控制系统的转换装置，用于将来自运动控制器的控制信号转换为更高功率的电流或电压信号，控制执行器的运动。更为先进的智能化驱动可以自身闭合电流环、速度环甚至位置环，以获得更精确的控制，典型的驱动控制器如图 1.4 所示。

（a）变频器

（b）步进电机驱动器

（c）交流伺服驱动器

图 1.4　典型的驱动控制器

3. 执行器

执行器是运动控制系统中的控制对象，用于将驱动信号转换为位移、旋转等。典型的执行器如图 1.5 所示。

（a）交流异步电机

（b）步进电机

（c）交流同步伺服电机

图 1.5　典型的执行器

4. 反馈装置

反馈装置是运动控制系统中进行检测与处理的装置。运动控制系统真实可靠地得到这些常用的反馈信号，用于开环控制。典型的反馈装置如图 1.6 所示，其中编码器是一种将旋转位移转换成一串数字脉冲信号的旋转式传感器；霍尔式传感器将许多非电、非磁的物理量，例如力、力矩、压力、应力、位置、位移、速度、加速度、角度、角速度、转数、转速以及工作状态发生变化的时间等，转变成电量来进行检测和控制；光栅尺可用作直线位移或者角位移的检测。

现在很多运动控制系统可以将电机和反馈装置整合，如伺服电机。

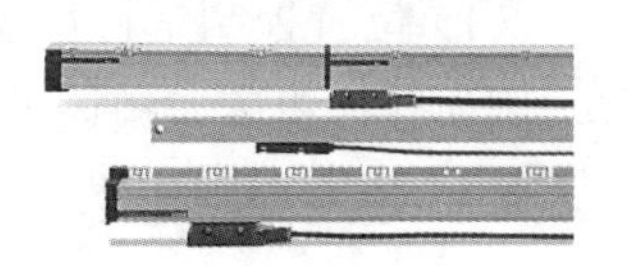

（a）编码器　（b）霍尔式传感器　（c）光栅尺

图 1.6　典型的反馈装置

1.3.2　运动控制系统分类

1. 按照能源供给方式分类

按照能源供给方式，运动控制系统可以分为**电动控制系统**、**气动控制系统**和**液压控制系统** 3 种，如图 1.7 所示。其中，液压伺服机构和气动伺服机构适用于要求防爆且输出力矩较大、控制精度要求较低的场合。

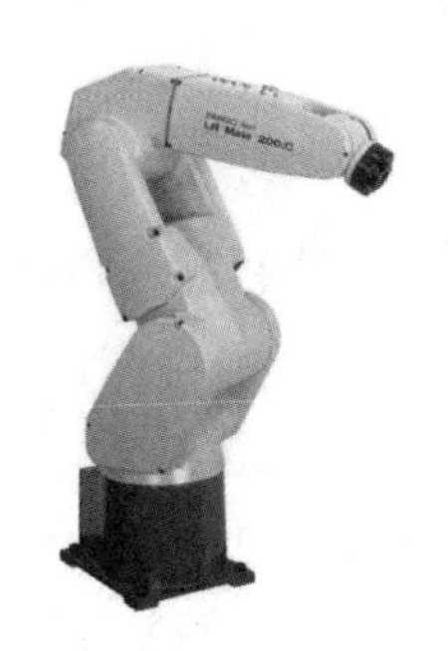
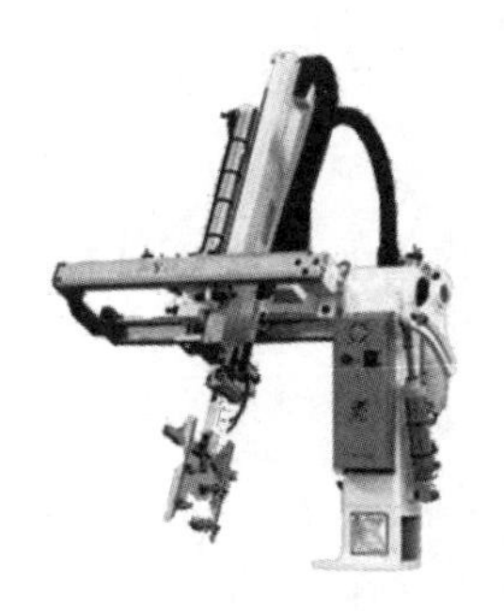

（a）电动控制系统　（b）气动控制系统　（c）液压控制系统

图 1.7　按照能源供给方式分类

2. 按照被控制量的性质分类

按照被控制量的性质，运动控制系统可以分为**位置控制系统**、**速度控制系统**、**力矩控制系统**、**同步控制系统**等类型，如图 1.8 所示。

（a）位置控制——数控系统（b）速度控制——电梯（c）力矩控制——绕线机　（d）同步控制——裁板机

图 1.8　按照被控制量的性质分类

（1）位置控制是将负载从某一确定的空间位置按照一定的轨迹移动到另一空间的位置，例如数控机床、搬运机械手和工业机器人。

（2）速度控制是使负载按照某一确定的速度曲线进行运动，例如电梯通过速度和加速度调节实现平稳升降和平层。很多速度控制系统的控制目标也包括位置，例如电梯控制系统，因此，速度控制在很多情况下是与位置控制等相互配合来工作的。

（3）力矩控制系统是通过转矩的反馈来使输出转矩保持恒定或按某一规律变化，主要应用在对材质的受力有严格要求的缠绕和放卷的装置中，例如绕线装置或拉光纤设备，转矩的设定要根据缠绕半径的变化随时更改以确保材质的受力不会随着缠绕半径的变化而改变。

（4）同步控制系统是一种工控设备的常用系统，主要是实现辊间或者轴间的位置、速度或者电流之间按照一定比率去协调的系统。同步控制系统一般通过 PLC、伺服系统、变频器、编码器、工控机、触摸屏、直流调速器等元件组合而成，是一种集成系统，目前广泛应用于冶金、线材、薄膜、加中中心、机器人、造纸等行业，是工控自动化控制技术发展的一个高端方向。

3. 按照反馈情况分类

按照反馈情况，运动控制系统可以分为**开环控制系统、半闭环控制系统**和**全闭环控制系统**。

（1）开环控制系统。

开环控制系统是指无反馈信息的控制系统。在开环运动控制系统中，执行机构的运动目标指令和执行过程是确定的，但实际执行结果与指令之间是否存在偏差无法确定。例如采用步进电机控制工作台移动，由于无电机和工作台位置反馈装置，系统无法保证定位完全准确，如图 1.9 所示。

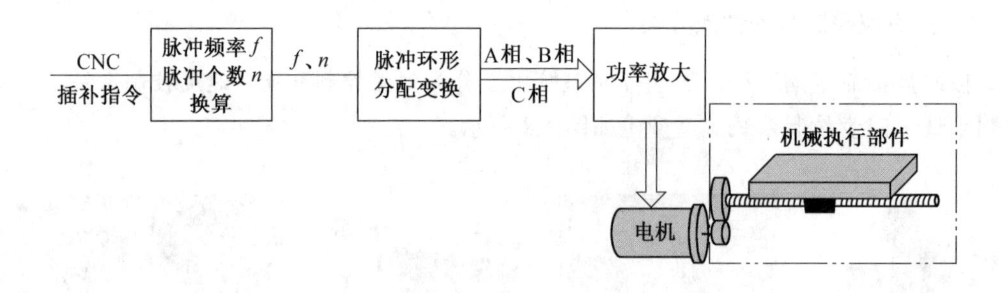

图 1.9　开环控制系统连接图

（2）半闭环控制系统。

半闭环控制系统是指具有间接反馈的控制系统。在半闭环运动控制系统中，执行机构在执行运动目标指令过程中，通过编码器等装置将自身的速度信息和位置信息反馈给控制器，控制器在收到反馈信号后可以通过算法消除执行机构实际运动结果与目标指令之间的偏差。例如采用伺服电机控制的工作台移动，通过伺服电机编码器实现对执行单元位置的间接检测，如图 1.10 所示。

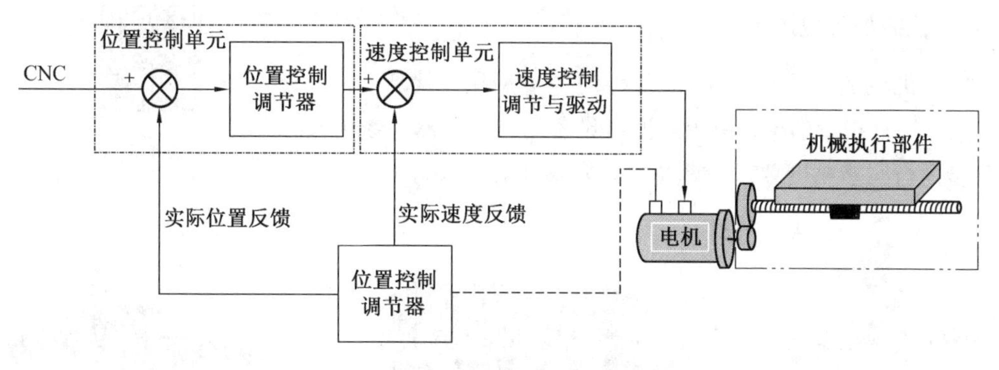

图 1.10　半闭环控制系统连接图

（3）全闭环控制系统。

全闭环控制系统是指具有直接反馈的控制系统。在全闭环运动控制系统中，执行机构在执行运动目标指令过程中，通过光栅尺等装置将自身的速度信息和位置信息反馈给控制器，控制器在收到反馈信号后可以通过算法消除执行机构实际运动结果与目标指令之间的偏差。例如采用伺服电机配合光栅尺控制的工作台移动，通过光栅尺实现对执行单元的直接检测，如图 1.11 所示。

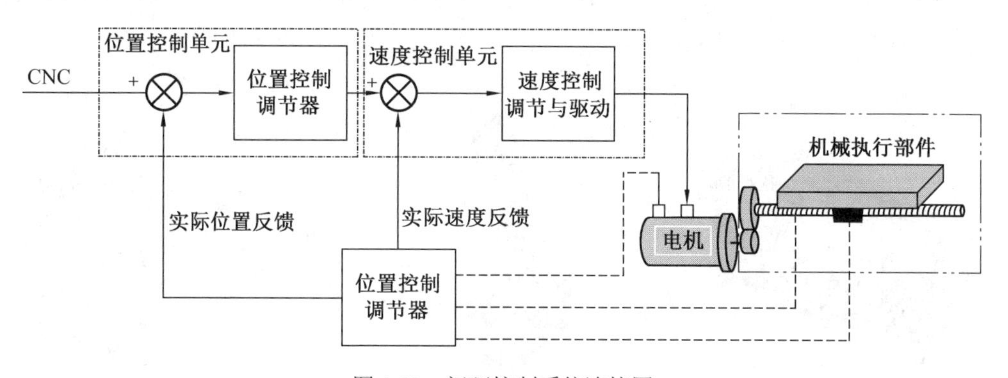

图 1.11　闭环控制系统连接图

1.3.3　主要技术参数

闭环运动控制系统主要从系统的稳定性、快速性、准确性 3 个方面进行评价。其中稳定性指系统重新恢复平稳状态的能力，即过渡过程的收敛情况；快速性指过渡过程进行的时间长短；准确性指过渡过程结束后希望的输出量与实际输出量之间的误差。

同一系统的 3 个方面是相互制约的，准确性的提高可能使稳定性和快速性变差；快速性的改善可能会引起系统的强烈震荡；稳定性的提高可能使系统响应变慢。在实际生产中，需要根据需要采用不同的控制算法进行调整优化。

1.4 运动控制技术应用

1.4.1 机械加工应用

※ 运动控制技术应用

随着机械加工行业精度需求越来越高，应用于磨床、机床、激光切割机、车床、钻床及冲压设备的运动控制系统的控制精度与同步精度要求不断提升，如图 1.12 所示。

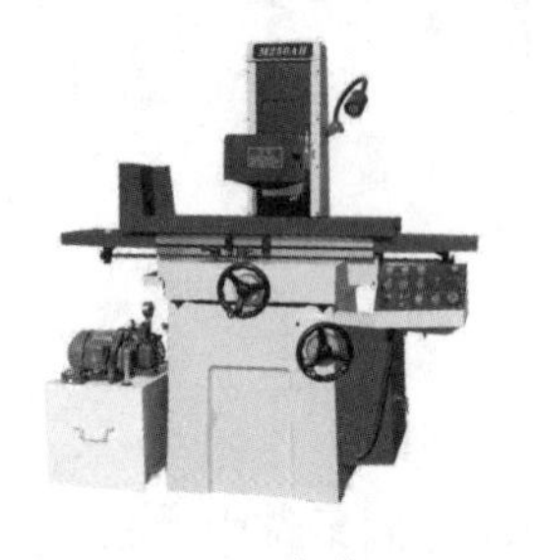
（a）磨床

（b）机床

（c）激光切割机

图 1.12 机械加工应用

1.4.2 自动化设备应用

在高速标签印刷机、包装机、纺织机等设备中，运动控制系统的多轴同步控制及力矩控制尤为重要，如图 1.13 所示。

（a）标签印刷机

（b）包装机

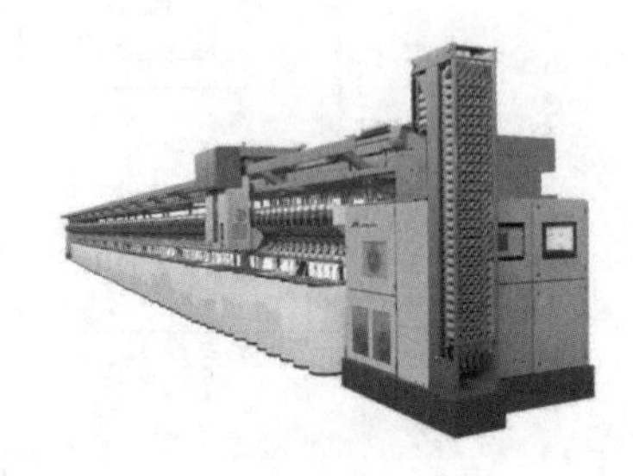
（c）纺织机

图 1.13 自动组装线应用

1.4.3 工业机器人应用

工业机器人广泛应用于焊接、装配、搬运、喷涂等危险行业，替代人从事危险、有害、有毒、低温和高热等恶劣环境中的工作，如图 1.14 所示。运动控制系统是工业机器人控制器的核心，负责机器人各轴的伺服控制。

（a）机器人焊接

（b）机器人装配

（c）机器人搬运

（d）机器人喷涂

图 1.14　工业机器人应用

1.5　运动控制技术人才培养

1.5.1　人才分类

人才是指具有一定的专业知识或专门技能，进行创造性劳动，并对社会做出贡献的人，是人力资源中能力和素质较高的劳动者。

具体到企业中，人才的概念是指具有一定的专业知识或专门技能，能够胜任岗位能力要求，进行创造性劳动并对企业发展做出贡献的人，是人力资源中能力和素质较高的员工。

按照国际上的分类法，普遍认为人才分为**学术型人才、工程型人才、技术型人才、技能型人才** 4 类，如图 1.15 所示，其中工程型、技术型与技能型人才统称为应用型人才。

（1）学术型人才为发现和研究客观规律的人才，其基础理论深厚，具有较好的学术修养和较强的研究能力。

（2）工程型人才为将科学原理转变为工程或产品设计、工作规划和运行决策的人才，其有较好的理论基础、较强的应用知识和解决实际工程的能力。

（3）技术型人才是指在生产第一线或工作现场从事为社会谋取直接利益的工作，把工程性人才或决策者的设计、规划、决策变换成物质形态或对社会产生具体作用的人才，其有一定的理论基础，但更强调在实践中应用。

（4）技能型人才是指各种技艺型、操作型的技术工人，主要从事操作技能方面的工作，强调工作实践的熟练程度。

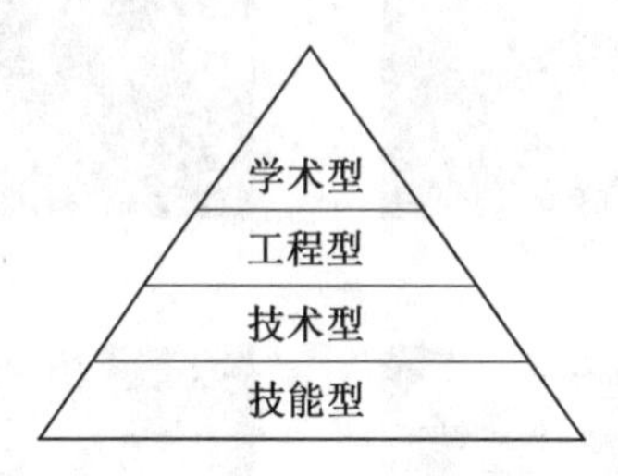

图 1.15　人才分类

1.5.2　产业人才现状

在“中国制造 2025”国家战略的推动下，中国制造业正向价值更高端的产业链延伸，加快从制造大国向制造强国转变。因此，在这样一个基于互联的智慧时代，运动控制的数字化、智能化、网络化显得极为迫切。预计到 2020 年，中国运动控制器产业规模将达到 9.3 亿元，所涉及的上下游产业链市场规模更为庞大。

教育部、人力资源和社会保障部、工业和信息化部等部门 2017 年对外公布的《制造业人才发展规划指南》表示，随着中国制造的发展，到 2025 年，制造业十大重点领域将面临大量的人才缺口。

根据该指南发布的人才需求预测，到 2025 年，新一代信息技术产业领域和电力装备领域的人才缺口都将超过 900 万人；高档数控机床和机器人领域人才缺口将达 450 万人；新材料领域人才缺口将达 400 万人；节能与新能源汽车领域人才缺口将达 103 万人；航天航空装备、农机装备、生物医药及高性能医疗器械三大领域都面临 40 万人以上的人才缺口；海洋工程装备及高技术船舶领域人才缺口将达 26.6 万人；先进轨道交通装备领域人才缺口将达 10.6 万人。

而运动控制技术在制造业中占据着不可或缺的一份子，人才缺口也一样严重，掌握运动控制技术方面的知识，会大大提高今后在人才市场中的竞争力。

1.5.3　产业人才职业规划

运动控制是一门多学科交叉的综合性学科，对人才岗位的需求主要分为以下 3 类。

1. 学术型岗位

运动控制技术涉及电机学、电力电子技术、微电子技术、计算机控制技术、控制理论、信号检测与处理等学科领域，同时伴随着工业互联网及人工智能的发展，运动控制的智能化、网络化显得尤为重要，需要大量从事技术创新岗位的人才专注于研发创新和探索实践。

2. 工程技术型岗位

运动控制技术需要依据各行业特点进行细化调整才能发挥最大的作用。在机械加工中，运动控制系统的控制精度与同步精度必须得到保障；在自动组装线中，运动控制系统的多轴同步控制及力矩控制是核心难点；在工业机器人中，运动控制系统的运动学插补与补偿直接影响了机器人工作精度。这需要既有大量行业生产经验，又熟悉运动控制技术理论的复合型人才从事相关工程设计工作。

3. 技能型岗位

运动控制系统直接控制着机械单元，安全保障工作同样是重中之重。由于运动控制系统的复杂性，需要具备相关专业知识的人才对设备进行定期的维护和保养，才能保证系统长期、稳定的运行。这要求相关技术人才具有分析问题和解决问题的能力，及时发现并解决潜在的问题，保障生命财产安全。

1.5.4　产业融合学习方法

产业融合学习方法参照国际上一种简单、易用的顶尖学习法——费曼学习法。费曼学习法由诺贝尔物理学奖得主、著名教育家查德·费曼提出，其核心在于用自己的语言来记录或讲述要学习的概念，包括 4 个核心步骤：选择一个概念→讲授这个概念→查漏补缺→简化语言和尝试类比。

美国缅因州贝瑟尔国家科学实验室对学生在每种指导方法下学习 24 h 后的材料平均保持率进行了统计，图 1.16 所示为不同学习模式的学习效率图。

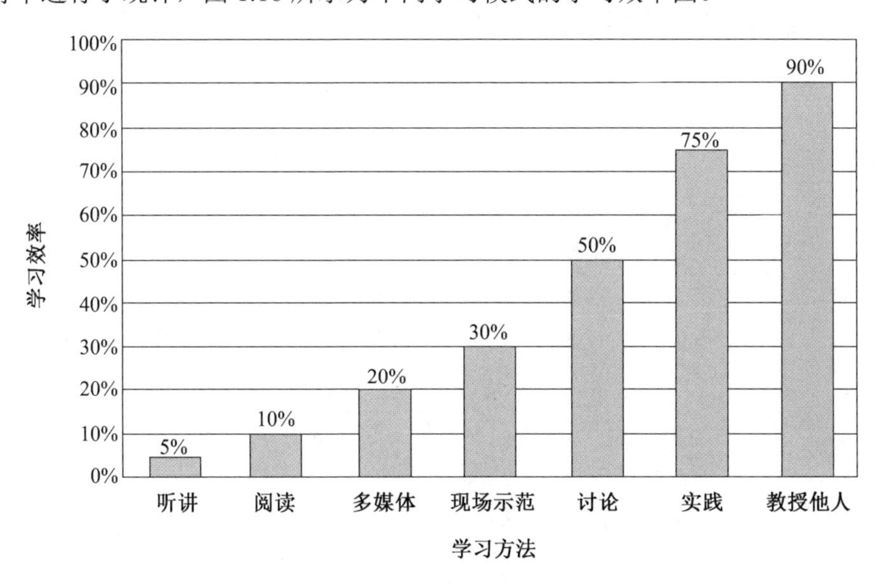

图 1.16　学习效率

从学习效率图表中可以知晓，对于一种新知识，通过别人的讲解，只能获取5%的知识；通过自身的阅读可以获取10%的知识；通过多媒体等渠道的宣传可以掌握20%的知识；通过现场实际的示范可以掌握30%的知识；通过相互间的讨论可以掌握50%的知识；通过实践可以掌握75%的知识；最后达到能够教授他人的水平，就能够掌握90%的知识。

在相关知识学习中，可以通过4个部分进行知识体系的梳理。

1. 注重理论与实践相结合

对于技术学习来说，实践是掌握技能的最好方式，理论对实践具有重要的指导意义，两者相结合才能既了解系统原理，又掌握技术应用。

2. 通过项目案例掌握应用

在技术领域中，相关原理往往非常复杂，难以在短时间内掌握，但是作为工程化的应用实践，其项目案例更为清晰明了，可以更快地掌握应用方法。

3. 进行系统化的归纳总结

任何技术的发展都是有相关技术体系的，通过个别案例很难全部了解，需要在实践中不断归纳总结，形成系统化的知识体系，才能掌握相关应用，学会举一反三。

4. 通过互相交流加深理解

个人对知识内容的理解可能存在片面性，通过多人的相互交流、合作探讨，可以碰撞出不一样的思路技巧，达到对技术的全面掌握。

第2章　运动控制产教应用系统

2.1　运动控制器简介

※ 运动控制器简介

2.1.1　运动控制器介绍

运动控制器是运动控制系统的“大脑”，是运动控制系统的核心，用于生成轨迹点和驱动单元的闭环控制，通常是指在复杂条件下，将预定的控制方案、规划指令转变成期望的机械运动，实现机械部件的位置控制、速度控制、加速度控制、转矩或力的控制。

2.1.2　运动控制器基本组成

本书以翠欧 MC4N-ECAT 控制器为例，进行控制器相关知识的讲解。MC4N-ECAT 控制器内置 EtherCAT 总线，支持多达 32 个数字驱动轴，其外形结构如图 2.1 所示，具体每个接口介绍见表 2.1。

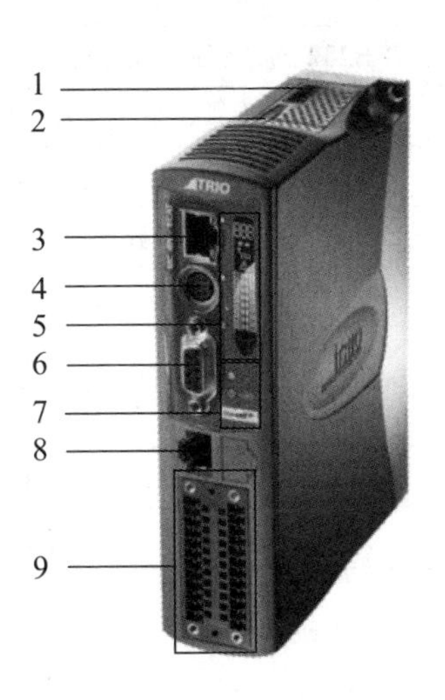

图 2.1　MC4N-ECAT 控制器外形结构

表 2.1　MC4N-ECAT 控制器各接口说明

编号	名称	说　明
1	CAN 总线接口	用于 Trio 的 CAN I/O 扩展器进行 I/O 扩展
2	MICRO SD 卡	用于存储或传输程序，接收来自 MC4N-ECAT 的数据和输出数据到 MC4N-ECAT
3	以太网编程口	标准以太网连接器用作主要编程接口
4	RS232/RS485 接口	与外部 RS232/RS485Modbus-rtu 设备进行通信连接
5	背光显示屏	显示控制器当前 IP 及工作状态
6	灵活轴接口	编码器输入、步进输出、绝对值编码器连接接口
7	LED 状态显示灯	控制器电源指示灯及运行状态指示灯
8	EtherCAT 接口	EtherCAT 主站可以使用其他拓扑 EtherCAT 路由器用于网络中。EtherCAT 最多可连接 32 个 EtherCAT 轴和 1 024 个数字 I/O 点总线
9	I/O 信号及电源接口	连接外部 I/O 设备、控制器电源输入及控制器使能

2.1.3　运动控制器技术参数

MC4N-ECAT 控制器技术参数见表 2.2。

表 2.2　控制器技术参数

型号	MC4N-ECAT
通信端口	RS232 通道、RS485 通道、CANbus 端口、以太网
数字输入	8 路光隔离 24 V 输入
数字 I/O	8 路光隔离 24 V I/O
高速输入口	4 路高速色标输入
可驱动轴数	最大可达到 32 个 EtherCAT 驱动轴
插补方式	直线、圆弧、螺旋线和空间圆弧插补
工作电压	DC24 V
尺寸	157 mm×40 mm×120 mm
质量	432 g

2.2　产教应用系统简介

2.2.1　产教应用系统简介

智能运动控制实训系统以运动控制器为核心，结合 PLC、触摸屏等自动化设备，如图 2.2 所示，实现运动控制器的逻辑控制、单轴运动控制、多轴运动控制、SCARA 机器人运动控制的实验教学。通过该系统，可以掌握运动控制相关应用的开发流程。

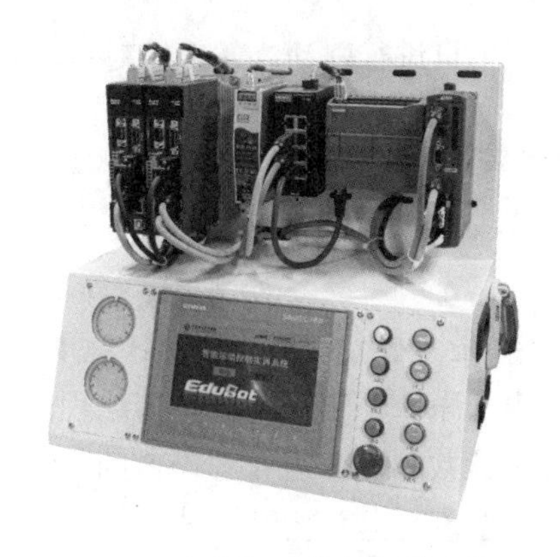

图 2.2　智能运动控制实训系统

2. 2. 2　基本组成

智能运动控制实训系统包括丰富的工业自动化元素，如 PLC、交流伺服系统、运动控制器、触摸屏、开关电源、工业交换机等，如图 2.3 所示。

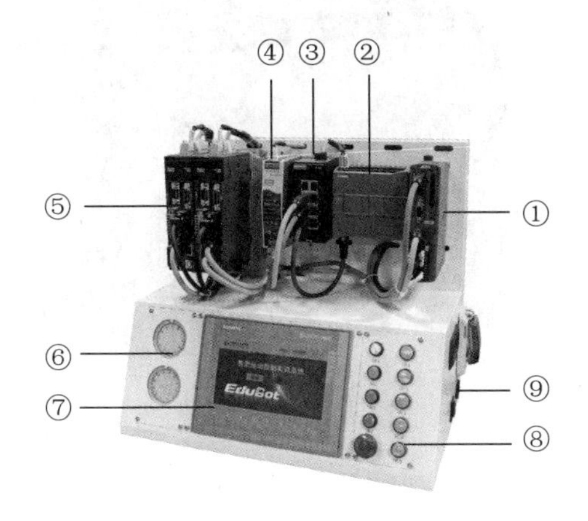

图 2.3　智能运动控制实训系统组成

①—运动控制器；②—PLC；③—工业交换机；④—开关电源；⑤—交流伺服驱动器；⑥—伺服电机分度盘；⑦—人机界面；⑧—可编程用户 IO 信号；⑨—编程电源接口

2. 2. 3　产教典型应用

（1）在指示灯逻辑控制中的应用。

使用控制器实现按下启动按钮、指示灯打开，按下停止按钮、指示灯熄灭的逻辑控制。

（2）基于 MODBUS 协议的通信中的应用。

使用控制器实现 MODBUS 设备之间数据的交互。

（3）伺服电机的单轴定位运动。

使用控制器操作伺服电机进行回零操作及定位运动。

（4）伺服电机的多轴联动。

使用控制器控制多个伺服电机进行联动，并能够对机器人进行运动学配置。

2.3 关联硬件应用基础

※ 关联硬件应用基础

2.3.1 PLC 技术基础

PLC（可编程逻辑控制器）是一种专门为在工业环境下应用而设计的数字运算操作电子系统。它采用一种可编程的存储器，在其内部存储执行逻辑运算、顺序控制、定时、计数和算术运算等操作的指令，通过数字式或模拟式的输入输出来控制各种类型的机械设备或生产过程。

智能运动控制实训系统采用西门子 SIMATIC S7-1214C 型模块化紧凑型 PLC，如图 2.4 所示，其具有可扩展性强、灵活度高等特点，可实现最高标准工业通信的通信接口以及一整套强大的集成技术功能设计，是完整、全面的自动化解决方案的重要组成部分。

图 2.4　西门子 PLC

1. 主要功能特点

（1）安装简单方便，结构紧凑，并配备了可拆卸的端子板。

（2）可添加 3 个通信模块，支持 PROFIBUS 主从站通信。

（3）集成的 PROFINET 接口用于编程、HMI 通信、PLC 之间的通信。

（4）用户指令和数据提供高达 150 kB 的共用工作内存，同时还提供了高达 4 MB 的集成装载内存和 10 kB 的掉电保持内存。

（5）集成工艺，包括多路高速输入、脉冲输出功能。

2. 主要技术参数

西门子 S7-1214C DC/DC/DC 型 PLC 是 S7-1200 系列 PLC 的典型代表，其主要规格参数见表 2.3。

表 2.3　S7-1214C 主要规格参数

型号	CPU 1214C DC/DC/DC
用户存储	100 kB 工作存储器/4 MB 负载存储器，可用专用 SD 卡扩展/10 kB 保持性存储器
板载 I/O	数字 I/O：14 点输入/10 点输出；模拟 I/O：2 路输入
过程映像大小	1 024 字节输入（I）/1 024 字节输出（Q）
高速计数器	共 6 个，单相：3 个 100 kHz 及 3 个 30 kHz 的时钟频率；正交相位：3 个 80 kHz 及 3 个 20 kHz 的时钟频率
脉冲输出	4 组脉冲发生器
脉冲捕捉输入	14 个
扩展能力	最多 8 个信号模块；最多 1 块信号板；最多 3 个通信模块
性能	布尔运算执行速度：0.08 μs/指令；移动字执行速度：1.7 μs/指令；实数数学运算执行速度：2.3 μs/指令
通信端口	1 个 10/100 MB/s 以太网端口
供电电源规格	电压范围：20.4～28.8 V DC；输入电流：24 V DC 时 500 mA

3. 软件开发环境

TIA（Totally Integrated Automation，全集成自动化）博途软件是西门子面向工业自动化领域推出的新一代工程软件平台，博途将所有自动化软件工具集成在统一的开发环境中，借助该全新的工程技术软件平台，用户能够快速、直观地开发和调试自动化系统。

TIA 博途代表着软件开发领域的一个里程碑，它是世界第一款将所有自动化任务整合在一个工程设计环境下的软件。其主要包括 3 个部分：SIMATIC STEP 7、SIMATIC WinCC 和 SIMATICS StartDrive。其中 SIMATIC STEP 7 是用于组态 S7 系列 PLC 和 WinAC 控制器的工程组态软件，如图 2.5 所示。

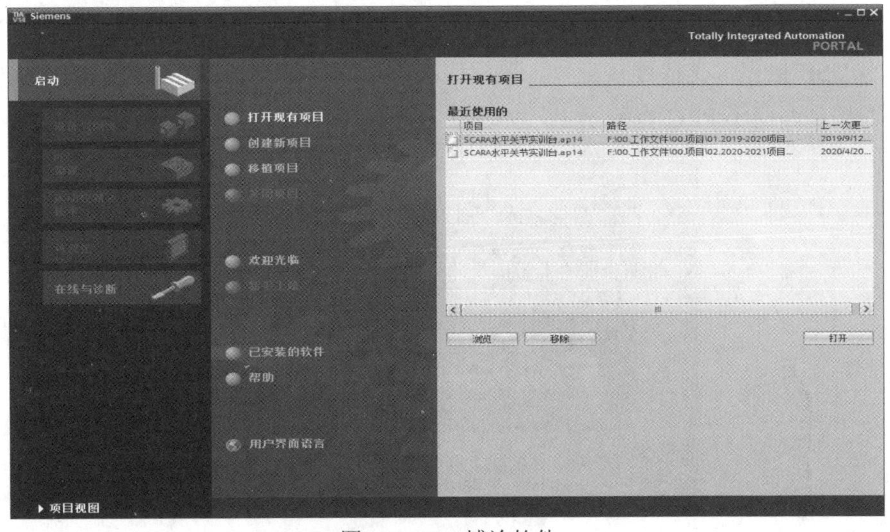

图 2.5　TIA 博途软件

在使用 S7-1200 系列 PLC 的过程中，首先需要安装 TIA 博途软件，其主要包含 STEP 7、WinCC、S7-PLCSIM、StartDrive、STEP 7 Safety Advanced 等组件。

TIA STEP7 包括 TIA STEP7 Basic 和 TIA STEP7 Professional 两个版本。其中 TIA STEP7 Basic 只能对 S7-1200 进行编程，而 TIA STEP7 Professional 不但可以对 S7-1200 编程，还可以对 S7-300/400 和 S7-1500 编程。

2.3.2 触摸屏技术基础

触摸屏又称人机界面（Human Machine Interface，HMI），是人与设备之间传递、交换信息的媒介和对话接口。在工业自动化领域，各个厂家提供了种类、型号丰富的人机界面产品可供选择。根据功能的不同，工业人机界面习惯上被分为文本显示器、触摸屏人机界面和平板计算机 3 大类，如图 2.6 所示。

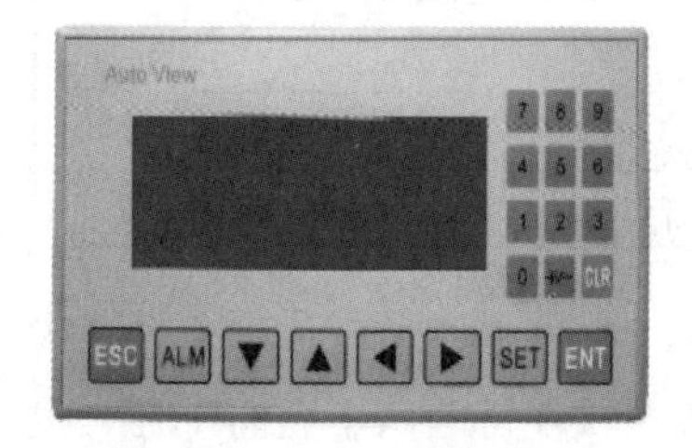

（a）文本显示器

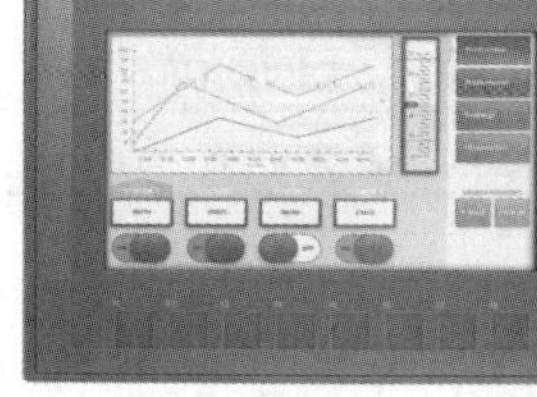

（b）触摸屏人机界面

（c）平板计算机

图 2.6　常用工业人机界面类型

西门子公司推出的精简系列人机界面拥有全面的人机界面基本功能，是适用于简易人机界面应用的理想入门级面板。

智能运动控制实训系统采用西门子 SIMATIC KTP700 型人机界面，64 000 色的创新型高分辨率宽屏显示屏能够对各类图形进行展示，提供了各种各样的功能选项。该人机界面具有 USB 接口，支持连接键盘、鼠标或条码扫描器等设备，能够通过集成式以太网简便地连接到西门子 PLC 控制器上，如图 2.7 所示。

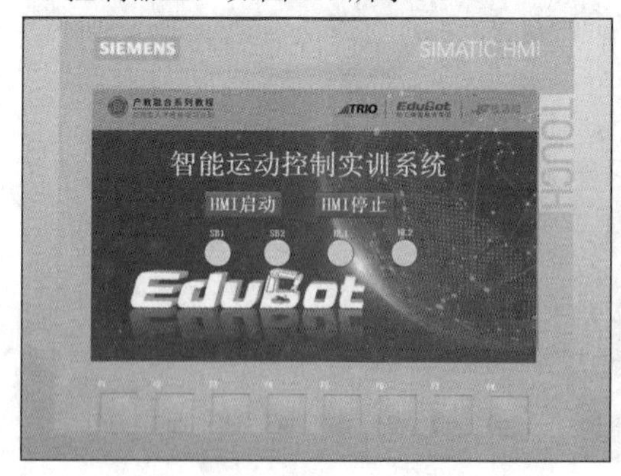

图 2.7　KTP700 人机界面

1. 主要功能特点

（1）是全集成自动化（TIA）的组成部分，可缩短组态和调试时间，采用免维护的设计，维修方便。

（2）由于具有输入/输出字段、矢量图形、趋势曲线、条形图、文本和位图等要素，可以简单、轻松地显示过程值。

（3）使用 USB 端口，可灵活连接 U 盘、键盘、鼠标或条码扫描器。

（4）图片库带有现成的图形对象。

（5）可组态 32 种语言，在线时可在多达 10 种语言间切换。

2. 主要技术参数

西门子 KTP700 Basic PN 型人机界面的主要规格参数见表 2.4。

表 2.4　KTP700 主要规格参数

型号	KTP700 Basic PN
显示屏尺寸	7 寸 TFT 真彩液晶屏，64 K 色
分辨率	800×480
可编程按键	8 个可编程功能按键
存储空间	用户内存 10 MB，配方内存 256 kB，具有报警缓冲区
功能	画面数：100；变量：800；配方：50；支持矢量图、棒图、归档；报警数量/报警类别：1 000/32
接口	PROFINET（以太网），主 USB 口
供电电源规格	额定电压：24 V DC；电压范围：19.2～28.8 V DC；输入电流：24 V DC 时 230 mA

3. 软件开发环境

TIA WinCC 分为组态（RC）和运行（RT）两个类别，RC 系列有 4 种版本，分别是 WinCC Basic、WinCC Comfort、WinCC Advanced 和 WinCC Professional，还有两个运行系统（RT），即 WinCC Runtime Advanced 和 WinCC Runtime Professional，见表 2.5。

表 2.5　WinCC 各版本的区别

版本	可组态的对象
WinCC Basic	只针对精简系列面板
WinCC Comfort	精简系列面板、精智系列面板、移动面板
WinCC Advanced	全部面板、单机 PC 以及基于 PC 的“WinCC Runtime Advanced”
WinCC Professional	全部面板、单机 PC、C/S 和 B/S 架构的人机系统以及基于 PC 的运行系统“WinCC Runtime Professional”

2.3.3 伺服系统技术基础

伺服来自英文单词“Servo”，指系统跟随外部指令，按照所期望的位置、速度和力矩进行精确运动。目前工业中广泛应用的是交流伺服系统，主要用于对调速范围、定位精度、稳速精度、动态响应和运行稳定性等方面有特殊要求的场合。在交流伺服系统中，永磁同步电机以其优良的低速性能、动态特性和运行效率，在高精度、高动态响应的场合已经成为伺服系统的主流之选。

智能运动控制实训系统采用台达 A2 系列总线型伺服系统，搭载增量型系列伺服电动机，伺服驱动器型号为 ASD-A2-0121-E，伺服电机型号为 ECMA-C10401ES。图 2.8 所示为台达总线型伺服系统组成。

（a）伺服驱动器

（b）伺服电动机

图 2.8　台达总线型伺服系统组成

1. 伺服电动机

伺服电动机又称伺服电机，是在伺服控制系统中控制机械元件运转的发动机，它可以将电压信号转化为转矩和转速以驱动控制对象。

在工业机器人系统中，伺服电机用作执行元件，把所收到的电信号转换成电动机轴上的角位移或角速度输出，它分为直流伺服电机和交流伺服电机两大类。智能运动控制实训系统的伺服电机型号为 ECMA-C10401ES，此款伺服电机技术参数见表 2.6。伺服电机选型方法如图 2.9 所示。

表 2.6　伺服电机技术参数

型号	ECMA-C10401ES
额定电压及转速	220 V、3 000 r/min
编码器形式	增量型，20 bit
额定电流	0.9 A
质量	0.5 kg

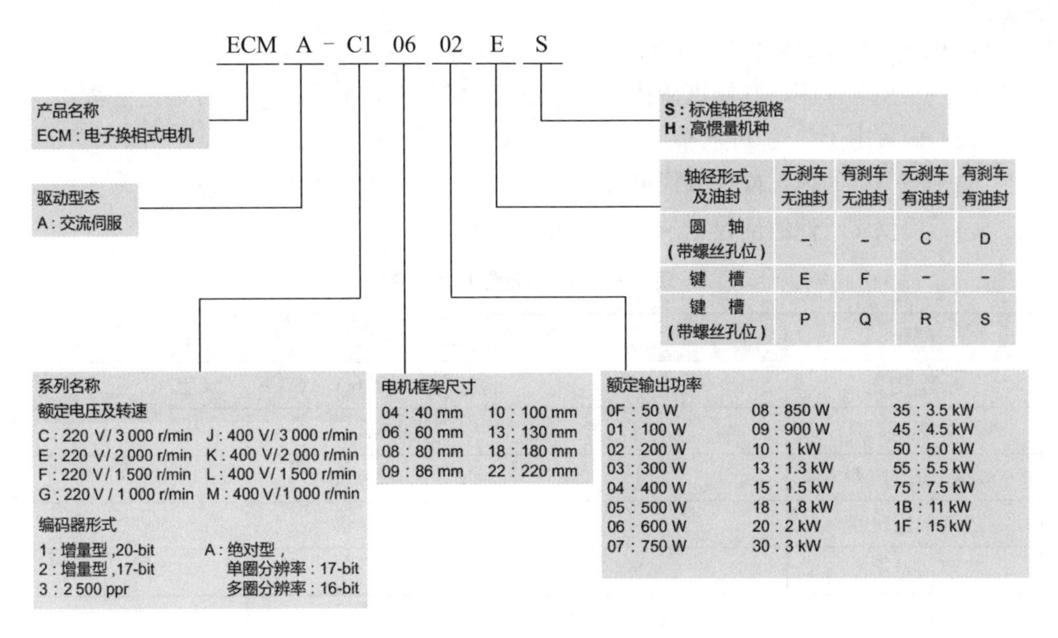

图 2.9　伺服电机选型方法

2. 伺服驱动器

伺服驱动器又称伺服控制器、伺服放大器，是用来控制伺服电机的一种控制器。伺服驱动器一般通过位置、速度和转矩 3 种方式对伺服电机进行控制，实现高精度的传动系统定位。智能运动控制实训系统的伺服驱动器型号为 ASD-A2-0121-E，此款伺服驱动器技术参数见表 2.7。伺服驱动器选型方法如图 2.10 所示。

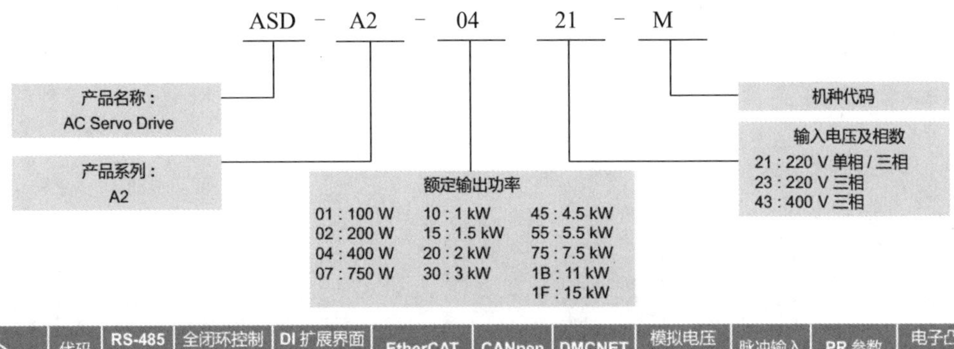

	代码	RS-485 (CN3)	全闭环控制 (CN5)	DI 扩展界面 (CN7)	EtherCAT	CANpen	DMCNET	模拟电压控制	脉冲输入	PR 参数	电子凸轮 (E-CAM)
标准型	L	○	○	X	X	X	X	○	○	○	X
	U	○	○	○	X	X	X	○	○	○	○
网络型	E	X	○	○	○	X	X	X	X	○	○
	F	○	○	X	X	X	○	X	X	○	X
	M	○	○	X	X	○	X	X	○	○	○

图 2.10　伺服驱动器选型方法

伺服驱动器产品具有以下几个特点：

（1）全闭环控制，降低机械传动背隙与挠性的影响，并确保机械终端定位精度。

（2）内置电子凸轮功能。

（3）高灵活的内部位置编程模式。

（4）提供实时性的位置记录与位置比较功能。

表 2.7　伺服驱动器技术参数

型号	ASD-A2-0121-E
相数/电压	三相或单相/220 V AC
功率	100 W
编码器分辨率	增量型：20 bit
连续输出电流	0.9 A
质量	1.5 kg

第 3 章　运动控制器系统编程基础

3.1　运动控制器软件简介及安装

※ 运动控制器软件简介

3.1.1　运动控制器软件介绍

Motion Perfect 软件是一款基于 Microsoft Windows™的 PC 应用程序，旨在与 Trio Motion Technology 系列多任务运动控制器的运动协调器系列配合使用。

Motion Perfect 软件为用户提供了一个易于使用的基于 Windows 的界面，用于控制器配置、快速应用程序开发和对在 Motion Coordinator 上运行的进程进行运行监控，如图 3.1 所示。

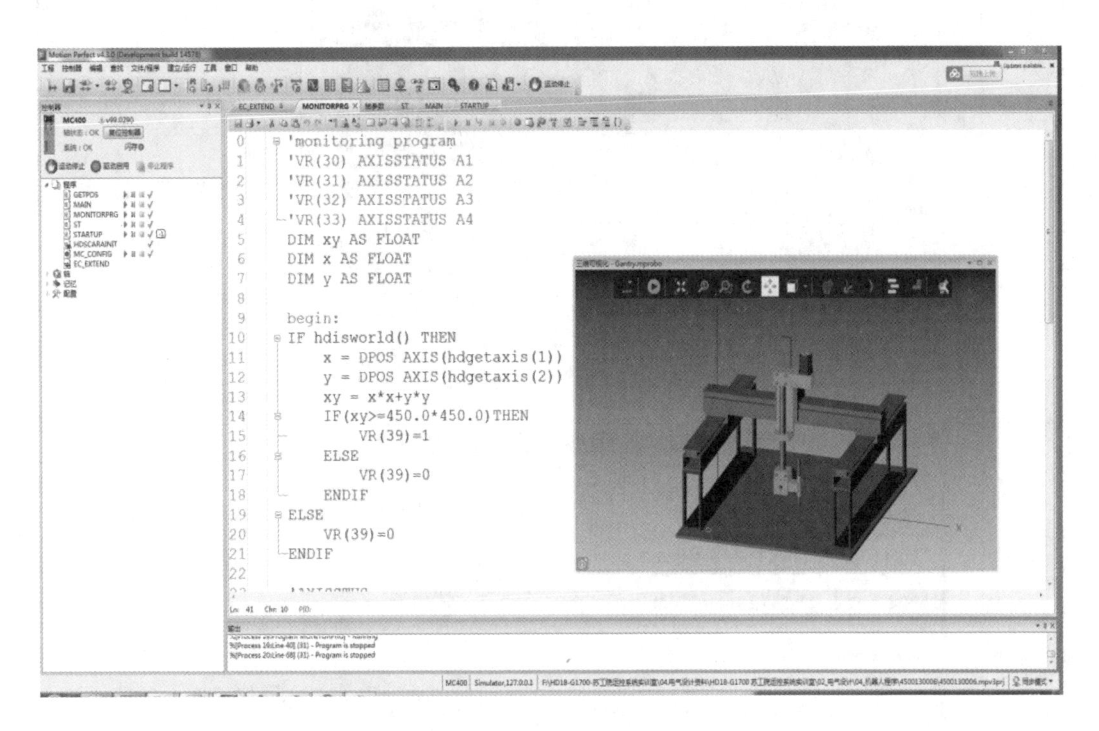

图 3.1　Motion Perfect 软件界面

3.1.2　运动控制器软件安装

运行 Motion Perfect 软件需要一台至少具有表 3.1 中配置要求的计算机。

表 3.1　Motion Perfect 运行配置要求

菜单	最低配置	推荐
操作系统	Windows XP, SP3[1]	Windows 10
	Windows Vista[1]	
	Windows 7	
.NET 库	4.0	
处理器	双核	2 个以上内核
内存	2 GB	4 GB+
硬盘空间	200 MB	500 MB

从翠欧官网下载 Motion Perfect 软件安装包，安装在计算机中，软件的初始界面为英文界面，可通过软件工具更改为中文界面，具体操作步骤见表 3.2。

表 3.2　软件语言更改步骤

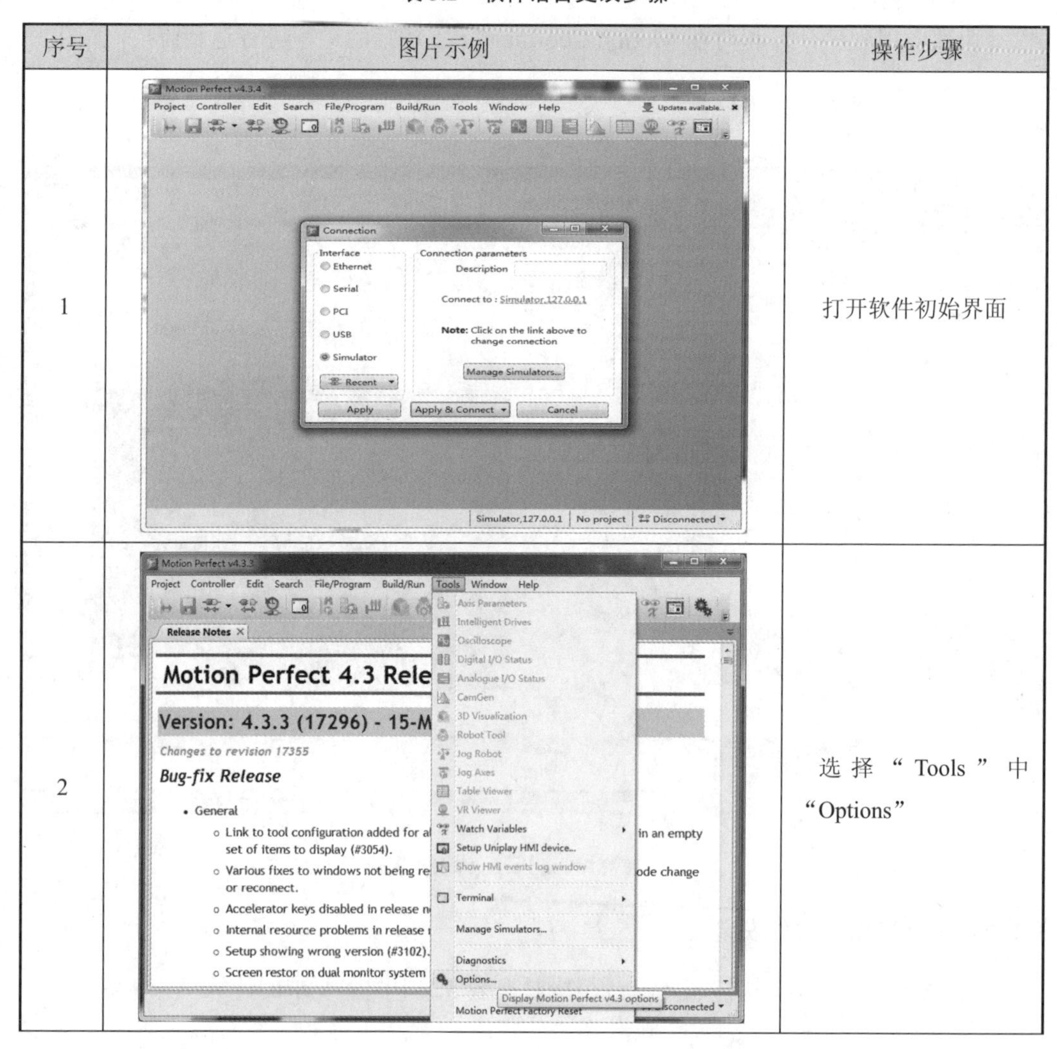

序号	图片示例	操作步骤
1		打开软件初始界面
2		选择“Tools”中“Options”

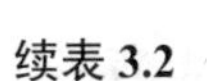

续表 3.2

序号	图片示例	操作步骤
3	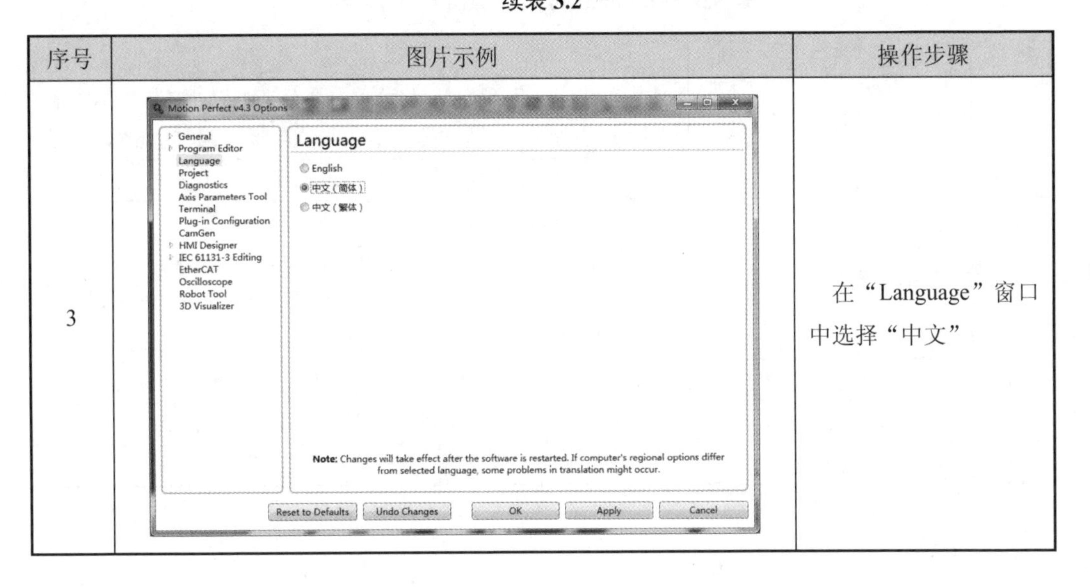	在“Language”窗口中选择“中文”

3.2　软件界面

3.2.1　主界面

Motion Perfect 主界面由主菜单、工具栏、控制器树/项目树、状态窗口、编程显示区、输出窗口等几部分组成，如图 3.2 所示，具体部分说明见表 3.3。

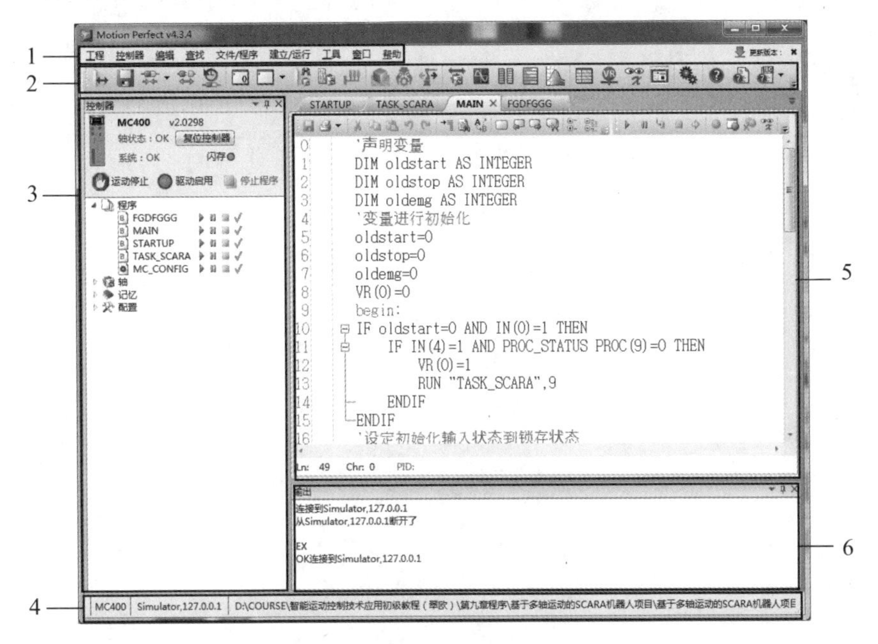

图 3.2　Motion Perfect v4 主界面

表 3.3　Motion Perfect 主界面各部分介绍

序号	名称	说　明
1	主菜单	主菜单有一组子菜单，将菜单命令分为工程、控制器、编辑、查找、文件/程序、建立/运行、工具、窗口、帮助这几个功能组
2	工具栏	工具栏允许用户快速访问 Motion Perfect 的主要工具和功能
3	控制器树/项目树	当 Motion Perfect 在“工具模式”或“同步模式”下运行时，可以显示控制器树。它包含连接到 Motion Perfect 的控制器及其内容的信息。当 Motion Perfect 在“同步模式”下运行时，可以显示项目树。它包含当前 Project Motion Perfect 的信息
4	状态窗口	显示控制器型号、IP 地址、文件保存位置和连接模式
5	编程显示区	显示当前打开的编程画面及功能窗口
6	输出窗口	显示从控制器接收到的状态消息

3.2.2　主菜单

主菜单包括工程、控制器、编辑、查找、文件/程序、建立/运行、工具、窗口、帮助这 9 个部分，如图 3.3 所示。

图 3.3　主菜单

1. 工程

工程菜单如图 3.4 所示，工程菜单的详细介绍见表 3.4。

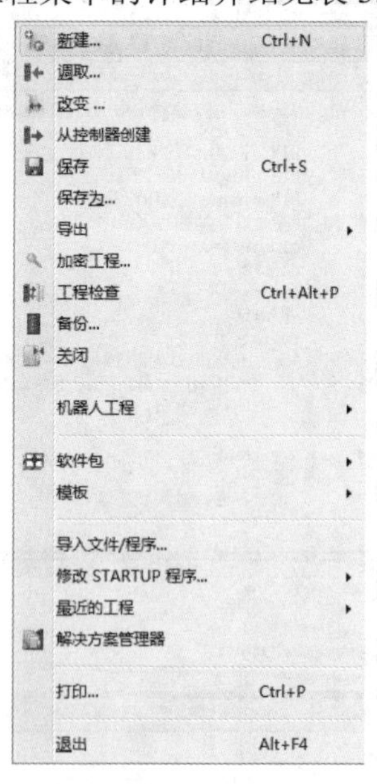

图 3.4　工程菜单

表 3.4　工程菜单介绍

序号	菜单项	说　明
1	新建	创建一个新项目并删除控制器原来的内容
2	调取	将现有项目加载到控制器上
3	改变	更改为不同的项目，并与现有控制器内容保持一致
4	从控制器创建	从控制器的现有内容创建一个新项目
5	保存	保存当前项目（将所有更改刷新到磁盘）
6	保存为	将当前项目保存到另一个名称下
7	导出	以不同的格式导出项目
8	加密工程	项目加密和加密密钥生成
9	工程检查	根据控制器内容检查当前项目
10	备份	打开“备份管理器”工具，创建或管理项目备份
11	关闭	关闭当前项目（这会导致连接切换到工具模式）
12	导入文件/程序	加载现有文件或程序并将其添加到当前项目中
13	修改 STARTUP 程序	修改启动程序
14	最近的工程	允许便捷地处理最近使用的项目
15	解决方案管理器	打开解决方案管理器，允许使用多个控制器
16	打印	打印当前活动的编辑会话
17	退出	退出应用程序

2. 控制器

控制器菜单如图 3.5 所示，控制器菜单的详细介绍见表 3.5。

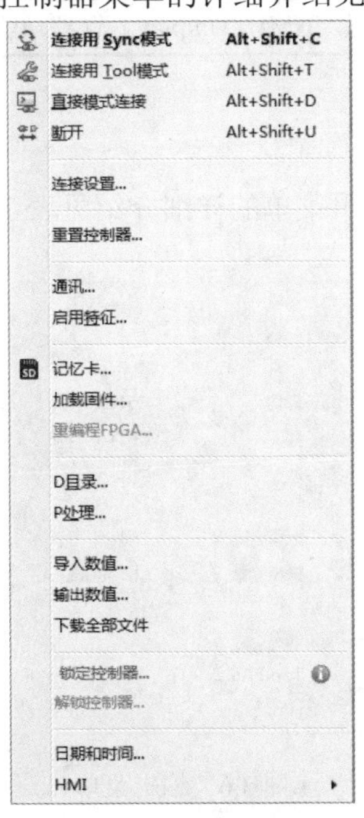

图 3.5　控制器菜单

表 3.5　控制器菜单介绍

序号	菜单项	说明
1	连接用 Sync 模式	在同步模式下连接到控制器
2	连接用 Tool 模式	在工具模式下连接到控制器
3	直接模式连接	直接连接到控制器
4	断开	断开与控制器的连接
5	连接设置	更改用于与控制器通信的连接设置
6	重置控制器	通过执行热重启来重置控制器
7	通讯	打开子菜单，允许配置控制器上的所有通信接口
8	启用特征	启用和禁用软特性
9	记忆卡	打开“存储卡管理器”来操作控制器中存储卡的内容
10	加载固件	加载新系统固件
11	D 目录	显示控制器上程序的扩展目录列表
12	P 处理	显示当前在控制器上运行的所有用户进程的列表
13	导入数值	导入 Tabel 值和 VR 值形成一个文件并写入控制器
14	输出数值	从控制器中读取 Table 值和 VR 值并保存到文件中
15	下载全部文件	下载控制器上的所有文件
16	锁定控制器	使用锁定代码锁定控制器
17	解锁控制器	解锁锁定的控制器
18	日期和时间	使用“日期和时间”工具在控制器上设置实时时钟
19	HMI	HMI（Uniplay）管理功能

3. 编辑

编辑菜单如图 3.6 所示，编辑菜单的详细介绍见表 3.6。

图 3.6　编辑菜单

表 3.6　编辑菜单介绍

序号	菜单项	说　明
1	撤销	撤消最后的编辑操作
2	重做	重做最后一次未完成的编辑操作
3	剪切	将当前选择的文本剪切到剪贴板中
4	拷贝	将当前选定的文本复制到剪贴板中
5	粘贴	从剪贴板粘贴
6	选择全部 A	选择文档中的所有文本
7	选择没有	取消当前选择
8	删除	删除当前选择的文本
9	Trio BASIC	打开 Trio BASIC 子菜单，可以访问重新格式化和自动注释操作
10	HMI	在 HMI 设计器中编辑控件的功能

4. 查找

查找菜单如图 3.7 所示，具体功能介绍见表 3.7。

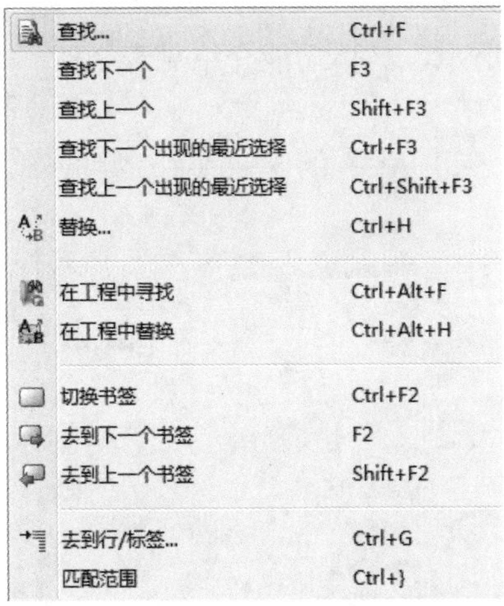

查找... Ctrl+F
查找下一个 F3
查找上一个 Shift+F3
查找下一个出现的最近选择 Ctrl+F3
查找上一个出现的最近选择 Ctrl+Shift+F3
替换... Ctrl+H
在工程中寻找 Ctrl+Alt+F
在工程中替换 Ctrl+Alt+H
切换书签 Ctrl+F2
去到下一个书签 F2
去到上一个书签 Shift+F2
去到行/标签... Ctrl+G
匹配范围 Ctrl+}

图 3.7　查找菜单

表 3.7　查找菜单介绍

序号	菜单项	说　　明
1	查找	搜索文本字符串
2	查找下一个	查找最后一个搜索字符串的下一个匹配项
3	查找上一个	查找最后一个搜索字符串的前一次出现
4	查找下一个出现的最近选择	查找当前选择的文本字符串的下一个匹配项
5	查找上一个出现的最近选择	查找当前选择的文本字符串的前一次出现
6	替换	将一个文本字符串替换为另一个文本字符串
7	在工程中寻找	在当前项目的所有文件中查找文本字符串
8	在工程中替换	替换当前项目中所有文件中的文本字符串
9	切换书签	在当前行上切换书签
10	去到下一个书签	转到下一个书签
11	去到上一个书签	转到前面的书签
12	去到行/标签	转到一行或标签
13	匹配范围	转到当前行的末尾/开头的范围

5. 文件/程序

文件/程序菜单如图 3.8 所示，具体功能介绍见表 3.8。

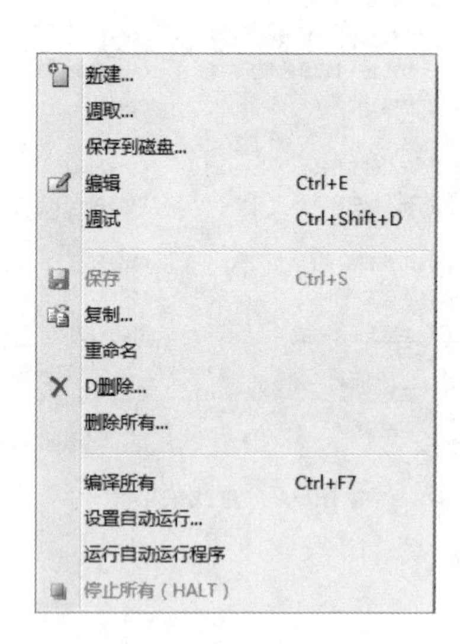

图 3.8　文件/程序菜单

表 3.8　文件/程序菜单介绍

序号	菜单项	说　明
1	新建	创建一个新程序
2	调取	加载现有程序并将其添加到当前项目中
3	保存到磁盘	将当前项目中的程序保存到磁盘文件中
4	编辑	编辑当前项目中的程序
5	调试	调试当前项目中的程序
6	保存	将任何更改保存到磁盘
7	复制	复制当前项目中的程序
8	重命名	在当前项目中重命名一个程序
9	D 删除	删除当前项目中的一个程序
10	删除所有	删除当前项目中的所有程序
11	编译所有	编译当前项目中的所有程序
12	设置自动运行	在当前项目中设置一个程序的自动运行过程
13	运行自动运行程序	运行所有设置为自动运行的程序
14	停止所有	停止所有正在运行的程序

6. 建立/运行

建立/运行菜单如图 3.9 所示，具体功能介绍见表 3.9。

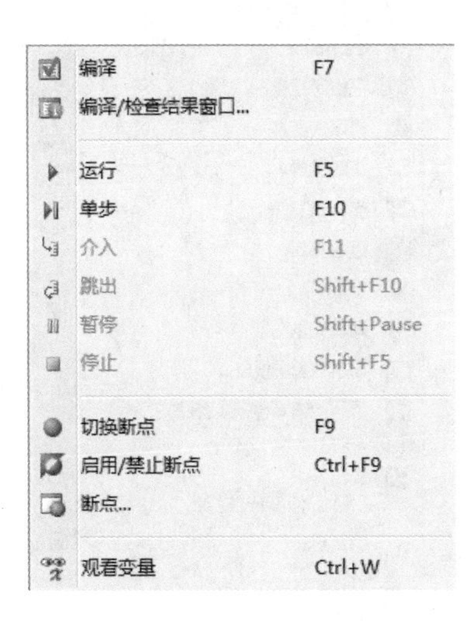

图 3.9　建立/运行菜单

表 3.9　建立/运行菜单介绍

序号	菜单项	说　明
1	编译	编译程序（任何更改都将首先保存）
2	运行	运行这个程序
3	单步	单步运行程序
4	介入	将程序步进到函数或子例程中
5	跳出	从函数或子例程中单步执行程序
6	暂停	暂停程序的执行
7	停止	停止程序的执行
8	切换断点	在当前行上切换断点
9	启用/禁用断点	在当前行上切换断点的启用状态
10	断点	打开一个对话框，显示所有当前断点
11	观看变量	为当前选择的变量添加一个表

7. 工具

工具菜单如图 3.10 所示，具体功能介绍见表 3.10。

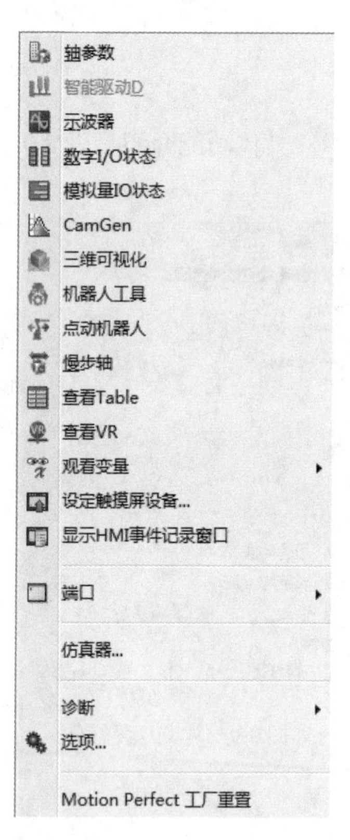

图 3.10　工具菜单

表 3.10　工具菜单介绍

序号	菜单项	说　明
1	轴参数	使用“轴参数”工具查看和修改轴参数
2	智能驱动 D	配置附加到控制器的智能驱动器。这是使用附加组件实现的
3	示波器	一种软件示波器工具，用来显示参数随时间变化的轨迹
4	数字 I/O 状态	查看数字输入和输出的状态，并使用“数字 I/O 查看器”工具更改数字输出的状态
5	模拟量 IO 状态	查看模拟输入和输出的状态，并使用“模拟 I/O 查看器”工具调整模拟输出
6	CamGen	生成和编辑 Cam 配置文件
7	三维可视化	将由连接的 TRIO 控制器控制的机器运动可视化
8	机器人工具	机器人的工具
9	点动机器人	机器人的点动
10	慢步轴	使用“Jog 坐标轴”工具手动设置 Jog 轴位置
11	查看 Table	使用“表查看器”工具查看和更改表数据值
12	查看 VR	使用“VR 查看器”工具查看和更改 VR 变量数据值
13	观看变量	查看和更改本地和全局变量的值，同时使用“变量监视”工具进行调试
14	设定触摸屏设备	配置一个 Uniplay HMI 设备
15	显示 HMI 事件记录窗口	显示 HMI 事件日志
16	端口	打开终端工具与控制器交互
17	仿真器	为 MC400 控制器模拟器配置运行实例
18	诊断	配置故障查找诊断
19	选项	改变运动完美的选项和它的工具
20	Motion Perfect 工厂重置	清除所有的运动完美的设置、缓存等，使它处在一个类似于一台新安装运动完美的新计算机的状态

8. 窗口

窗口菜单如图 3.11 所示，具体功能介绍见表 3.11。

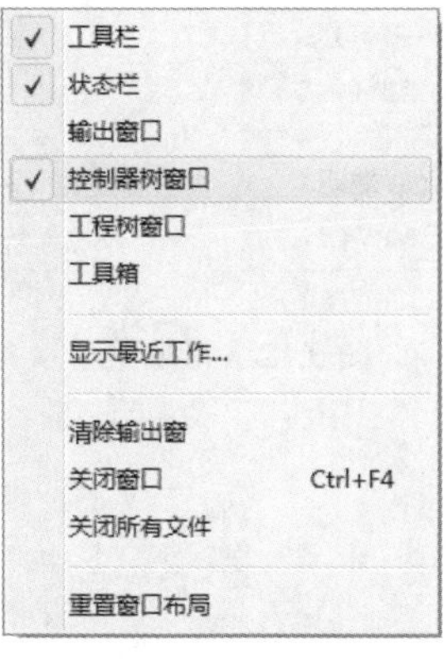

图 3.11　窗口菜单

表 3.11　窗口菜单介绍

序号	菜单项	说　明
1	工具栏	显示/隐藏主工具栏
2	状态栏	显示/隐藏应用程序状态栏
3	输出窗口	显示/隐藏输出窗口
4	控制器树窗口	显示/隐藏控制器树窗口
5	工程树窗口	显示/隐藏工程树窗口
6	工具箱	显示/隐藏工具箱
7	显示最近工作	显示最近的工作对话框
8	清除输出窗	清除输出窗口
9	关闭窗口	关闭当前窗口
10	关闭所有文件	关闭所有打开的编辑会话
11	重置窗口布局	将窗口布局重置为默认布局

9. 帮助

帮助菜单如图 3.12 所示，具体功能介绍见表 3.12。

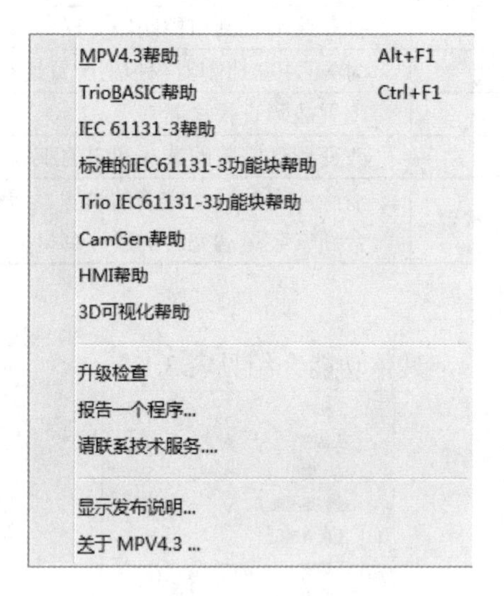

图 3.12　帮助菜单

表 3.12　帮助菜单介绍

序号	菜单项	说　明
1	MPV4.3 帮助	显示软件操作帮助
2	TrioBASIC 帮助	显示 Trio 指令语言帮助
3	IEC 61131-3 帮助	显示 IEC 61131-3 语言编程和其在调试软件 Motion Perfect 中使用的帮助
4	标准的 IEC 61131-3 功能块帮助	显示 IEC 61131-3 语言的参考和在运动协调器上实现的功能
5	CamGen 帮助	显示对 HMI 设计器和 Uniplay 设备支持的帮助
6	HMI 帮助	检查更新版本的（互联网连接需要）程度
7	3D 可视化帮助	生成调试报告并通过电子邮件发送给 Trio 公司
8	请联系技术服务	打开网页浏览器，显示 Trio 公司主要网站上的技术支持页面
9	显示发布说明	显示此版本的 Motion Perfect 的发行说明
10	关于 MPV4.3	显示软件版本

3.2.3　工具栏

工具栏如图 3.13 所示，各部件的具体介绍见表 3.13。

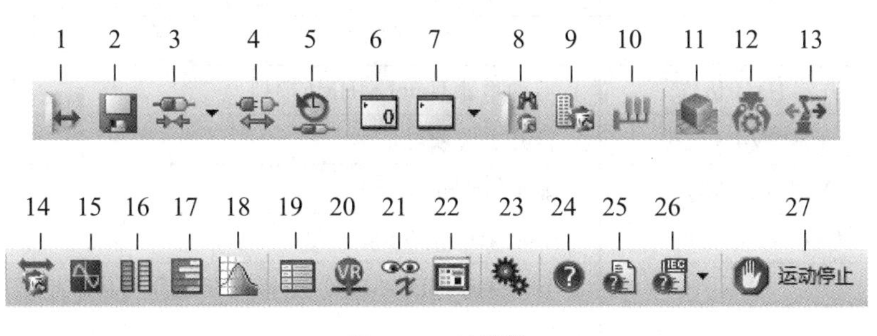

图 3.13　工具栏

表 3.13　工具栏各部件介绍

序号	菜单项	说　明
1	打开一个工程	打开项目并与控制器内容同步
2	保存工程	将当前项目保存到磁盘（仅同步模式）
3	连接至控制器	打开一个子菜单，其中有“同步模式”“工具模式”或“直接模式”的连接选项
4	从控制器断开	断开连接
5	显示最近工作窗口	打开“最近工作对话框”，允许重新连接到最近使用的连接或打开最近使用的项目

续表 3.13

序号	菜单项	说　明
6	终端（0）频道	在工具或同步模式下打开通道 0 上的终端工具，或在直接模式下直接连接到命令行
7	终端频道	当以工具或同步模式连接时，在用户可选通道上打开终端
8	找到工程	在项目的所有程序中查找文本字符串
9	轴参数	打开轴参数工具（仅限工具和同步模式）
10	智能驱动配置	允许用户配置智能驱动器
11	三维可视化	将由连接的 Trio 控制器控制的机器运动可视化
12	机器人工具	机器人的工具
13	点动机器人	点动机器人
14	Jog 轴	打开 Jog 轴工具
15	示波器	打开示波器工具
16	数字 I/O 状态	打开数字 I/O 查看器工具
17	模拟量 I/O 状态	打开模拟输入查看器工具
18	CamGen	生成和编辑 Cam 配置文件
19	Table 值	打开 Table 值查看器工具
20	VR 值	打开 VR 查看器工具
21	观看变量	打开可变量工具
22	开始 HMI 仿真	启动本地 Uniplay HMI 模拟器
23	显示 MPV4.3 选项	打开主选项对话框
24	MPV4.3 帮助	显示软件操作完美
25	TrioBASIC 帮助	显示 Trio 指令语言帮助
26	IEC 61131-3 帮助	显示关于 IEC-61131 编程的帮助和可从下拉菜单中选择的函数
27	停止程序和轴运动	停止控制器上的所有程序和所有动作

3.2.4　常用窗口

1. 控制器树窗口

在“工具模式”或“同步模式”下运行时，可以显示控制器树。它包含有关连接到 Motion Perfect 的控制器及其内容的信息。该树由一个树头和树体组成，树头包含关于控制器的基本信息和一些重要的控件，树体包含几个可扩展的部分：程序的名称、项目、临时文件、轴、内存、模块和配置，如图 3.14 所示。

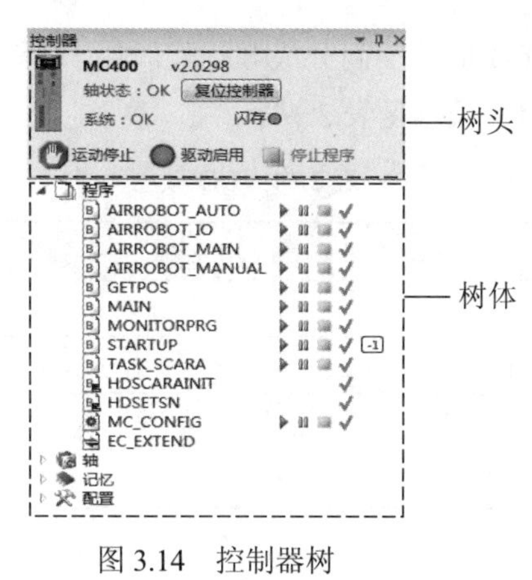

图 3.14　控制器树

2. 编程窗口

程序编辑器用于编辑构成项目一部分的 BASIC 程序文件和文本文件，并为 BASIC 程序提供调试功能。图 3.15 所示为“程序编程”界面。

```
0
1
2   VR(21)=1
3   begin:
4   IF VR(21)=1 THEN
5       'GOSUB lebel
6   ENDIF
7   GOTO begin
8   STOP
9   MOVEABS(16.15263,394.25710,-29.12229,-48.64505)'P4点
10  MOVEABS(-19.19466,396.67100,-29.12229,-44.84148)'P5点
11  MOVEABS(-25.36704,364.91168,-29.12230,-48.34219)'P6点
12  MOVEABS(10.67317,363.89081,-29.12229,-52.32546)'P3点
13  WAIT IDLE
14  OP(32,0)'关闭激光
15  WA(1000)
16
17
18
```

图 3.15　“程序编程”界面

3. 数字 I/O 状态

数字 I/O 查看器用于显示控制器（本地和远程）的数字输入和输出的状态，如图 3.16 所示。

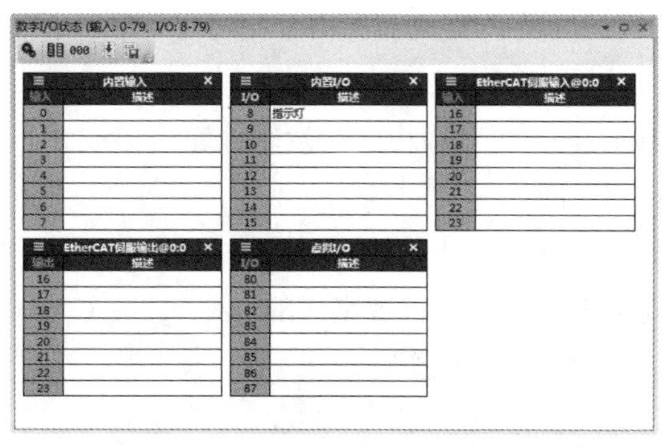

图 3.16　“数字 I/O 状态”对话框

数字 I/O 查看器将 I/O 地址空间分成 8 行代码块，通常一个块中的所有行都是同一类型。I/O 现有的颜色及相关颜色见表 3.14。

表 3.14　I/O 颜色代号

类型	颜色
输入	绿色
输出	橘色
输入/输出	黄色
虚拟输入/输出	蓝绿色

3.3　编程语言

※ 编程基础

3.3.1　语言介绍

翠欧运动控制器支持 TrioBASIC 和 IEC 61131-3 标准定义的梯形图、功能区块图、结构化文本等编程语言，图 3.17 所示为两种不同的编程语言，在本书中采用 TrioBASIC 语言编程进行控制器的讲解。

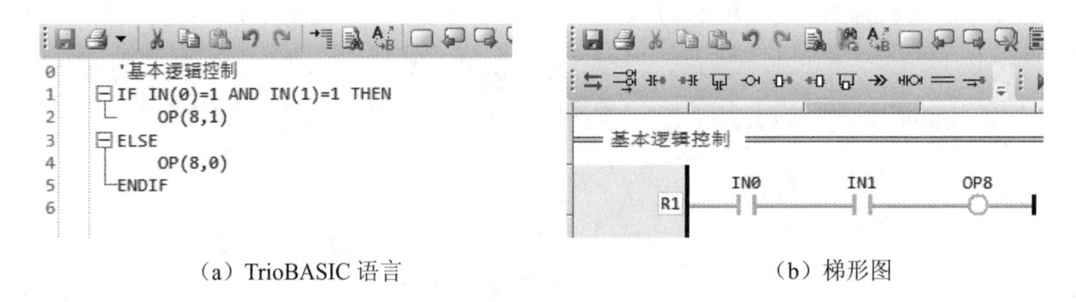

（a）TrioBASIC 语言　　（b）梯形图

图 3.17　翠欧运动控制器编程语言

TrioBASIC 是面向翠欧运动控制器的支持多任务控制的专用编程语言，它提供了 300 多个指令，旨在使动作功能的编程快速简单。Motion Perfect 软件提供了编写和调试应用程序所需的所有编辑和调试功能，完成的应用程序可以下载到控制器直接运行。

TrioBASIC 语言具有以下特征：

- 与 TRIO 的 Motion Perfect 应用程序开发软件完全集成。
- 多轴综合运动控制功能。
- 多任务处理多个程序以改进软件结构和维护。
- 支持传统伺服或步进轴以及现代数字（Sercos、EtherCAT 等）轴。
- 支持多轴协调和单轴移动的综合移动类型。
- 支持高速输出。

3.3.2 数据类型

TrioBASIC 语言中的变量分为局部变量和全局变量两种。其中局部变量支持 FLOAT、INTEGER、BOOLEAN、STRING 4 种数据类型，全局变量支持 VR 和 TABLE 两种数据类型，见表 3.15。

表 3.15　TrioBASIC 数据类型

分类	数据类型	说　明
局部变量	FLOAT	64 位浮点数（默认）
	INTEGER	64 位整数
	BOOLEAN	1 位二进制数
	STRING	字符串文本
全局变量	VR	全局数字变量，掉电数据自动保存，可以映射至其他通信协议中供外部设备访问
	TABLE	全局数字变量，掉电数据丢失，访问速度快

3.3.3 常用指令

控制器常用指令按功能的不同可以分为逻辑指令、轴配置指令、轴运动指令、I/O 指令、其他控制器指令等几类。

1. 逻辑指令

基本逻辑指令在 BASIC 语言中是指对位存储单元的简单逻辑运算，控制器常用的逻辑指令见表 3.16。

表 3.16　常用逻辑指令

逻辑指令	说明
IF…THEN…ELSE…ENDIF	条件判断
WHILE…WEND	循环运行

（1）IF…THEN…ELSE…ENDIF。

IF…THEN…ELSE…ENDIF 指令结构依据条件结果控制程序流程。如果条件为真，则接下来的 THEN 到 ELSE 语句将会执行；如果条件为假，ELSE 语句将会执行或程序会跳到 ENDIF 语句。IF…THEN…ELSE…ENDIF 指令用法及示例见表 3.17。

表 3.17　IF…THEN…ELSE…ENDIF 指令用法及示例

<table>
<tr><td>格式</td><td colspan="2">IF condition1 THEN
  commands1
ELSEIF condition2 THEN
  commands2
ELSE
  commands3
ENDIF</td></tr>
<tr><td rowspan="2">参数</td><td>conditionx</td><td>判断条件</td></tr>
<tr><td>commandx</td><td>需要执行的 TrioBASIC 语句</td></tr>
<tr><td>示例</td><td colspan="2">IF VR(10)=15 THEN
    BASE(1)
    MOVE (8)
ELSE
    BASE(1)
    MOVEABS(0)
ENDIF</td></tr>
<tr><td>说明</td><td colspan="2">当变量 VR(10)值为 15 时，轴 1 正向移动 8，否则移动至 0</td></tr>
</table>

（2）WHILE…WEND。

WHILE…WEND 指令结构用于程序段内指令的重复执行，直到条件结果变成 FALSE，此时程序会继续执行 WEND 语句后的程序。WHILE…WEND 指令用法及示例见表 3.18。

表 3.18　WHILE…WEND 指令用法及示例

<table>
<tr><td>格式</td><td colspan="2">WHILE condition
  commands
WEND</td></tr>
<tr><td rowspan="2">参数</td><td>condition</td><td>判断条件</td></tr>
<tr><td>commands</td><td>需要执行的 TrioBASIC 语句</td></tr>
<tr><td>示例</td><td colspan="2">WHILE IN(1) = OFF
  OP(1,ON)
  WA(1000)
  OP(1,OFF)
  WA(1000)
WEND</td></tr>
<tr><td>说明</td><td colspan="2">当外部信号 IN(1)为 OFF 时，OUT1 以接通 1 s 后断开 1 s 再接通 1 s 进行循环，直到 IN(1)为 ON 时跳出循环</td></tr>
</table>

2. 轴配置指令

轴配置指令是指控制器设置伺服轴参数的指令，用于轴参数的设置与读取。控制器常用的轴配置指令见表 3.19。

表 3.19 常用轴配置指令

轴配置指令	说 明
UNITS	电子齿轮比
SERVO	设置轴状态
BASE	设定或指定轴
FS_LIMIT	正向软限位
RS_LIMIT	反向软限位
FE_LIMIT	跟随误差

（1）UNITS。

UNITS 参数可以是任何非零值，但是推荐用户单位与编码器整数脉冲相一致。改变 UNITS 参数值将会影响轴的许多参数，UNITS 指令用法及示例见表 3.20。

表 3.20 UNITS 指令用法及示例

格式	UNITS=Value	
参数	Value	期望值
示例	UNITS=3555.556 '1280000/360	
说明	转换因子设置成 3 555.556，假如伺服电机编码器分辨率为 1 280 000 PPR，则转化后的用户单位（UNITS）为“°”	

（2）SERVO。

SERVO 参数决定基本轴使能处于打开状态（SERVO=ON）还是关闭状态（SERVO=OFF），SERVO 指令用法及示例见表 3.21。

表 3.21 SERVO 指令用法及示例

格式	SERVO=ON/OFF	
参数	ON	使能打开状态
	OFF	使能关闭状态
示例	SERVO AXIS(0)=ON SERVO AXIS(1)=OFF	
说明	设置轴 0 使能为打开状态，轴 1 使能为关闭状态	

（3）BASE。

BASE 参数用于设定或指定特定轴组，所有顺序运动指令和轴参数都会应用于所属的基本轴或特定轴组。默认情况下基本轴处于有效状态，可使用 BASE 参数改变轴组。每个运动程序均有它自己的所属轴组，并且每一个程序可以独立设置自己的轴组，BASE参数用法及示例见表 3.22。

表 3.22　BASE 参数用法及示例

格式	BASE(expression)	
参数	expression	轴数
示例	BASE(1) UNITS=2000 SPEED=100 ACCEL=5000	
说明	设置轴 1 的转换因子为 2 000，轴 1 的速度为 100，轴 1 的加速度为 5 000	

（4）FS_LIMIT。

FS_LIMIT 参数用于为伺服系统的正向软限位设置。

正向运动的软件限位可以在程序中设置所控制机器的工作范围。当到达限位时，MC 控制单元减速到零，并取消运动，FS_LIMIT 参数用法及示例见表 3.23。

表 3.23　FS_LIMIT 参数用法及示例

格式	FS_LIMIT=（value）	
参数	value	软件正向 移动限制的绝对位置（以用户单位表示）
示例	BASE(1) DATUM(3) WAIT IDLE FS_LIMIT=200	
说明	轴 1 回零完成后，定义当前轴软限位在距离原点正向 200 UNITS 处	

（5）RS_LIMIT。

RS_LIMIT 参数用于伺服系统的反向软限位设置。

反向运动的软件限位可在程序中设置所控制机器的工作范围。当到达限位时，MC 控制单元减速到零，取消运动，RS_LIMIT 参数用法及示例见表 3.24。

表 3.24　RS_LIMIT 参数用法及示例

格式	RS _LIMIT=(value)	
参数	value	软件反向移动限制的绝对位置（以用户单位表示）
示例	BASE(1) DATUM(3) WAIT IDLE RS_LIMIT=200	
说明	轴 1 回零完成后，定义当前轴软限位在距离原点反向 200 UNITS 处	

（6）FE_LIMIT。

FE_LIMIT 参数用于控制器允许的轴最大跟踪误差设置。

当超过该值时，控制器将生成一个轴对称状态错误。默认情况下，将同时生成一个 MOTION_ERROR，MOTION_ERROR 将禁用 WDOG 继电器，从而停止进一步的电机操作。这个参数的返回位置误差，等于需求位置（DPOS）－测量位置（MPOS）。FE_LIMIT 参数用法及示例见表 3.25。

表 3.25 FE_LIMIT 参数用法及示例

格式	FE_LIMIT=(value)	
参数	value	用户单元中允许的最大跟踪误差
示例	BASE(1) FE_LIMIT=10	
说明	轴 1 的跟随误差设置为 10	

3. 轴运动指令

轴运动指令是指控制器操作轴以指定的移动速度和移动方法使轴进行指定位置移动的指令。控制器常用的轴运动指令见表 3.26。

表 3.26 常用的轴运动指令

轴运动指令	说　明
MOVE	相对移动
MOVEABS	绝对移动
SPEED	运行速度
ACCEL	加速度
DECEL	减速度

（1）MOVE。

MOVE 指令使单轴或多轴以目标速度、加速度或减速度运动到特定位置，该指令是增量运动控制指令，MOVE 指令用法及示例见表 3.27。

表 3.27 MOVE 指令用法及示例

格式	MOVE(distance1 [,distance2 [,distance3 [,distance4...]]])	
参数	distance1	基本轴从当前位置开始运动的距离
	distance2	基本轴队列中第二轴从当前位置开始运动的距离
	distance3	基本轴队列中第三轴从当前位置开始运动的距离
	参数的个数最多为控制器上的轴数	
示例	BASE(1) UNITS=2000 SPEED=100 ACCEL=5000 MOVE(30)	
说明	设置轴 1 的转换因子为 2 000，轴 1 的速度为 100，轴 1 的加速度为 5 000，相对当前位置移动 30	

（2）MOVEABS。

MOVEABS 指令使单轴或轴组运动到相对于零点位置的绝对位置，该指令是绝对位置运动控制指令，MOVEABS 指令用法及示例见表 3.28。

表 3.28　MOVEABS 指令用法及示例

格式	MOVEABS(position1[, position2[, position3[, position4...]]])	
参数	position1	基本轴从当前位置开始运动的距离
	position2	基本轴队列中第二轴从当前位置开始运动的距离
	position3	基本轴队列中第三轴从当前位置开始运动的距离
	参数的个数最多为控制器上的轴数	
示例	BASE(1) UNITS=2000 SPEED=100 ACCEL=5000 MOVEABS(30)	
说明	设置轴 1 的转换因子为 2 000，轴 1 的速度为 100，轴 1 的加速度为 5 000，绝对位置移动 30	

（3）SPEED。

SPEED 参数用于设置目标运行速度，它可以是大于等于 0 的任意值，SPEED 参数用法及示例见表 3.29。

表 3.29　SPEED 参数用法及示例

格式	SPEED=Value	
参数	Value	期望值
示例	SPEED=1000	
说明	目标运行速度设置为 1 000	

（4）ACCEL。

ACCEL 轴参数用于设置或读取每个安装轴的加速度，单位为 UNITS/s^2，ACCEL 轴参数用法及示例见表 3.30。

表 3.30　ACCEL 轴参数用法及示例

格式	ACCEL=Value	
参数	Value	期望值
示例	ACCEL=2000	
说明	目标加速度设置为 2 000	

（5）DECEL。

DECEL 轴参数用于设置或读取每个安装轴的减速度，单位为 UNITS/s^2，DECEL 指令用法及示例见表 3.31。

表 3.31　DECEL 指令用法及示例

格式	DECEL=Value	
参数	Value	期望值
示例	DECEL=2000	
说明	目标减速度设置为 2 000	

4. I/O 指令

I/O 指令用于从外部设备接收数据或事件的同步，从而控制外部设备，控制器常用的 I/O 指令见表 3.32。

表 3.32　常用的 I/O 指令

I/O 指令	说　明
IN	读取外部输入
OP	设置输出位
READ_OP	读取输出位

（1）IN。

IN 指令用于读取单个或多个连续输入。如果没有参数调用，IN 返回前 32 个输入的二进制和。如果使用一个参数调用，它将返回该特定输入通道的状态（1 或 0）。如果使用()中的两个参数调用，则返回输入组的二进制和，IN 指令用法及示例见表 3.33。

表 3.33　IN 指令用法及示例

格式	value = IN[(first [,final])]	
参数	value	所选输入或输入范围的状态，返回前 32 个输入的二进制和
	first	第一个输入
	final	最后一组输入
示例	WAIT UNTIL IN(4)=ON GOSUB place	
说明	直到输入信号 IN4 位为 ON 时，程序跳转到 place 子程序处	

（2）OP。

OP 指令设置控制器的单个输出的用法及示例见表 3.34。

表 3.34 OP 指令设置控制器的单个输出的用法及示例

格式	OP(output，state)	
参数	output	要设置的输出编号
	state	0 或 OFF，1 或 ON
示例	OP(44,1) OP(44,ON)	
说明	打开输出信号 44	

OP 指令设置控制器的多个连续输出的用法及示例，见表 3.35。

表 3.35 OP 指令设置控制器的多个连续输出的用法及示例

格式	OP(start, end, state)	
参数	start	组中的第一个输出
	end	组中的最后一个输出
	state	在组上设置的二进制数的十进制等效值
示例	OP(8,15,3)	
说明	设置输出信号 8 和 9 为 ON，10～15 为 OFF	

（3）READ_OP。

READ_OP 指令用于读取单个或多个连续输出，READ_OP 指令用法及示例见表 3.36。

表 3.36 READ_OP 指令用法及示例

格式	value = READ_OP(output [,finaloutput])	
参数	value	返回的输出值
	output	要读取的单个输出编号或者组的第一个输出编号
	finaloutput	组的最后一个编号
示例	VR(0)= READ_OP(8,15)	
说明	读取输出 8～15 的值	

5. 其他控制器指令

（1）RUN。

RUN 指令用于调用控制器上存在的一个正确程序，该程序可以在另一个进程中运行，RUN 指令用法及示例见表 3.37。

表 3.37　RUN 指令用法及示例

格式	RUN ["program" [, process]]	
参数	program	要运行的程序的名称
	process	可选的进程数量。（默认最高可用）
示例	RUN "AXIS" RUN "STARTUP", 2	
说明	启动完成后，主程序将在最高可用进程中运行“AXIS”程序；在进程 2 上运行“SRARTUP”启动程序	

（2）GOTO。

GOTO 结构指令用于跳转到程序中的指定 label 标签处，label 标签可以是任意长度的字符串，但只有前 15 个字符有效，见表 3.38。

表 3.38　GOTO 指令用法及示例

格式	GOTO label commands label:	
参数	label	程序中出现的有效标签
	commands	需要执行的 TrioBASIC 语句
示例	start: OP(8,ON) WA(1000) OP(8,OFF) WA(1000) GOTO start	
说明	设置 OUT8 位以 2 s 为周期输出脉冲	

3.3.4　编程示例

编程示例程序代码如下：

```
start:                      '初始标签
BASE(1)                     '基于轴 1 执行以下动作
SPEED=50                    '设定速度
ACCEL=250                   '设定加速度
DECEL=500                   '设定减速度
WA(2000)                    '等待 2 s
MOVEABS(177.668)            '绝对移动距离
WAIT IDLE                   '完全移动到设定位置
OP(8,1)                     '置位输出位
WA(1000)                    '等待 1 s
```

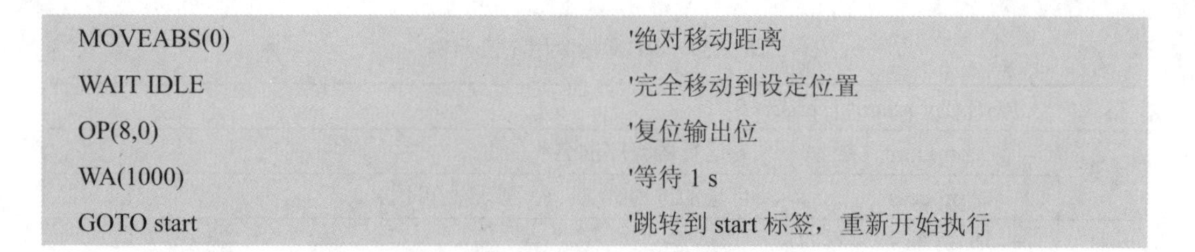

```
MOVEABS(0)          '绝对移动距离
WAIT IDLE           '完全移动到设定位置
OP(8,0)             '复位输出位
WA(1000)            '等待 1 s
GOTO start          '跳转到 start 标签，重新开始执行
```


3.4 编程调试

Motion Perfect 有 4 种操作模式：断开模式、直接模式、工具模式和同步模式。

（1）断开模式。

断开模式是指未连接到控制器，此时所有工具都已关闭，没有通信端口打开。

（2）直接模式。

直接模式是指与控制器直接连接，允许使用终端工具与控制器上的命令行直接交互。

（3）工具模式。

工具模式是指多通道连接到控制器，允许使用运动中的监控工具。此模式允许用户查看控制器上的程序列表（以便启动和停止程序），但不允许编辑任何程序。

（4）同步模式。

同步模式是指多通道连接到控制器。打开计算机上的本地项目，控制器和项目的内容是同步的，以便所有程序的本地副本与控制器上的程序相匹配。此模式下所有 Motion Perfect 的工具都可用，程序可以编辑。

3.4.1 程序创建

程序创建的操作步骤见表 3.39。

表 3.39 程序创建

序号	图片示例	操作步骤
1		打开控制器调试软件

续表 3.39

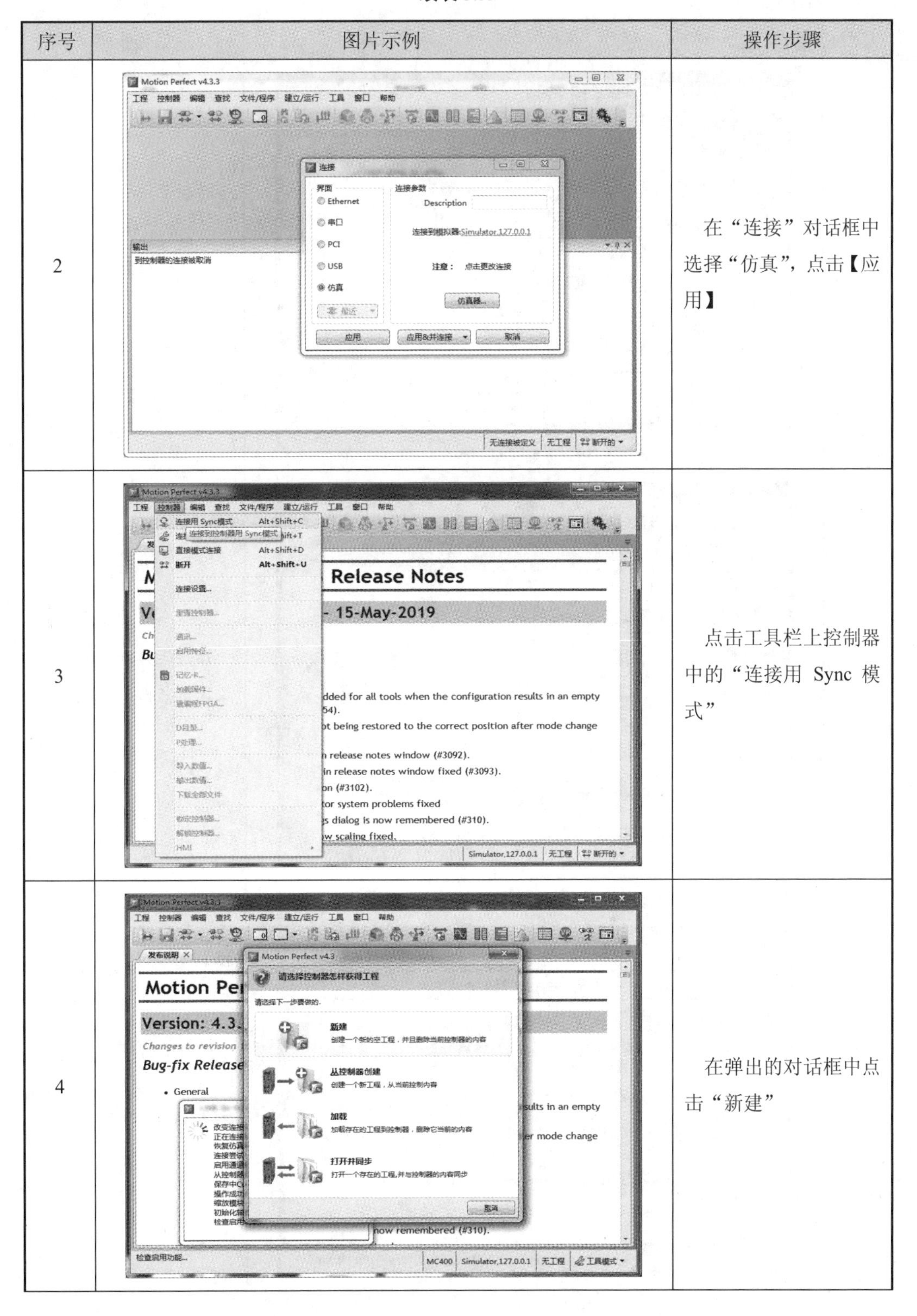

序号	图片示例	操作步骤
2		在“连接”对话框中选择“仿真”，点击【应用】
3		点击工具栏上控制器中的“连接用 Sync 模式”
4		在弹出的对话框中点击“新建”

续表 3.39

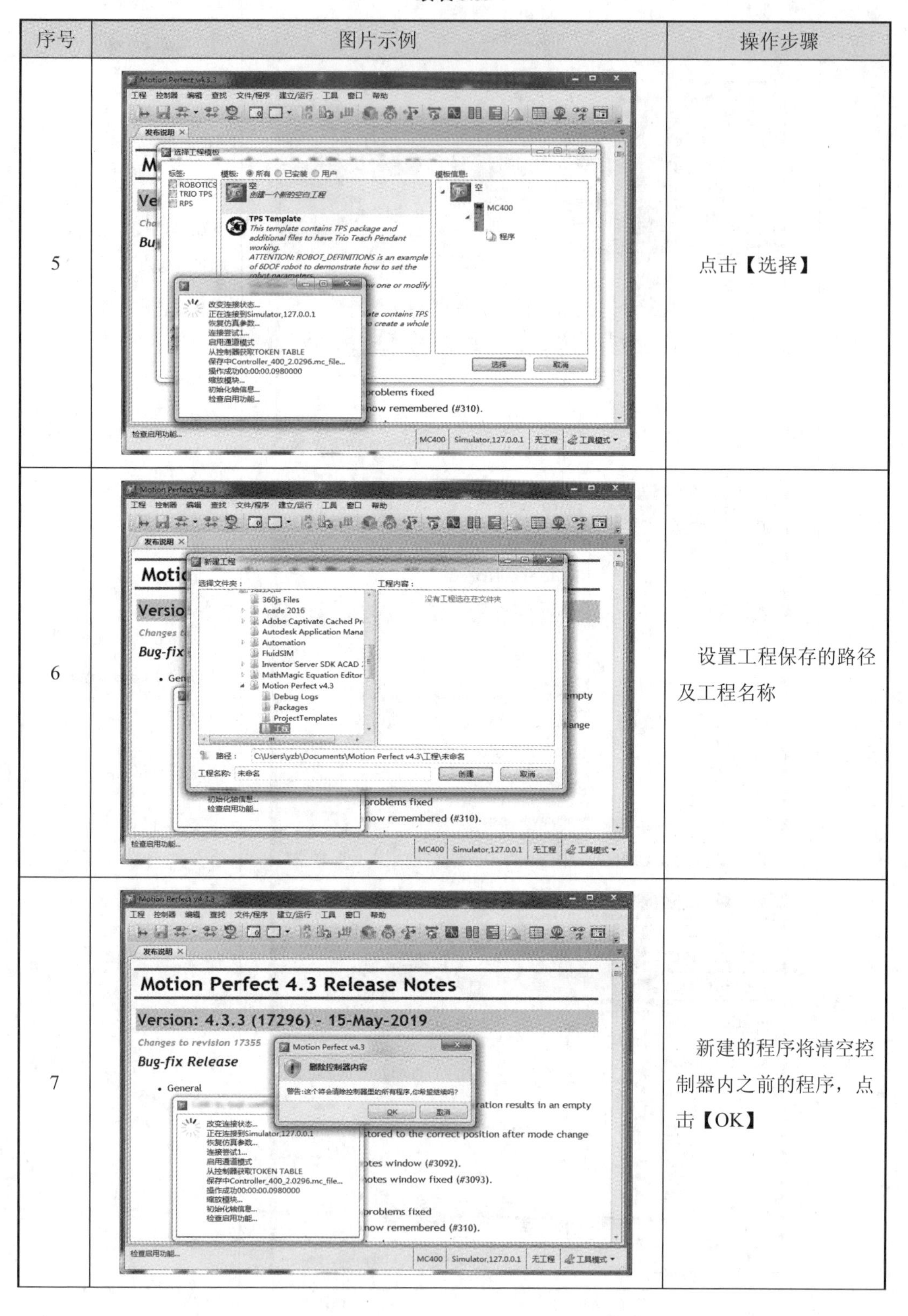

序号	图片示例	操作步骤
5		点击【选择】
6		设置工程保存的路径及工程名称
7		新建的程序将清空控制器内之前的程序，点击【OK】

续表 3.39

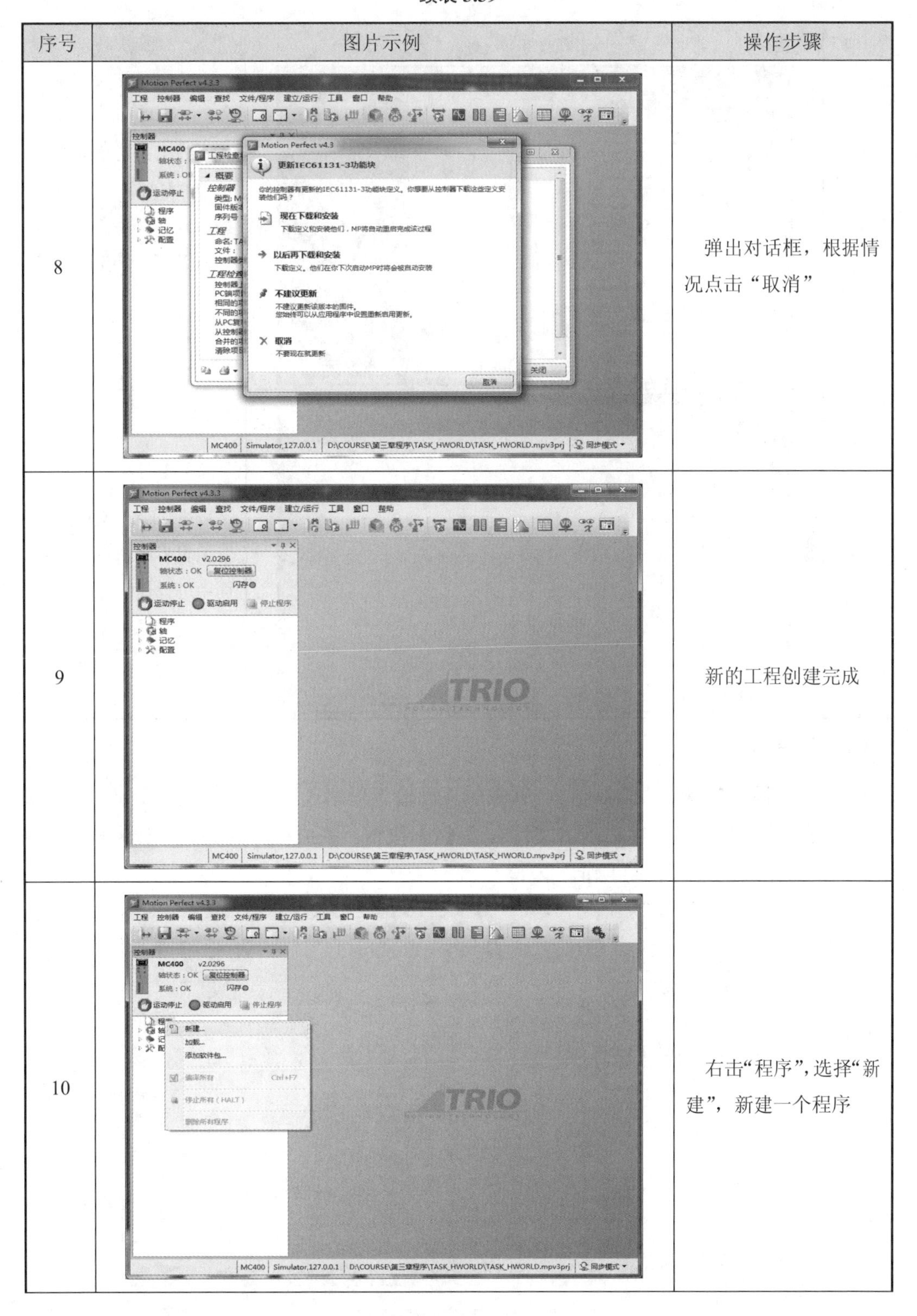

序号	图片示例	操作步骤
8		弹出对话框，根据情况点击“取消”
9		新的工程创建完成
10		右击“程序”，选择“新建”，新建一个程序

续表 3.39

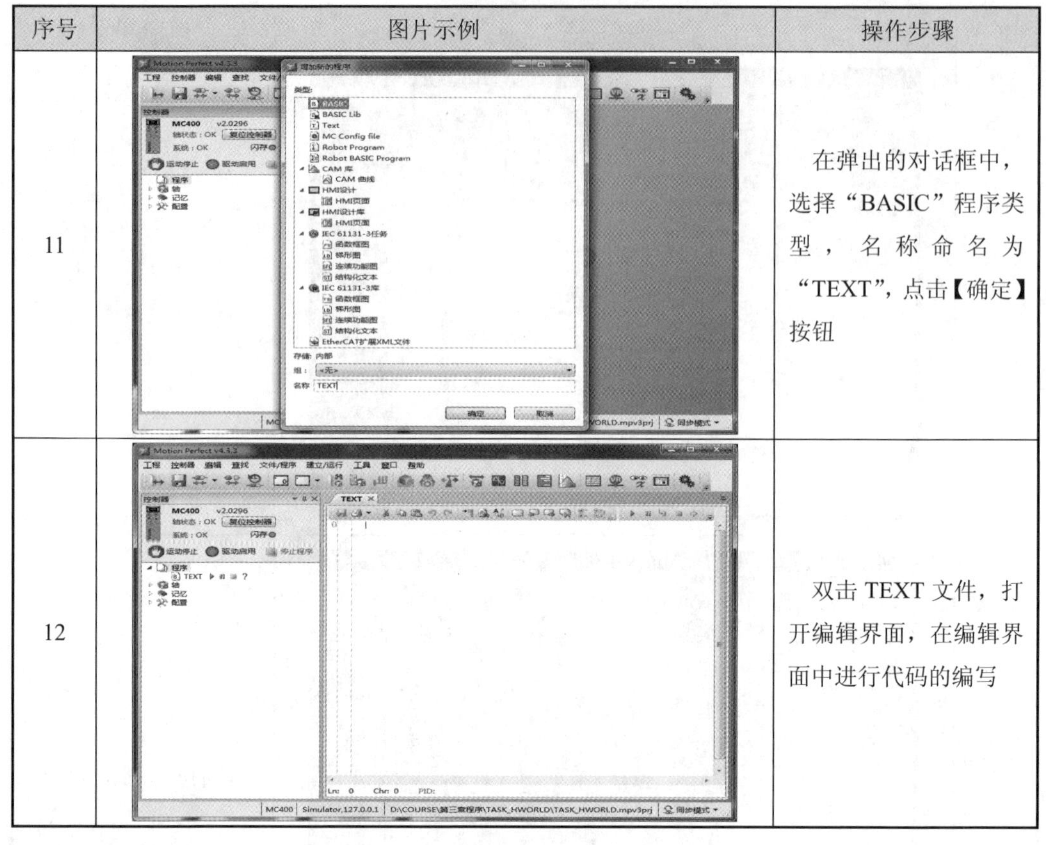

序号	图片示例	操作步骤
11		在弹出的对话框中，选择“BASIC”程序类型，名称命名为“TEXT”，点击【确定】按钮
12		双击 TEXT 文件，打开编辑界面，在编辑界面中进行代码的编写

3.4.2 程序编写

打开项目树中的程序“TEXT”，在编辑界面输入程序代码，如图 3.18 所示。程序编写完成后，编译及下载程序，点击文件右边【?】按钮，完成程序的编译。如果程序语法正确，则将完成编译及下载工作。

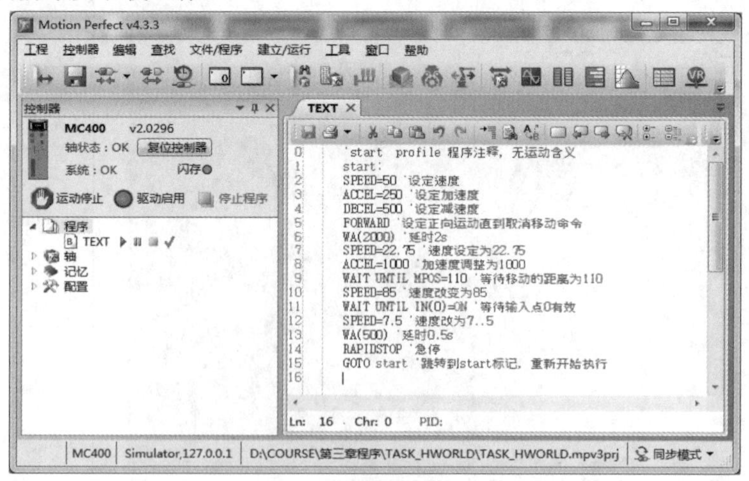

图 3.18 程序编辑界面

3.4.3　项目调试

项目程序调试的具体步骤见表 3.40。

表 3.40　程序调试

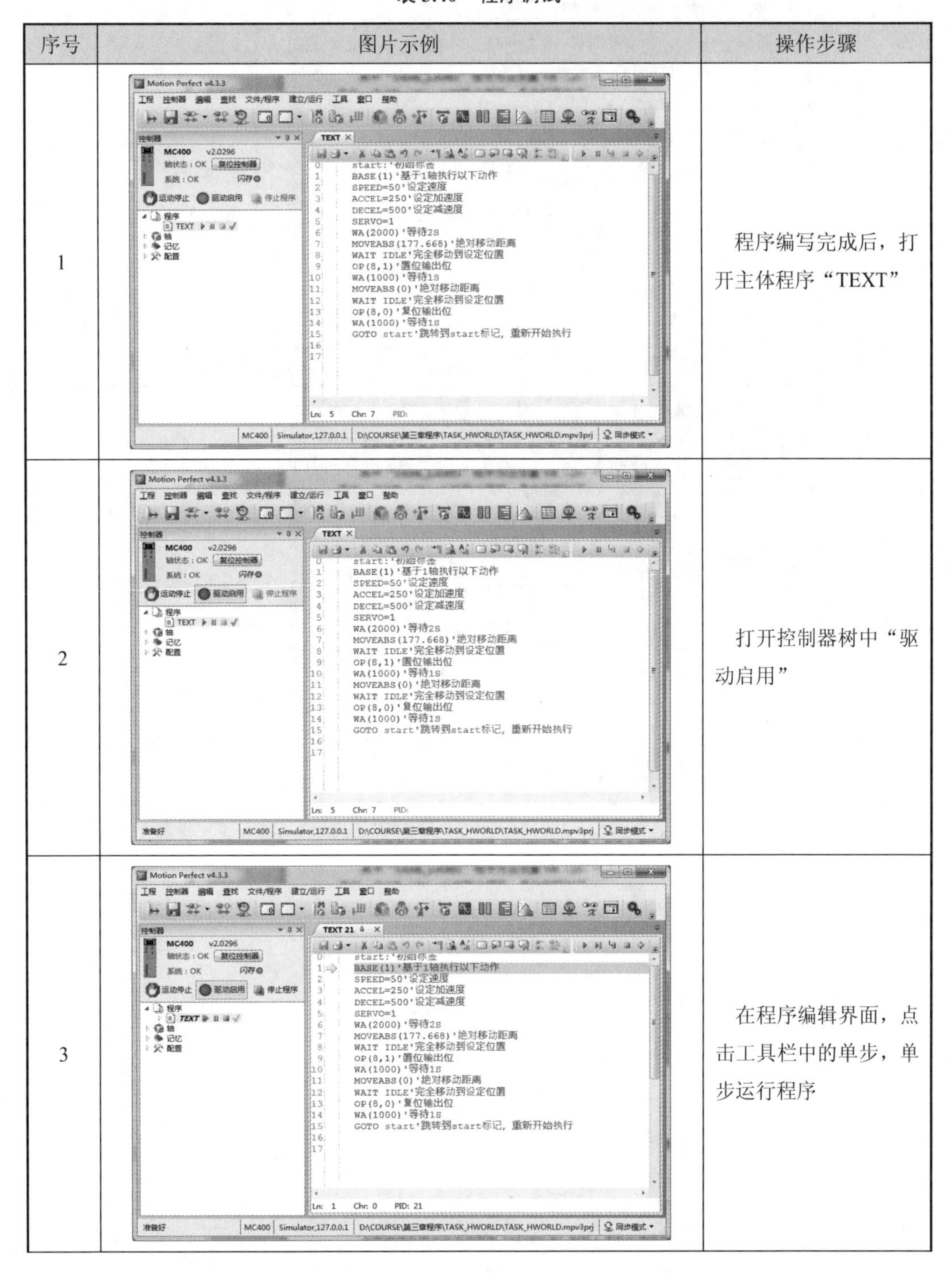

序号	图片示例	操作步骤
1		程序编写完成后，打开主体程序“TEXT”
2		打开控制器树中“驱动启用”
3		在程序编辑界面，点击工具栏中的单步，单步运行程序

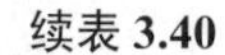

续表 3.40

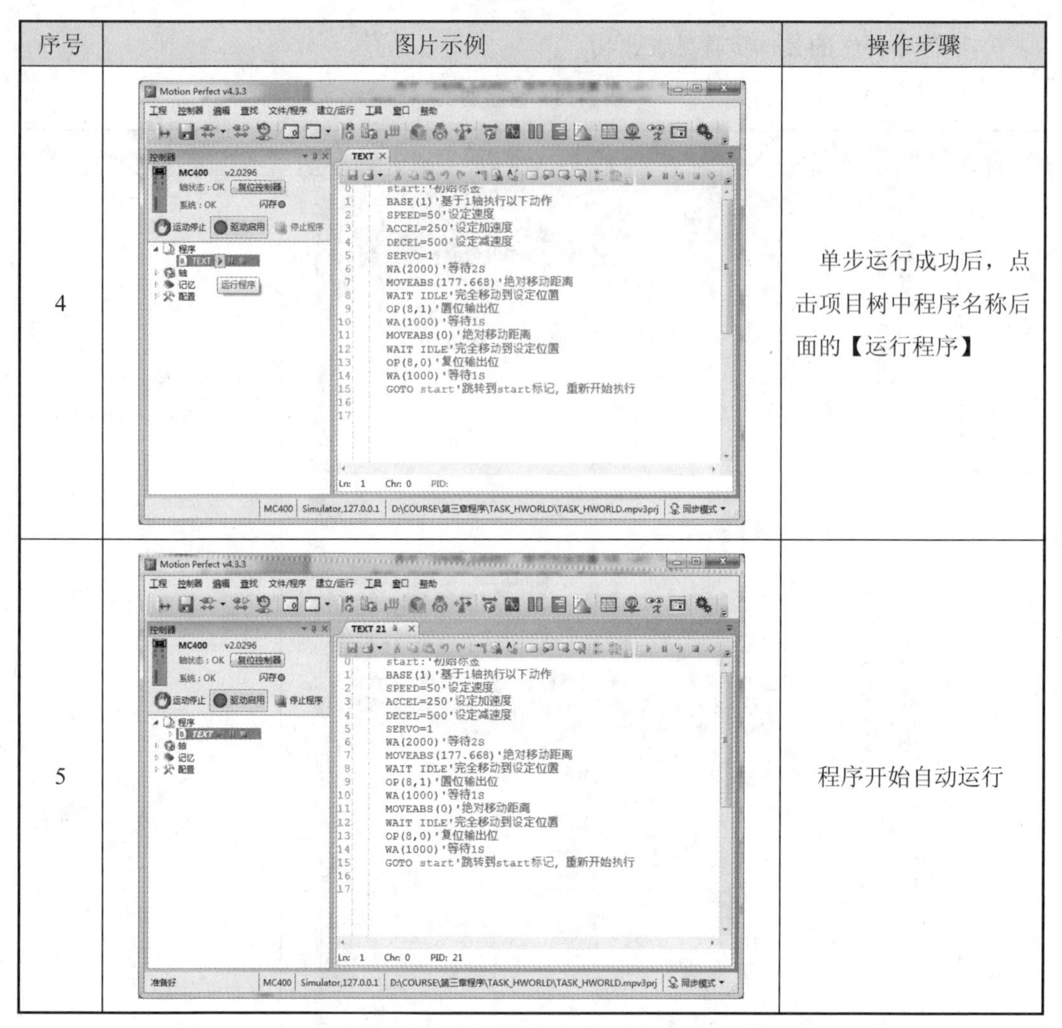

序号	图片示例	操作步骤
4		单步运行成功后，点击项目树中程序名称后面的【运行程序】
5		程序开始自动运行

第二部分　项目应用

第 4 章　基于逻辑控制的指示灯项目

4.1　项目目的

※ 逻辑控制项目目的

4.1.1　项目背景

典型的逻辑控制系统由输入单元、控制单元、输出单元组成，如图 4.1 所示。其中输入单元负责对外界信号的感知，包括按钮、光电开关、磁性开关、接近开关等设备；控制单元负责对信号进行处理并生成处理结果，包括 PLC、运动控制器、PC 机等设备；输出单元负责动作的执行，包括指示灯、三色灯、蜂鸣器、电磁阀等设备。

逻辑控制作为工业现场最常用的控制方式之一，广泛应用于石油、化工、电力、机械制造、汽车、交通运输等领域，图 4.2 所示为交通灯控制应用场景。

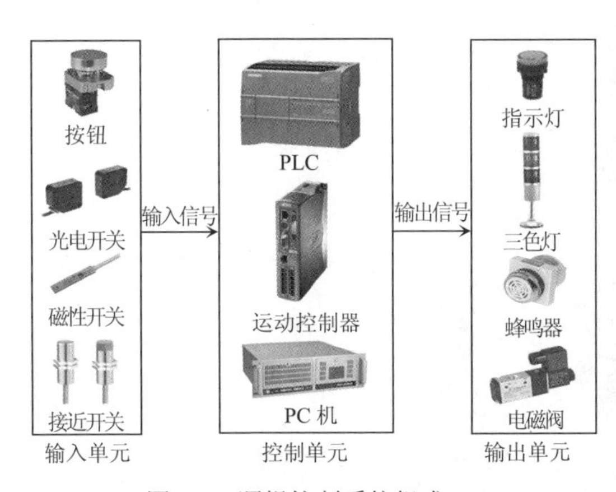

图 4.1　逻辑控制系统组成

图 4.2　交通灯控制

4.1.2 项目需求

运用控制器实现外部输入信号的获取，并发出控制信号对输出单元进行控制，如图4.3所示，通过SB1按钮控制HL1、HL2、HL3指示灯的通断。

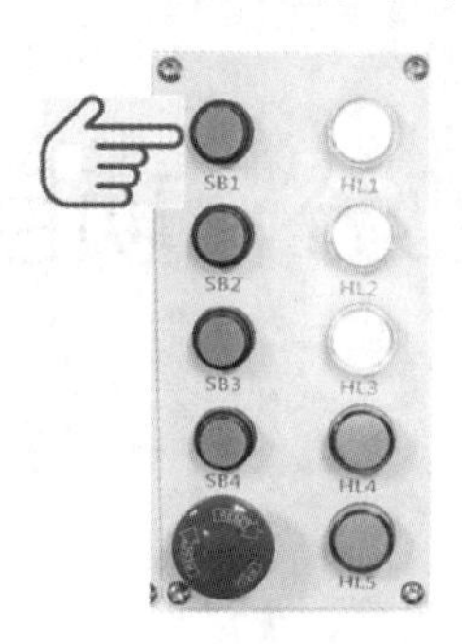

图4.3 项目需求图示

4.1.3 项目目的

（1）熟悉运动控制器多任务功能。

（2）掌握运动控制器I/O的使用。

（3）掌握运动控制器软件的使用。

（4）掌握TrioBASIC语言中上升沿和下降沿条件判断的实现。

4.2 项目分析

4.2.1 项目构架

本项目为基于逻辑控制的指示灯项目，需要使用智能运动控制实训系统上的开关电源模块、运动控制器模块和输入输出模块。其中开关电源为运动控制器提供24 V电源，运动控制器采集按钮信号并控制指示灯的状态，输入输出模块通过按钮和指示灯产生数字信号并且显示输出状态。指示灯项目构架如图4.4所示。

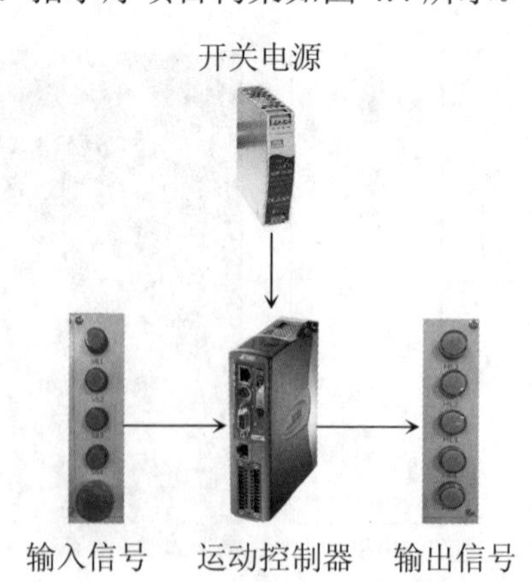

图4.4 指示灯项目构架图

图 4.5 所示为本项目所使用的输入输出模块的名称定义，其中 SB1、SB2、SB3、SB4 为常开按钮，SB5 为常闭按钮，HL1～HL5 为 5 个指示灯。

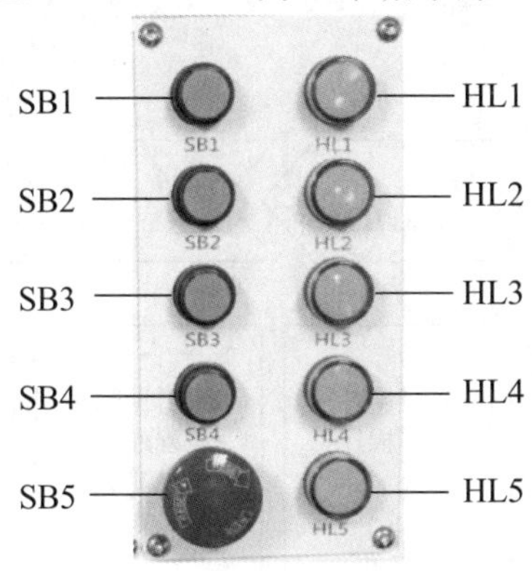

图 4.5　输入输出模块名称定义

当按下按钮 SB1 后指示灯进入循环运行状态，此时要求任意时刻按下 SB2 均能在循环结束后退出循环，因此需要使用多任务编程，将按钮的逻辑处理与指示灯的循环运行进行分离，使得程序结构更加清晰。运动控制器中通常使用名为 STARTUP 的任务作为自动启动任务，执行系统初始化并且启动其他任务，各任务程序流程图如图 4.6 所示。

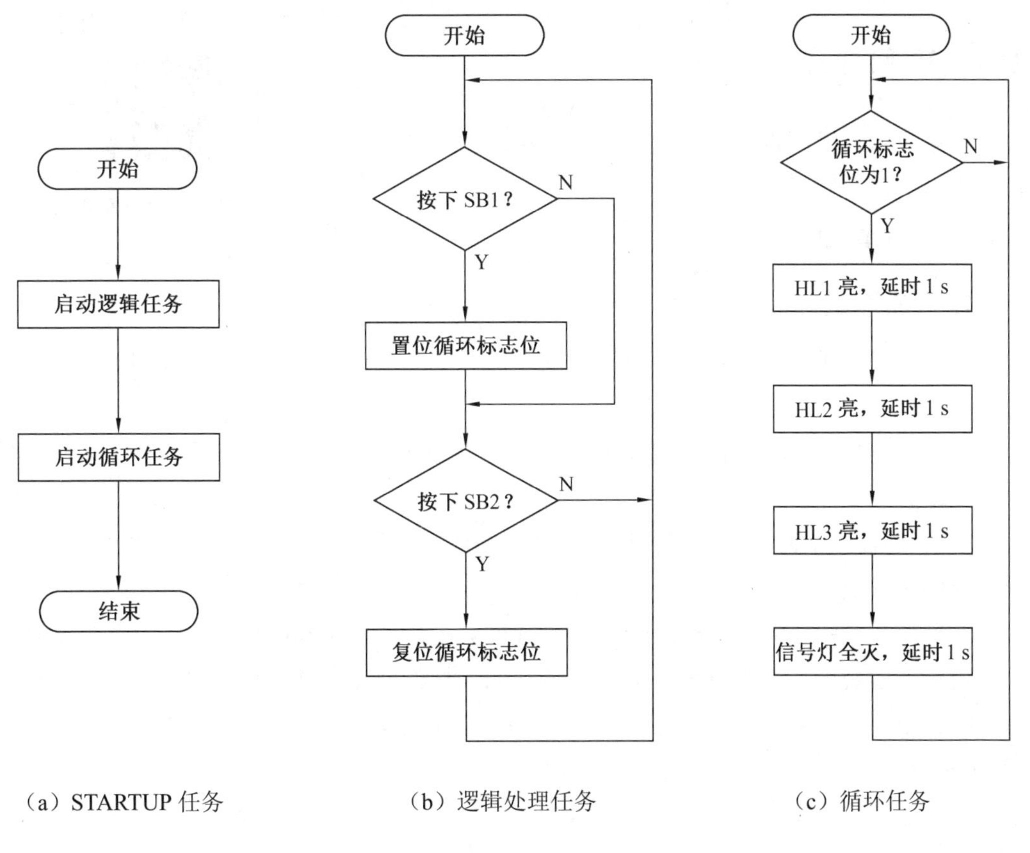

（a）STARTUP 任务　　（b）逻辑处理任务　　（c）循环任务

图 4.6　各任务程序流程图

4.2.2 项目流程

本项目实施流程如图 4.7 所示。

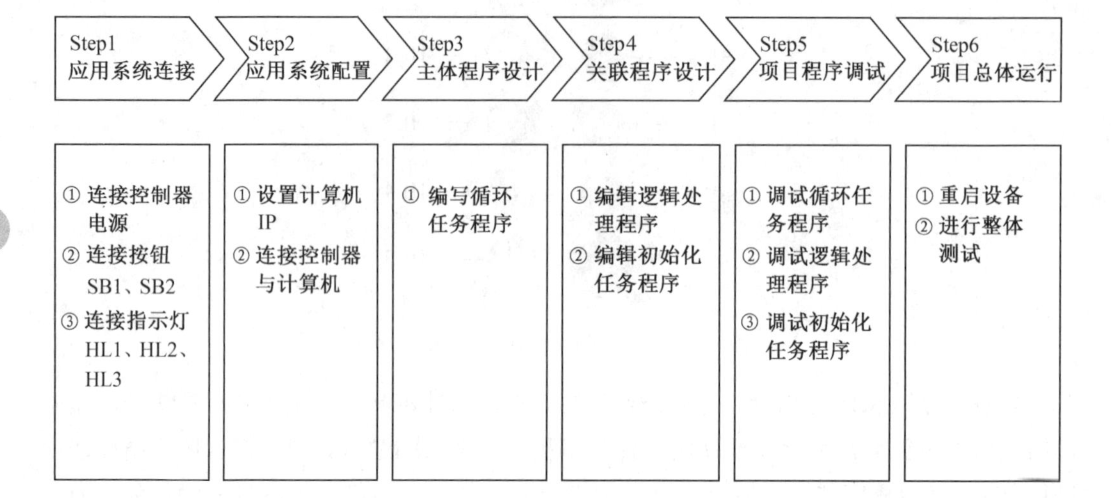

图 4.7　项目流程图

4.3 项目要点

※ 逻辑控制项目要点

本项目的项目要点有多任务处理、初始化程序、I/O 通信与边沿检测几部分。

4.3.1 多任务处理

1. 多任务简介

多任务是一种对多个程序同时运行的功能。利用多任务，可以为程序设计带来两个好处：

（1）将互相不关联的程序功能分解为各自独立的任务，从而降低程序的复杂性，简化程序设计。

（2）将需要实时处理的逻辑运算与耗时的运动程序分离，从而提高系统的可靠性，提高程序运行效率。

在单核系统中，执行任务的 CPU 只有 1 个，多任务是在操作系统的调度下分享 CPU 的占用时间实现的，通常情况下各个任务之间切换的速度非常快，可以看作是“同时”运行的。例如一个系统中运行着任务 1、任务 3、任务 4 三个任务，它们的执行顺序如图 4.8 所示。

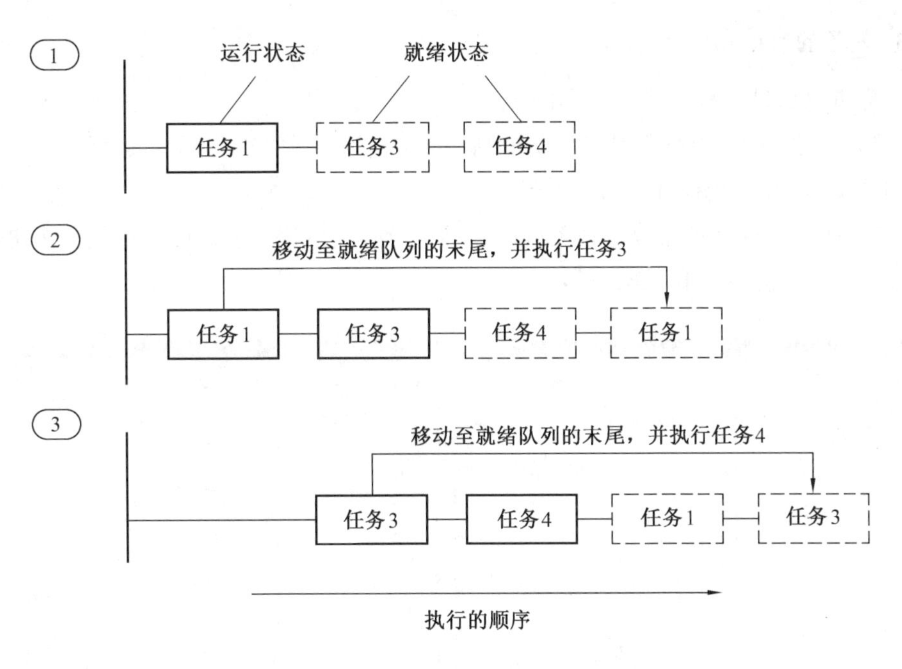

图 4.8　多任务程序执行流程

2. MC4N-ECAT 多任务优先级

MC4N 运动控制器中运行的是多任务操作系统，用户任务和系统进程共享处理器资源，最多可同时执行 22 个用户任务。对于每个正在运行的任务，具有唯一的优先级，系统将执行优先级高的任务，优先顺序可以在 0～21 之间自由设定。通过 Motion Perfect 软件查看任务的运行状态，如图 4.9 所示，“TASK_LIGHT”“MAIN”处于同时运行状态，任务优先级分别为 19 和 20。

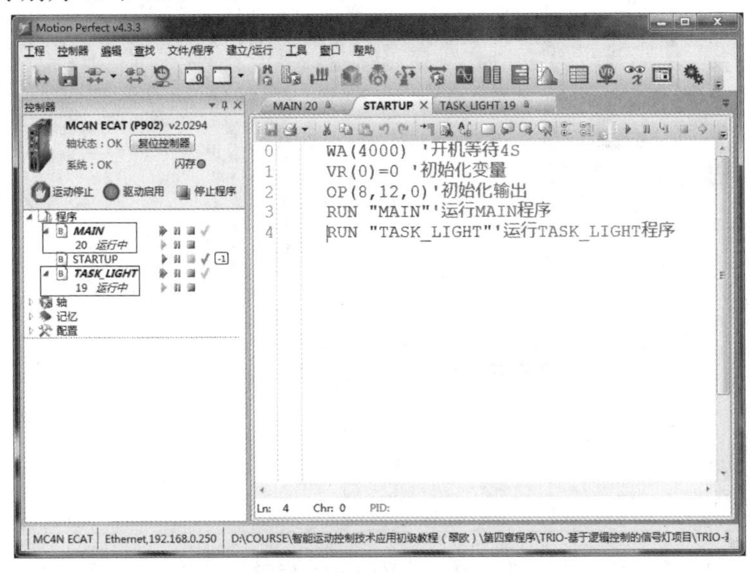

图 4.9　任务优先级

3. 任务的启动和停止

任务可以通过 3 种方式启动和停止。

（1）通过“控制器树”窗口手动控制，点击程序名后面暂停/单步运行程序按钮进行程序的单步运行，如图 4.10（a）所示。

（2）通过工程管理器设置任务程序自动运行，点击程序名后面运行程序按钮进行程序的连续运行，如图 4.10（b）所示。

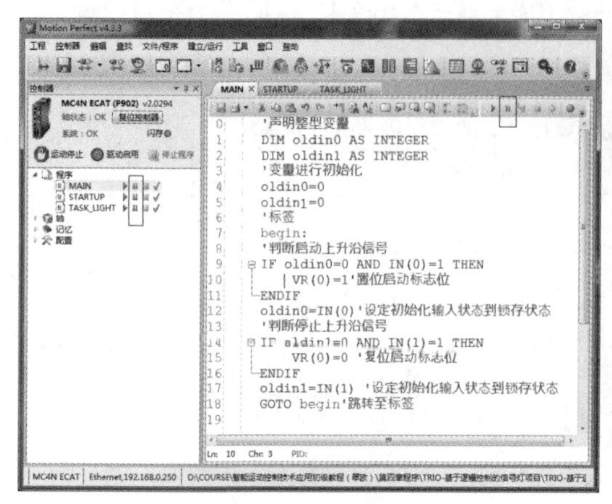

（a）暂停/单步运行程序

（b）运行程序

图 4.10　手动运行程序

（3）通过程序指令控制，设置程序为自动启动，在“程序自动运行”界面中选择程序进程为“默认”。则程序在上电后自动启动，如图 4.11 所示。

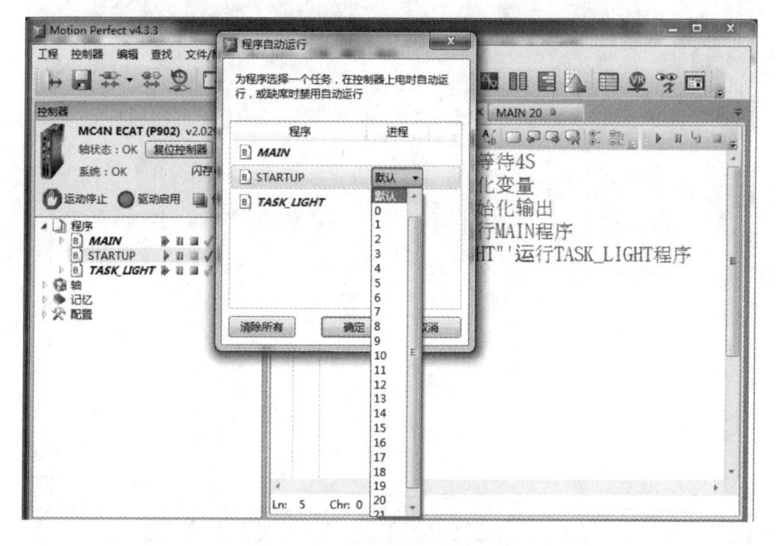

图 4.11　设置程序自动运行

4. 多任务常用指令

（1）RUN 指令用于启动任务，见表 4.1。

表 4.1　RUN 指令用法及示例

格式	RUN ["program" [, process]]	
参数	program	将要运行的任务名
	process	任务优先级，默认为最高
示例	RUN "MAIN",9	
说明	以优先级 9 运行 MAIN 程序	

（2）STOP 指令用于停止任务，见表 4.2。

表 4.2　STOP 指令用法及示例

格式	STOP ["program" [, process]]	
参数	program	将要停止的任务名
	process	任务优先级，默认为最高
示例	STOP "MAIN"	
说明	停止 MAIN 程序任务	

（3）HALT 指令用于停止全部任务，见表 4.3。

表 4.3　HALT 指令用法及示例

格式	HALT
示例	HALT
说明	停止控制器内所有程序任务

4.3.2　初始化程序

翠欧运动控制器可以指定任意的程序在上电时自动运行，通常情况下，推荐将名为“STARTUP”的程序作为自动运行程序，在该程序中进行两部分操作：

（1）进行系统初始化配置。

（2）启动其他运行任务。

Motion Perfect 软件为系统轴配置、Table 变量、VR 变量、EtherNet 配置、串口配置提供了专门的图形界面。点击“工程”→“修改 STATUP 程序”菜单可以选择要修改的值，如图 4.12 所示。修改完成并点击【确定】按钮后，软件将自动插入相关程序指令，如图 4.13 所示。

图 4.12　初始化程序窗口

```
STARTUP
0   'Start Ethernet port section
1   ' Modbus TCP port number
2   ETHERNET(1,-1,10,502)
3
4   ' Enable comm port after the settings were applied
5   ' A Corresponding IP_PROTOCOL_CTRL=12 command should be present in the MC_CONFIG program
6   IP_PROTOCOL_CTRL=0
7   'Stop Ethernet port section
8   'Start Standard Section
9   'Stop Standard Section
10
11  VR(0)=9
12  VR(1)=9
13  VR(2)=9
14
15  RUN "main"
16  RUN "TASK1"
17
18
19
20
21
22
```

图 4.13　初始化程序代码

4.3.3　I/O 通信

I/O 信号即输入/输出信号，I/O 通信是控制器与外部设备进行交互的基本方式。

1. I/O 硬件简介

MC4N-ECAT 控制器由直流 24 V 供电，自身提供了 8 路数字量输入和 8 路双向 I/O，同时可以通过 EtherCAT 总线和 CAN 总线连接远程 I/O，其中通过 EtherCAT 总线最多可以扩展 1 024 个远程 I/O。控制器数字 I/O 如图 4.14 所示。

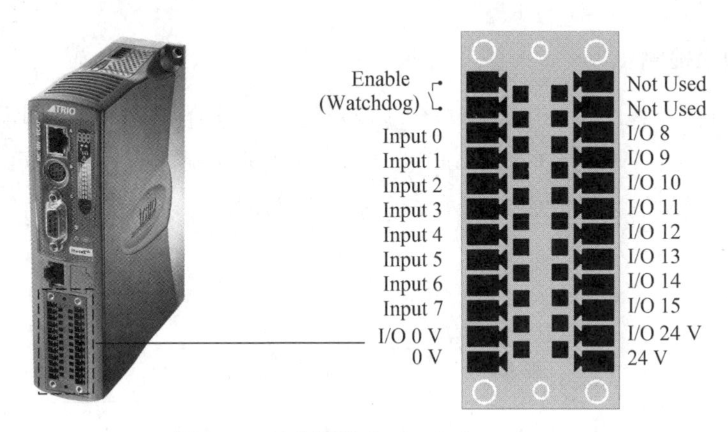

图 4.14　控制器数字 I/O 定义

系统输入电路通过双向光耦进行隔离，支持 PNP 和 NPN 两种配线方式；输出电路通过单向光耦隔离，支持 PNP 型配线方式。配线之前，需要确认 I/O 类型是否与外部连接设备相匹配。错误的配线将导致控制器无法正常动作，甚至导致控制器内部元件损坏。数字 I/O 电路结构如图 4.15 所示。

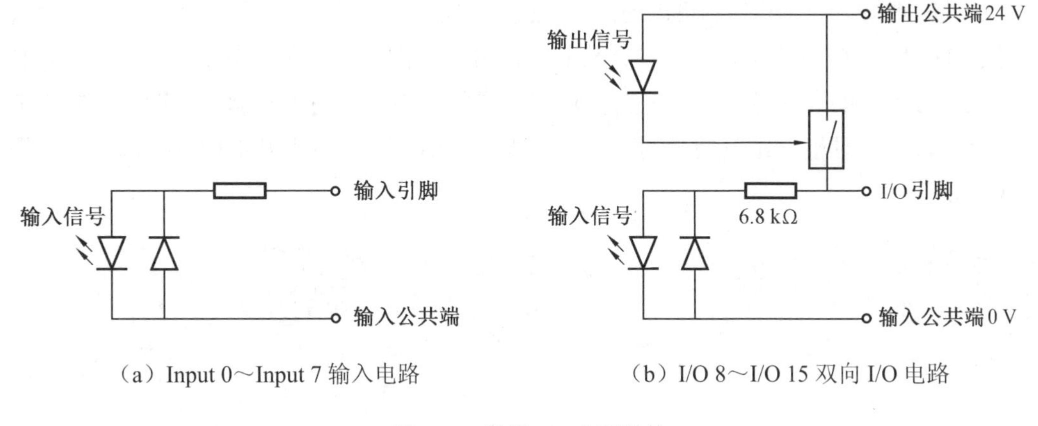

（a）Input 0～Input 7 输入电路　　（b）I/O 8～I/O 15 双向 I/O 电路

图 4.15　数字 I/O 电路结构

2. 数字 I/O 特性

数字 I/O 特性见表 4.4。

表 4.4　数字 I/O 特性

数字输入特性		数字双向 I/O 特性	
供电方式	外部供电	供电方式	外部供电
输入电压	+24 V	双向 I/O 电压	+24 V
输入电流	约 3.5 mA	数字 DO 电流	（PNP）250 mA

4.3.4 边沿检测

在逻辑控制程序设计中，经常会涉及对边沿信号检测的问题，即需要检测信号的上升沿（0→1）或下降沿（1→0），产生一个扫描周期的脉冲信号，根据此信号实现某些控制功能。边沿检测脉冲时序如图 4.16 所示，其中 T 为一个扫描周期时间。

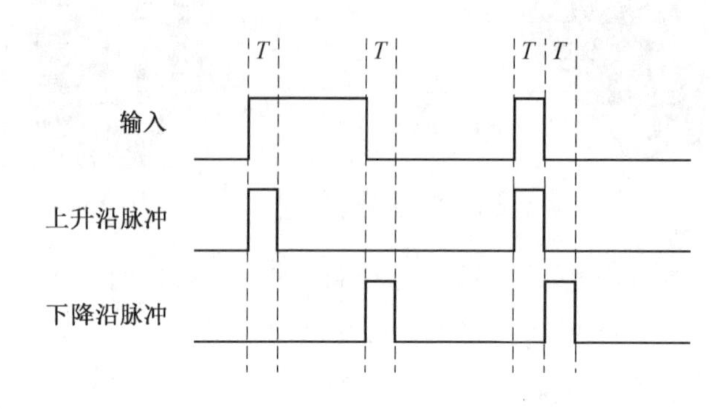

图 4.16　边沿检测脉冲时序

通过梯形图方式编程时，可以通过系统提供的边沿跳变指令直接进行相关逻辑处理，但是在 TrioBASIC 语言中，无法直接检测边沿跳变，因此需要在一个循环任务中进行相关处理。最常用的方式是在每个逻辑循环周期内将输入的值与上一循环周期内该输入的值进行比较，并且根据比较结果判断是否发生了边沿跳变。以上升沿检测为例，基本逻辑代码如下：

```
DIM oldin0 AS INTEGER                    '声明整型变量
oldin0 = 0                               '对声明的变量进行初始化
begin:                                   '标签
IF oldin0=0 AND IN(0)=1 THEN             '判断启动上升沿信号
  OP(8,1)                                '置位输出位
ENDIF                                    'IF 停止标志位
oldin0 = IN(0)                           '设定初始化输入状态到锁存状态
GOTO begin                               '跳转至标签
```

4.4 项目步骤

4.4.1 应用系统连接

※ 逻辑控制项目步骤

基于逻辑控制的指示灯项目所需电气元器件如图 4.17 所示，应用系统的连接分为 3 部分：画出 I/O 分配表、画出硬件接线图、根据硬件接线图进行接线。

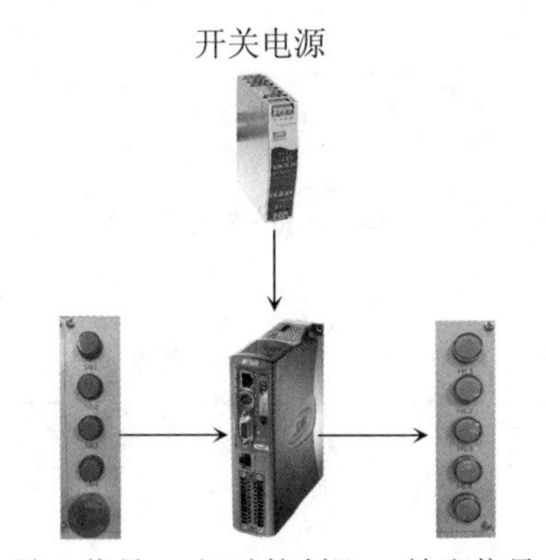

图 4.17　电气元器件组成

1. I/O 分配表

I/O 分配表见表 4.5。

表 4.5　I/O 分配表

硬件名称	控制器输入	功能	硬件输出	控制器输出	功能
SB1	I0	启动	HL1	IO8	指示灯 1
SB2	I1	停止	HL2	IO9	指示灯 2
SB3	I2	选择 1	HL3	IO10	指示灯 3
SB4	I3	选择 2	HL4	IO11	指示灯 4
SB5	I4	急停	HL5	IO12	指示灯 5

2. 硬件接线图

逻辑控制的硬件接线图如图 4.18 所示，硬件接线图绘制完成后，根据绘制的电气图，对电路进行正确接线。

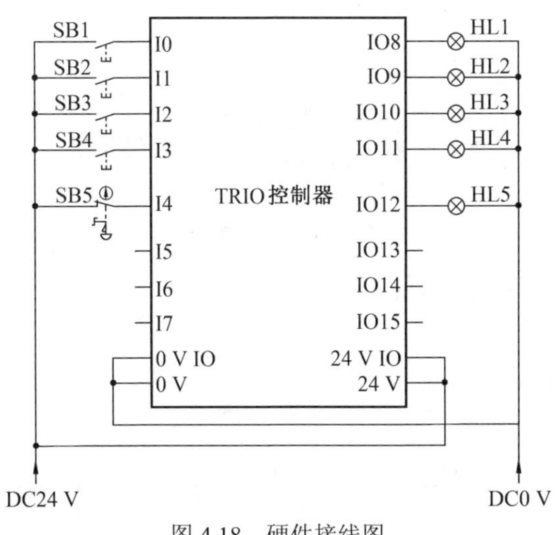

图 4.18　硬件接线图

4.4.2 应用系统配置

1. 计算机 IP 设置步骤

为了使计算机和控制器能够连接成功，需要对计算机的 IP 进行设置，具体连接细节见表 4.6。

表 4.6 计算机 IP 设置

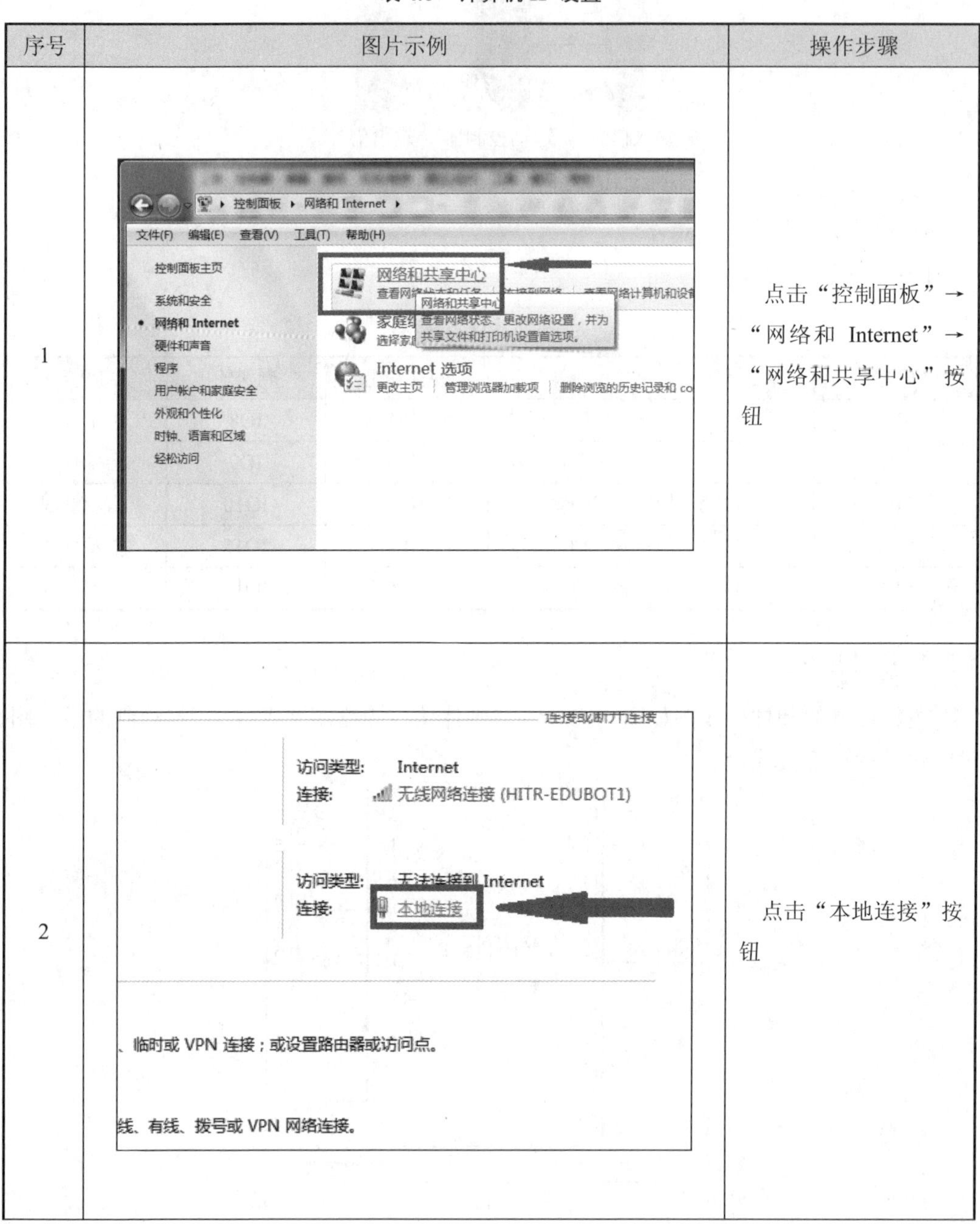

序号	图片示例	操作步骤
1		点击“控制面板”→“网络和 Internet”→“网络和共享中心”按钮
2		点击“本地连接”按钮

续表 4.6

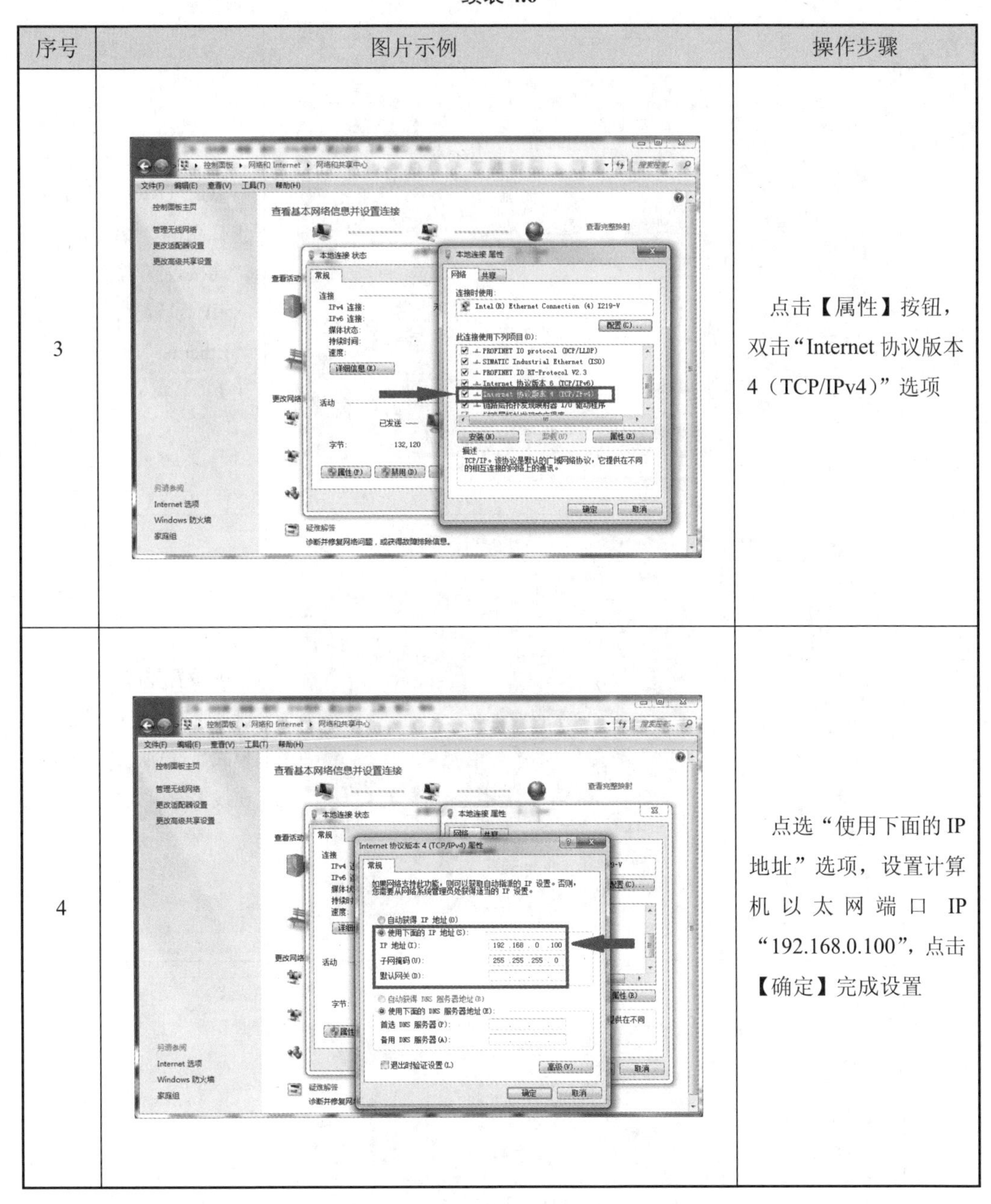

序号	图片示例	操作步骤
3		点击【属性】按钮，双击“Internet 协议版本 4（TCP/IPv4）”选项
4		点选“使用下面的 IP 地址”选项，设置计算机以太网端口 IP“192.168.0.100”，点击【确定】完成设置

2. 控制器连接至计算机

控制器连接至计算机具体的步骤见表 4.7。

表 **4.7**　控制器连接至计算机

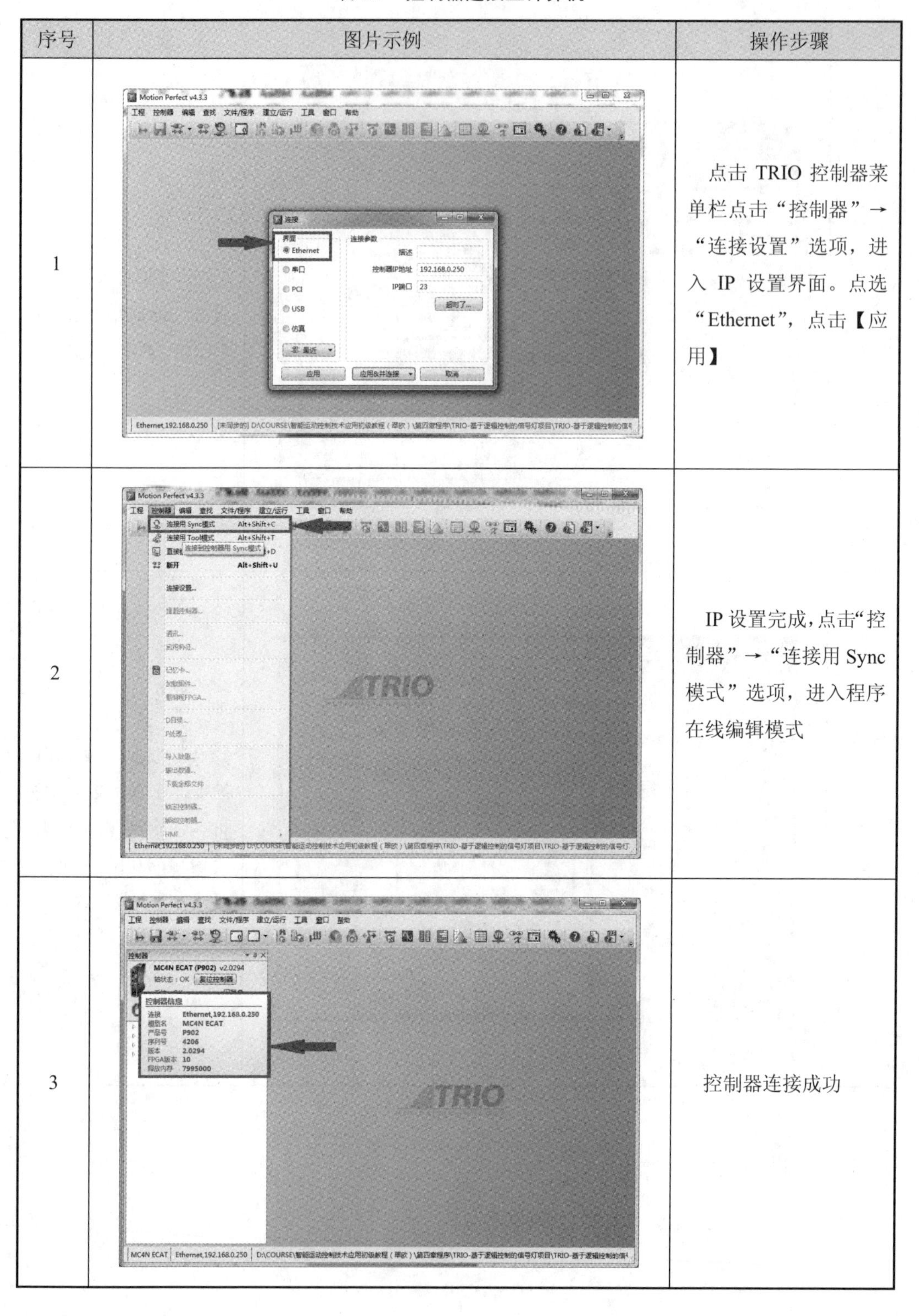

序号	图片示例	操作步骤
1		点击 TRIO 控制器菜单栏点击“控制器”→“连接设置”选项，进入 IP 设置界面。点选“Ethernet”，点击【应用】
2		IP 设置完成，点击“控制器”→“连接用 Sync 模式”选项，进入程序在线编辑模式
3		控制器连接成功

4.4.3　主体程序设计

本项目共包含 3 个 BASIC 程序，如图 4.19 所示，各程序功能为：

（1）STARTUP：上电自动启动程序，负责初始化参数并且启动其他程序，仅运行 1 次。

（2）MAIN：逻辑处理程序，负责数字输入逻辑的处理和 TASK_LIGHT 程序的控制。

（3）TASK_LIGHT：循环运行程序，负责指示灯 HL1、HL2、HL3 的循环输出。

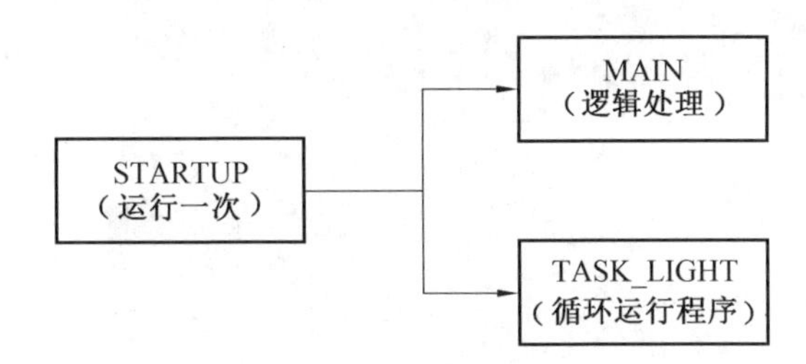

图 4.19　程序运行流程

基于逻辑控制的指示灯项目主体程序设计的步骤分为 2 步，如图 4.20 所示。

图 4.20　主体程序设计的步骤

1. STEP1：程序创建

程序创建的具体步骤见表 4.8。

表 4.8　程序创建

序号	图片示例	操作步骤
1	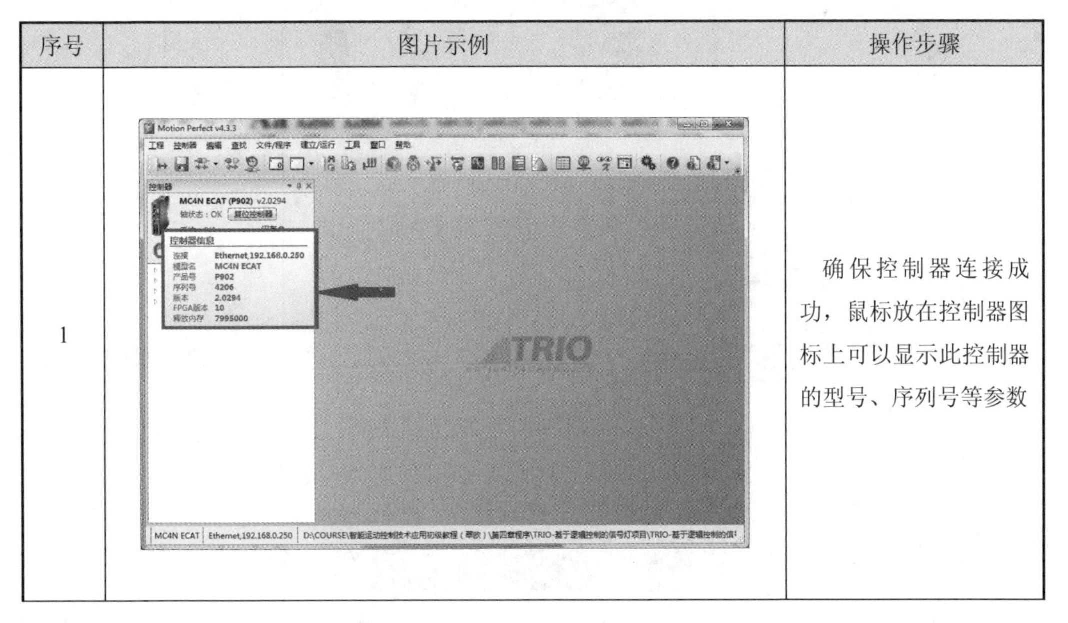	确保控制器连接成功，鼠标放在控制器图标上可以显示此控制器的型号、序列号等参数

续表 4.8

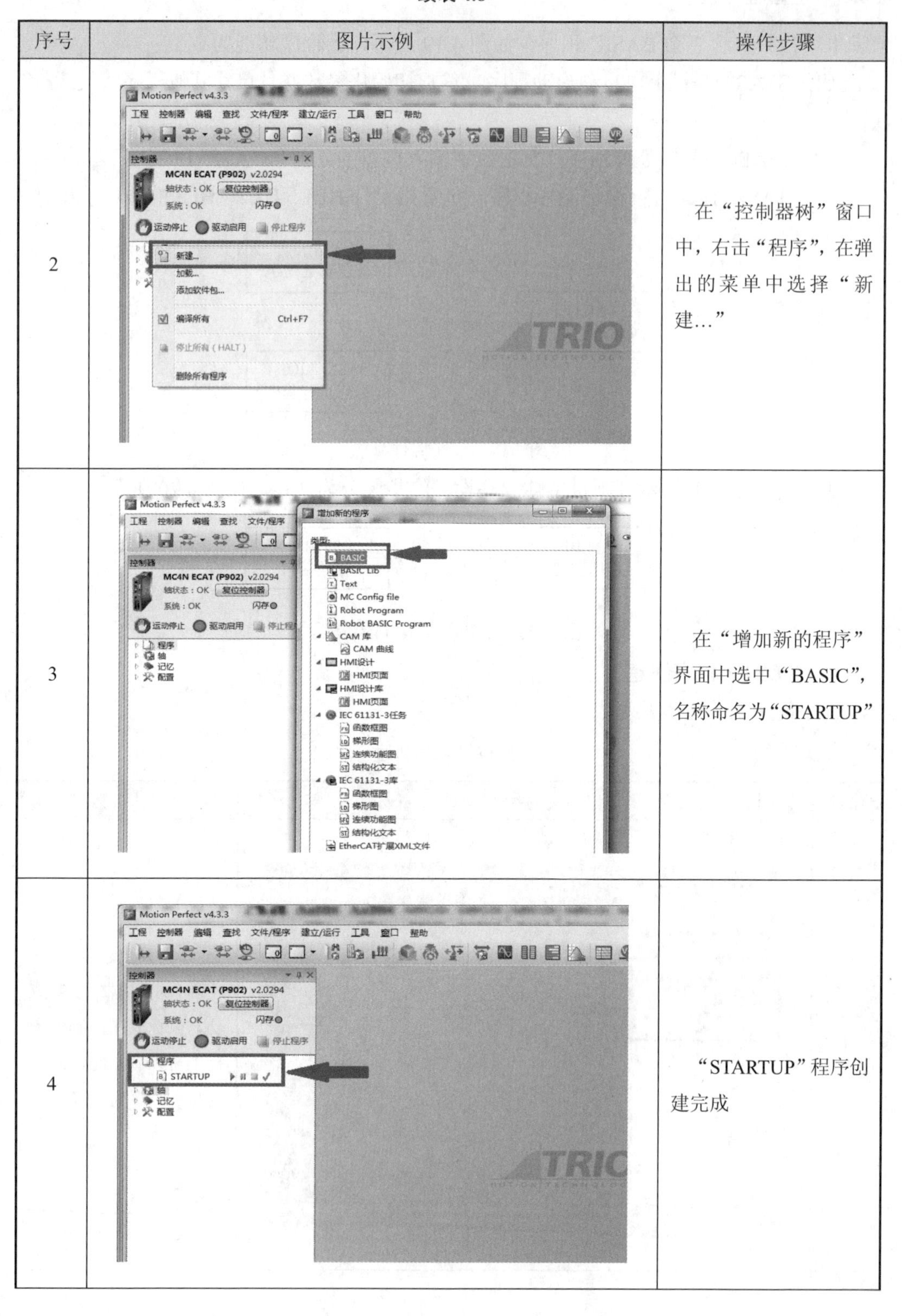

序号	图片示例	操作步骤
2		在“控制器树”窗口中，右击“程序”，在弹出的菜单中选择“新建...”
3		在“增加新的程序”界面中选中“BASIC”，名称命名为“STARTUP”
4		“STARTUP”程序创建完成

续表 4.8

序号	图片示例	操作步骤
5	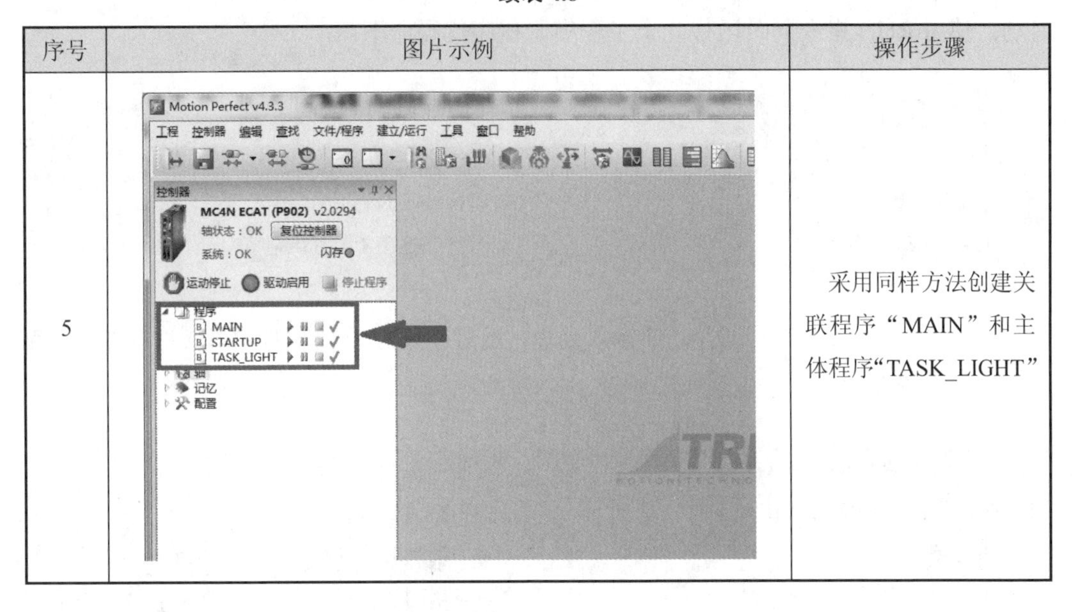	采用同样方法创建关联程序“MAIN”和主体程序“TASK_LIGHT”

2. STEP2：循环运行程序编写

程序创建完成，对主体运行程序“TASK_LIGHT”进行编程，其中“TASK_LIGHT”程序中当变量 VR（0）=1 时顺序启动 HL1、HL2、HL3 三个指示灯，当 VR（0）=0 时跳出循环，具体代码如下：

```
begin1:                           '初始标签
  WHILE VR(0)=1                   '当 VR（0）值为 1 时，处于循环中
    OP(8,1)                       '控制器输出 8 置为 1
    WA(1000)                      '等待 1 s
    OP(9,1)                       '控制器输出 1 置为 1
    WA(2000)                      '等待 2 s
    OP(10,1)                      '控制器输出 10 置为 1
    WA(3000)                      '等待 3 s
    OP(8,10,0)                    '控制器输出 8、输出 9、输出 10 清零
  WEND                            '循环停止标志
GOTO begin1                       '跳转至标签 begin1
STOP                              '结束
```

4.4.4　关联程序设计

关联程序包括自动启动程序“STARTUP”和逻辑处理程序“MAIN”。

关联程序“STAUTUP”在控制器上电初始进行时间上的延时处理，确保控制器完全启动；使用 RUN 指令同时运行几个子程序。程序代码如下：

```
WA(4000)                                '开机等待 4 s
VR(0)=0                                 '初始化变量
RUN "MAIN"                              '运行 MAIN 程序
RUN "TASK_LIGHT"                        '运行 TASK_LIGHT 程序
```


关联程序“MAIN”中包含外部输入处理，通过使用边沿触发器的形式进行变量的赋值，程序代码如下：

```
DIM oldin0 AS INTEGER                   '声明整型变量
DIM oldin1 AS INTEGER                   '声明整型变量
oldin0=0                                '对声明的变量进行初始化
oldin1=0                                '对声明的变量进行初始化
begin:                                  '标签
  IF oldin0=0 AND IN(0)=1 THEN          '判断启动上升沿信号
    VR(0)=1                             '置位启动标志位
  ENDIF                                 'IF 停止标志位
  oldin0= IN(0)                         '设定初始化输入状态到锁存状态
  IF oldin1=0 AND IN(1)=1 THEN          '判断停止上升沿信号
    VR(0)=0                             '复位启动标志位
  ENDIF                                 'IF 停止标志位
  oldin1= IN(1)                         '设定初始化输入状态到锁存状态
GOTO begin                              '跳转至标签
```

4.4.5 项目程序调试

本项目共包含 3 个 BASIC 程序，需要分别对这 3 个程序进行调试。

1. 自动运行程序调试

自动运行程序“STARTUP”的调试步骤见表 4.9。

表 4.9　自动运行程序调试

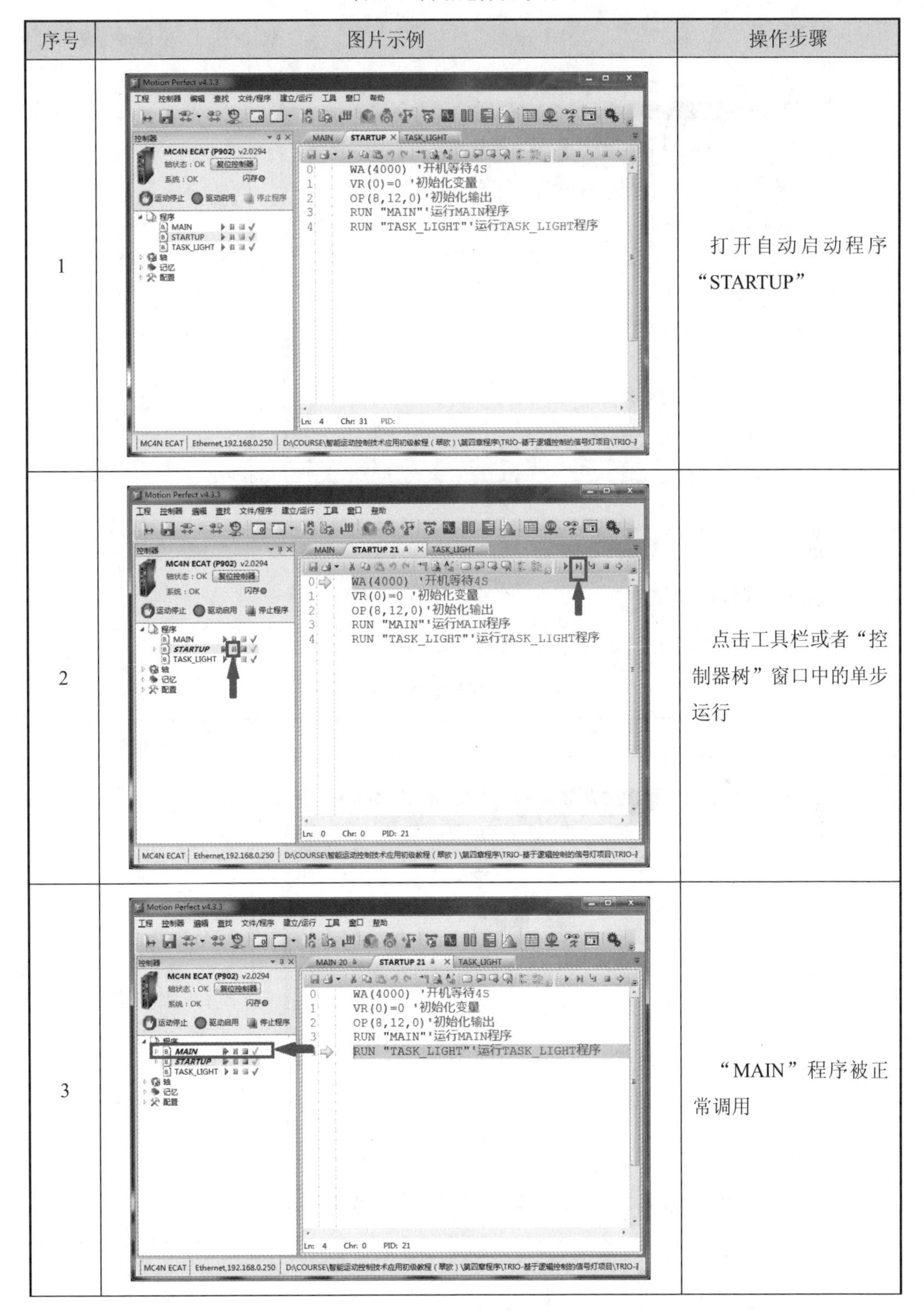

序号	图片示例	操作步骤
1		打开自动启动程序“STARTUP”
2		点击工具栏或者“控制器树”窗口中的单步运行
3		“MAIN”程序被正常调用

续表 4.9

序号	图片示例	操作步骤
4	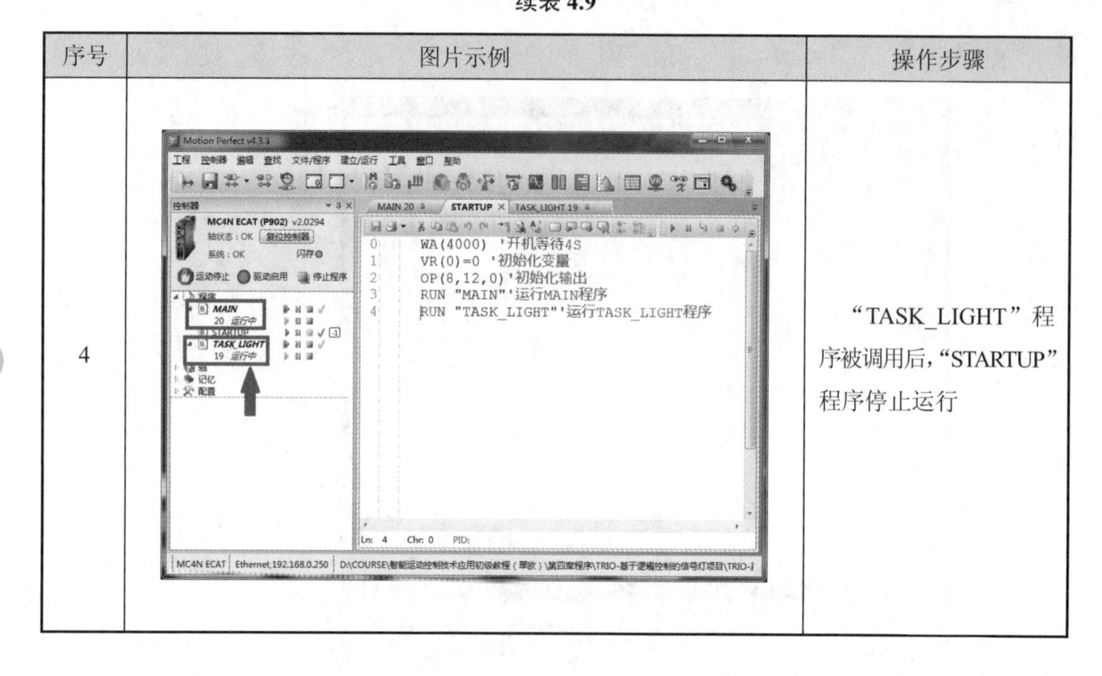	“TASK_LIGHT”程序被调用后，“STARTUP”程序停止运行

2. 逻辑处理程序调试

逻辑处理程序“MAIN”的调试步骤见表 4.10。

表 4.10　逻辑处理程序调试

序号	图片示例	操作步骤
1	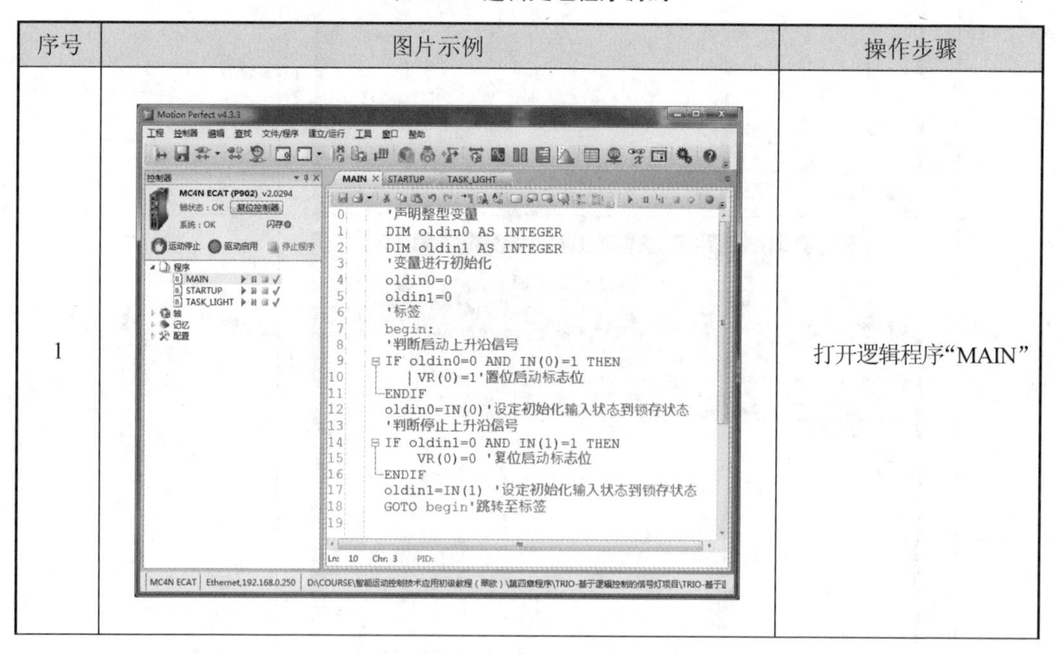	打开逻辑程序“MAIN”

续表 4.10

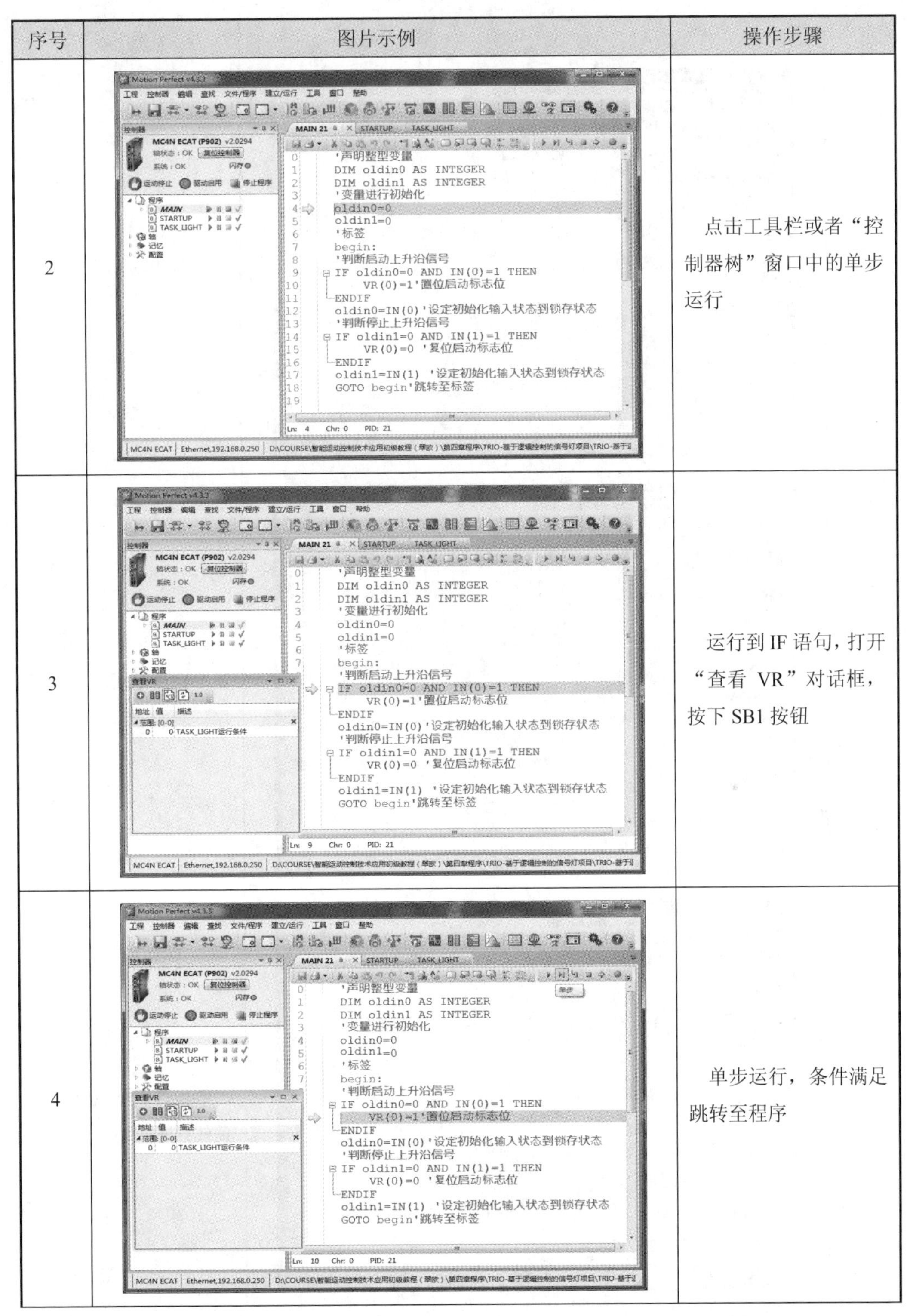

序号	图片示例	操作步骤
2		点击工具栏或者“控制器树”窗口中的单步运行
3		运行到 IF 语句，打开“查看 VR”对话框，按下 SB1 按钮
4		单步运行，条件满足跳转至程序

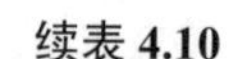

续表 4.10

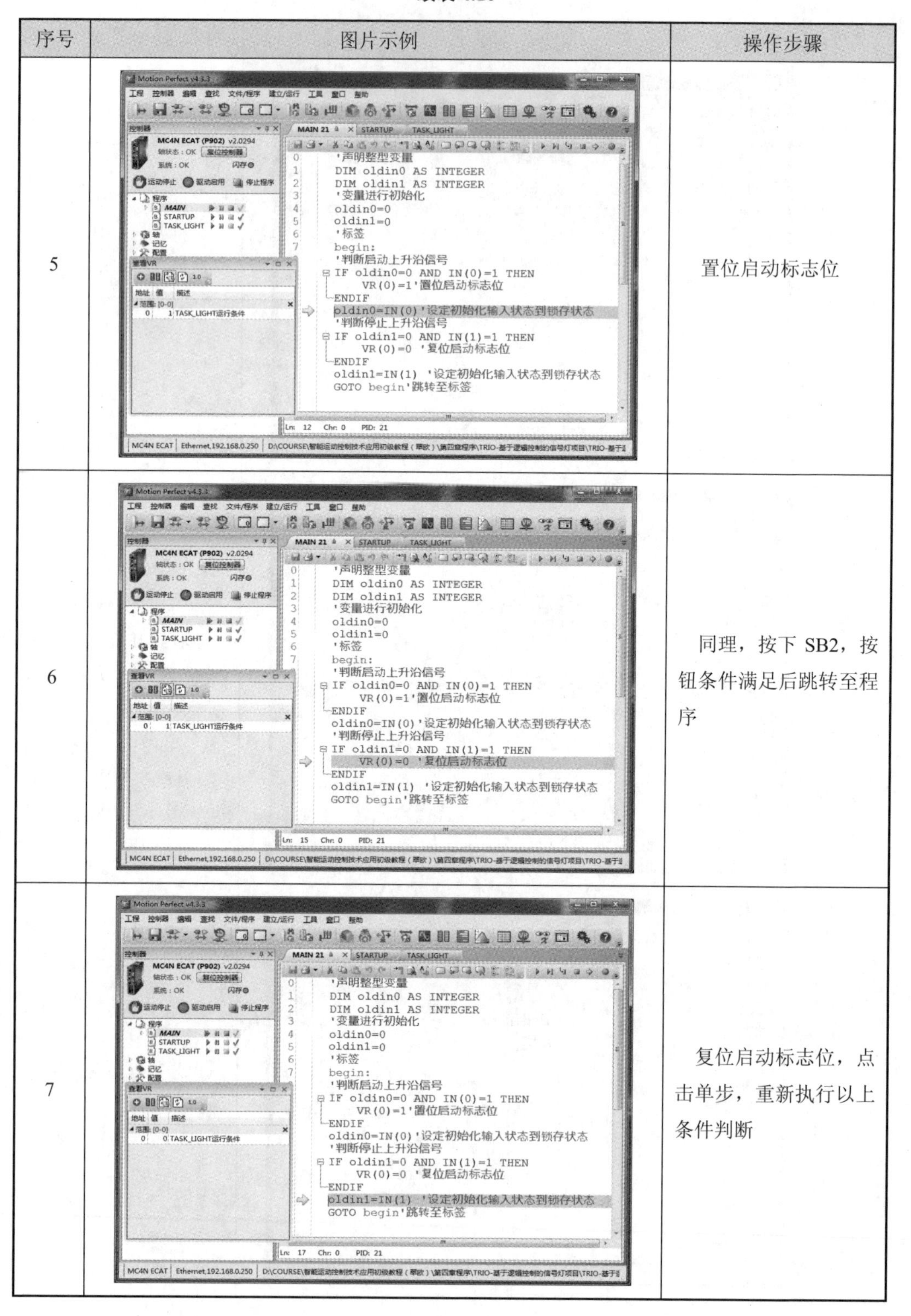

序号	图片示例	操作步骤
5		置位启动标志位
6		同理，按下 SB2，按钮条件满足后跳转至程序
7		复位启动标志位，点击单步，重新执行以上条件判断

3. 循环运行程序调试

循环运行程序“TASK_LIGHT”的调试步骤见表 4.11。

表 4.11　循环运行程序调试

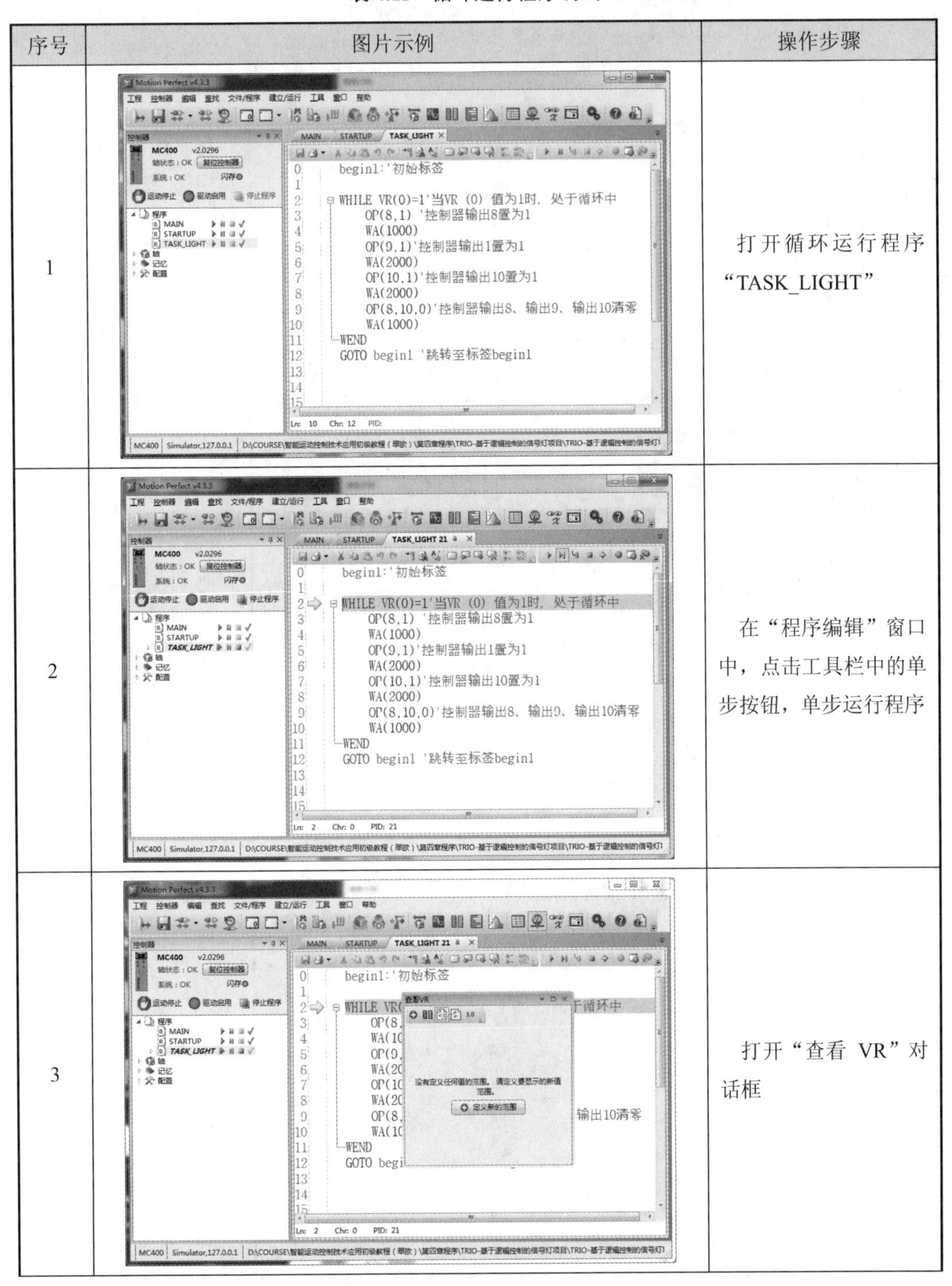

序号	图片示例	操作步骤
1		打开循环运行程序“TASK_LIGHT”
2		在“程序编辑”窗口中，点击工具栏中的单步按钮，单步运行程序
3		打开“查看 VR”对话框

续表 4.11

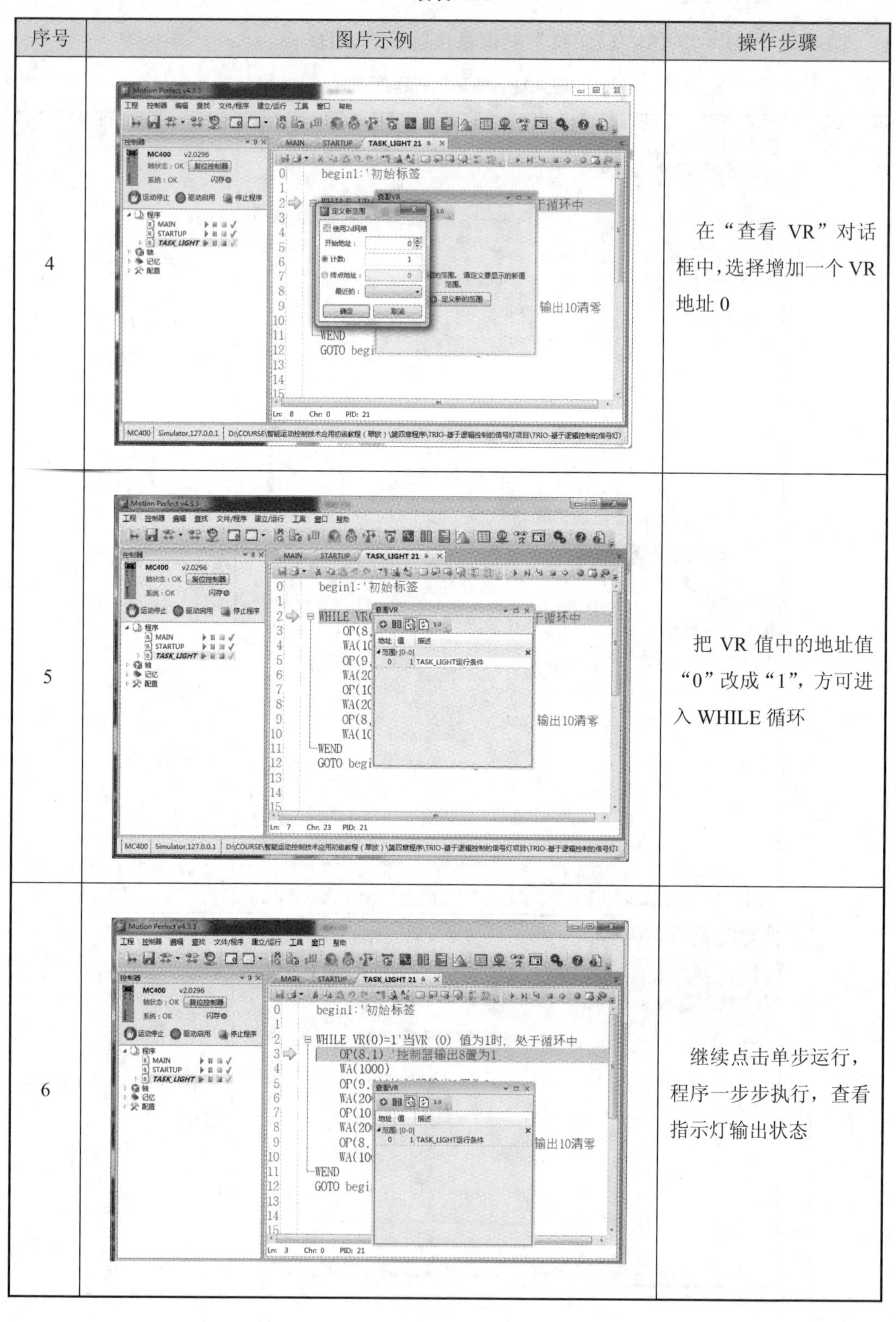

序号	图片示例	操作步骤
4		在“查看 VR”对话框中，选择增加一个 VR 地址 0
5		把 VR 值中的地址值“0”改成“1”，方可进入 WHILE 循环
6		继续点击单步运行，程序一步步执行，查看指示灯输出状态

4.4.6　项目总体运行

在项目总体运行中，设置开机自动运行程序“STARTUP”，具体操作步骤见表 4.12。

表 4.12　自动运行程序设置

序号	图片示例	操作步骤
1	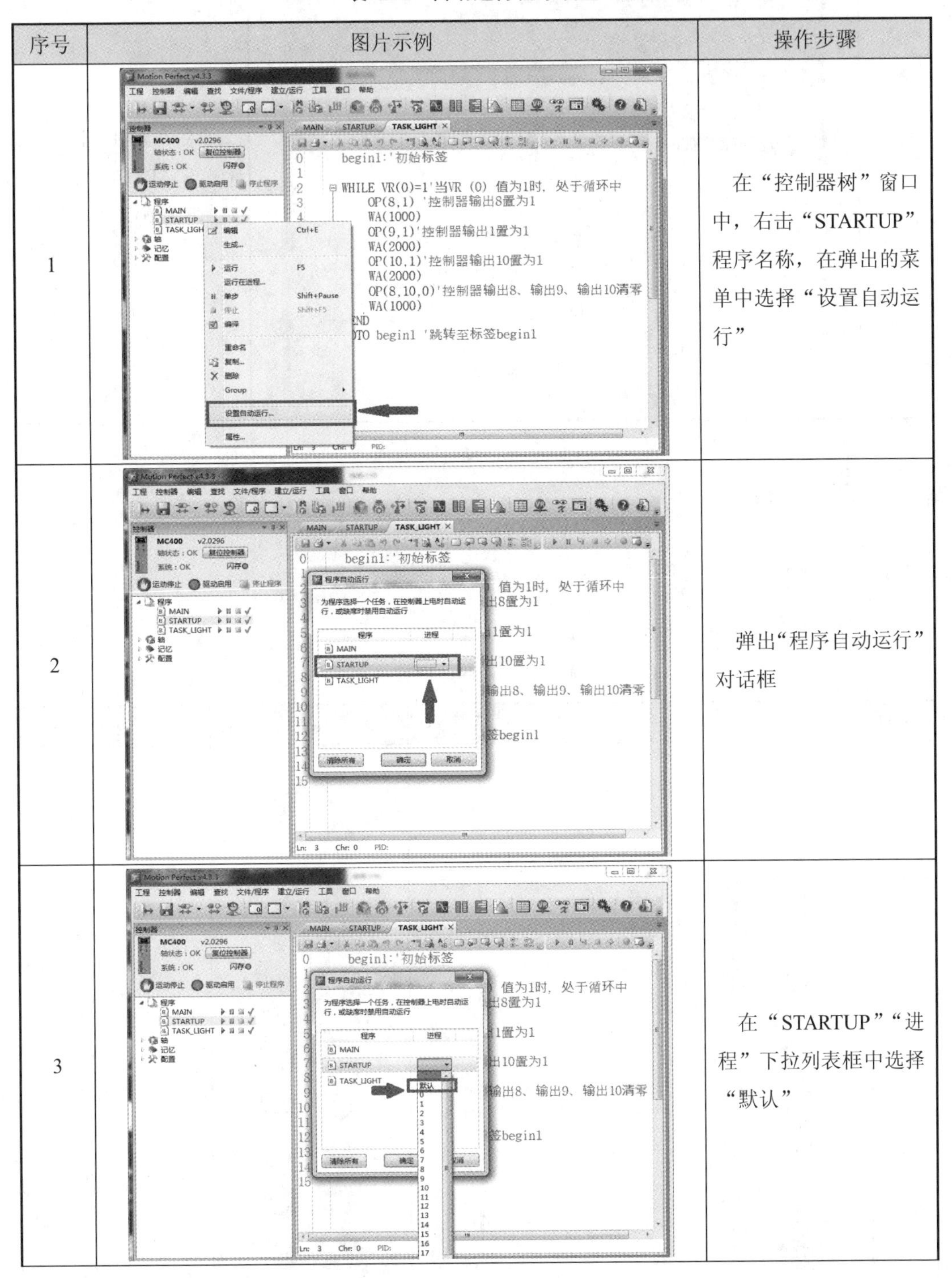	在“控制器树”窗口中，右击“STARTUP”程序名称，在弹出的菜单中选择“设置自动运行”
2		弹出“程序自动运行”对话框
3		在“STARTUP”“进程”下拉列表框中选择“默认”

续表 4.12

序号	图片示例	操作步骤
4	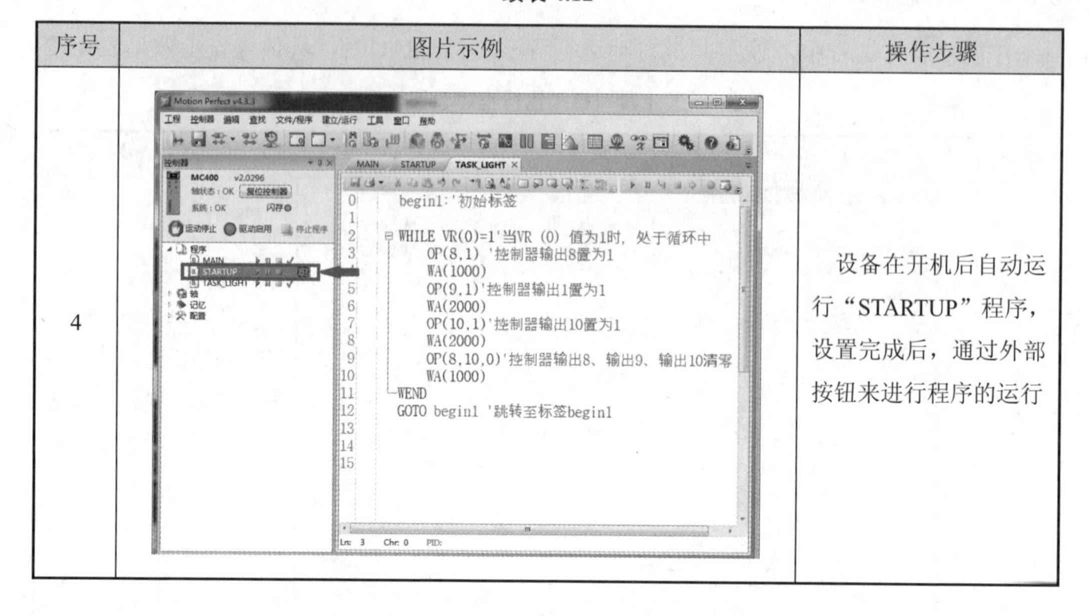	设备在开机后自动运行“STARTUP”程序，设置完成后，通过外部按钮来进行程序的运行

4.5 项目验证

4.5.1 效果验证

程序运行效果见表 4.13。

表 4.13 程序运行效果

步骤	图示	说明	步骤	图示	说明
1	SB1 HL1 SB2 HL2 SB3 HL3 SB4 HL4 HL5	按下按钮 SB1，HL1 亮	3	SB1 HL1 SB2 HL2 SB3 HL3 SB4 HL4 HL5	延时 2，HL3 亮
2	SB1 HL1 SB2 HL2 SB3 HL3 SB4 HL4 HL5	延时 1，HL2 亮	4	SB1 HL1 SB2 HL2 SB3 HL3 SB4 HL4 HL5	按下 SB2 后 HL1、HL2、HL3 同时熄灭后跳出循环

4.5.2　数据验证

数据验证见表 4.14。

表 4.14　数据验证

步骤	图示	说明	步骤	图示	说明
1	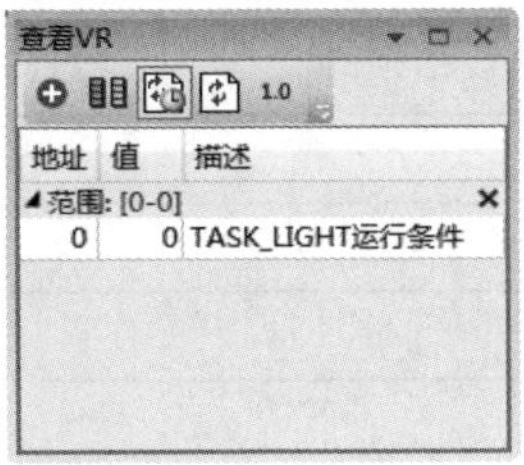 查看VR 地址 值 描述 范围: [0-0] 0 0 TASK_LIGHT运行条件	打开“查看VR”对话框，添加地址 0	4	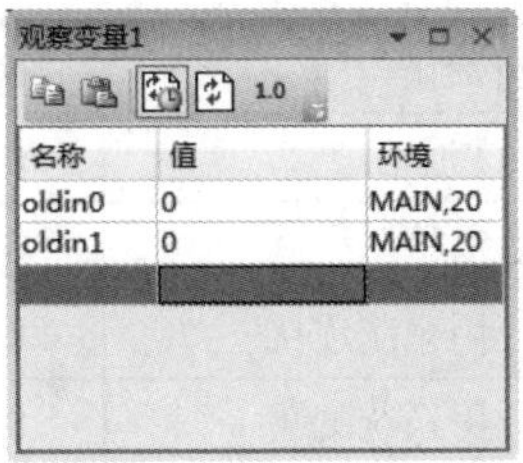 观察变量1 名称 值 环境 oldin0 0 MAIN,20 oldin1 0 MAIN,20	打开“观察变量 1”对话框，调出 oldin0 与 oldin1 变量
2	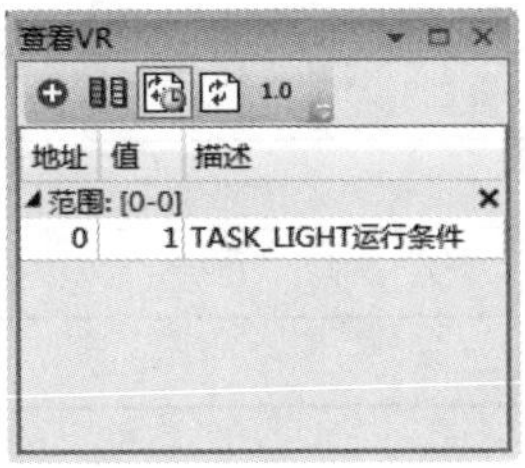 查看VR 地址 值 描述 范围: [0-0] 0 1 TASK_LIGHT运行条件	按下 SB1 时，VR（0）置 1	5	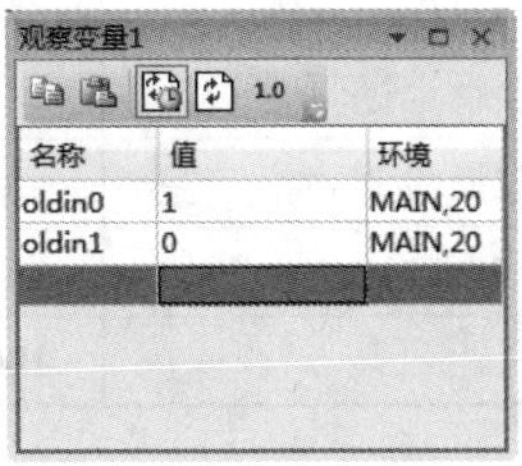 观察变量1 名称 值 环境 oldin0 1 MAIN,20 oldin1 0 MAIN,20	按下 SB1，oldin0 值变为 1，松开则 oldin0 值变为 0
3	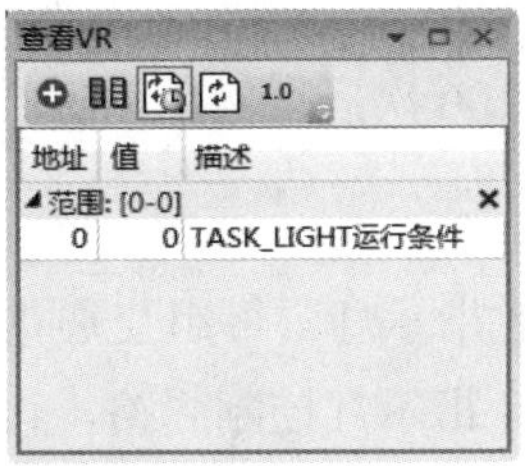 查看VR 地址 值 描述 范围: [0-0] 0 0 TASK_LIGHT运行条件	按下 SB2 时，VR（0）清零	6	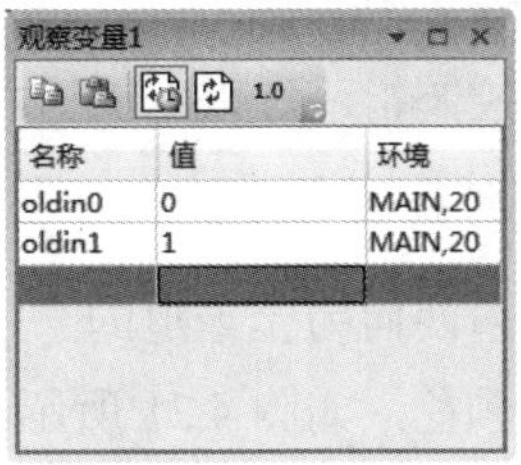 观察变量1 名称 值 环境 oldin0 0 MAIN,20 oldin1 1 MAIN,20	按下 SB2，oldin1 值变为 1，松开则 oldin1 值变为 0

4.6　项目总结

4.6.1　项目评价

项目评价见表 4.15。

表 4.15 项目评价表

项目指标		分值	自评	互评	评分说明
项目分析	1. 硬件构架分析	6			
	2. 软件构架分析	6			
	3. 项目流程分析	6			
项目要点	1. 多任务程序	6			
	2. 初始化程序	6			
	3. I/O 通信	6			
	4. 边沿检测	6			
项目步骤	1. 应用系统连接	8			
	2. 应用系统配置	8			
	3. 主体程序设计	8			
	4. 关联程序设计	8			
	5. 项目程序调试	8			
	6. 项目运行调试	8			
项目验证	1. 效果验证	5			
	2. 数据验证	5			
合计		100			

4.6.2 项目拓展

1. 指示灯闪烁电路

使用控制器控制指示灯以 1 Hz 的频率进行闪烁，闪烁 100 次后，停止闪烁。

2. 交通指示灯控制

现有一个以东西向为主干道的十字路口，共有四组交通指示灯，每组交通指示灯有红、黄、绿 3 种颜色，如图 4.21 所示。使用运动控制器设计指示灯控制回路，将南向路口交通指示灯映射至指示灯 HL1～HL3，其余方向使用虚拟 I/O 调试。

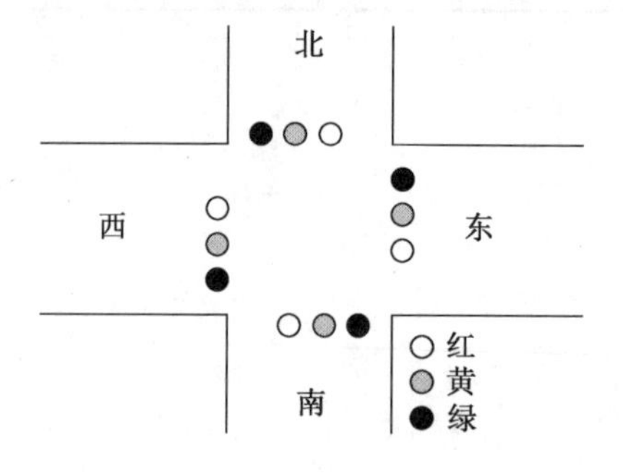

图 4.21 十字路口交通指示灯

第 5 章　基于 MODBUS 协议的通信项目

5.1　项目目的

※ 通信协议项目目的

5.1.1　项目背景

在现代化工业控制中，由于被控对象、测量装置等物理设备的地域分散性，不同设备之间现场交互性信息的传递越来越多，依靠传统的开关量和模拟量连接方式已经无法满足系统需要。现场总线是迅速发展起来的一种工业数据总线，它主要解决工业现场的智能化仪器仪表、控制器、执行机构等现场设备间的数字通信以及这些现场控制设备和高级控制系统之间的信息传递问题，如图 5.1 所示。由于现场总线简单、可靠、经济实用等一系列突出的优点，因而受到了许多标准团体和计算机厂商的高度重视。

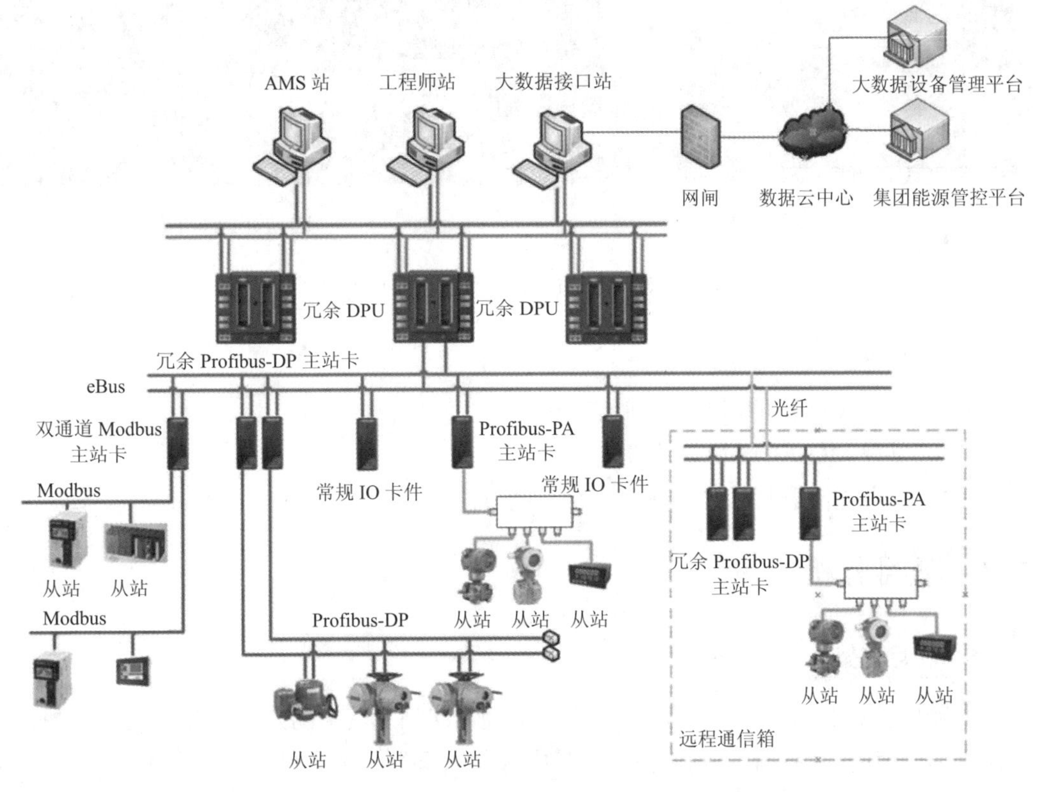

图 5.1　现场总线应用

MODBUS 是由 Modicon 公司（现在的施耐德电气公司）于 1979 年发明的一种串行通信协议，是第一个真正用于工业现场的总线协议，已经成为了工业领域通信协议的业界标准。它具有全开放、免费提供、非常容易理解和实施的特点，广泛用于制造业、电力、冶金、建筑等领域。同时，随着计算机网络技术的迅速发展，信息技术已逐步进入工业自动化领域，以太网技术以高速率、低成本、应用广泛等优势，促进了它在工控领域的应用，形成了当前的工业以太网技术。它允许 MODBUS 协议与以太网 TCP/IP 相结合，在 TCP 中嵌入 MODBUS 信息帧，成为 MODBUS TCP/IP，在工业自动化领域中，具有很高的性价比，是一种完全开放的通信解决方案。

5.1.2 项目需求

通过远端通信设备控制指示灯的通断，并能够实时监控每一个指示灯的状态，在如图 5.2（a）所示的西门子触摸屏上进行指示灯的显示，显示效果如图 5.2（b）所示。

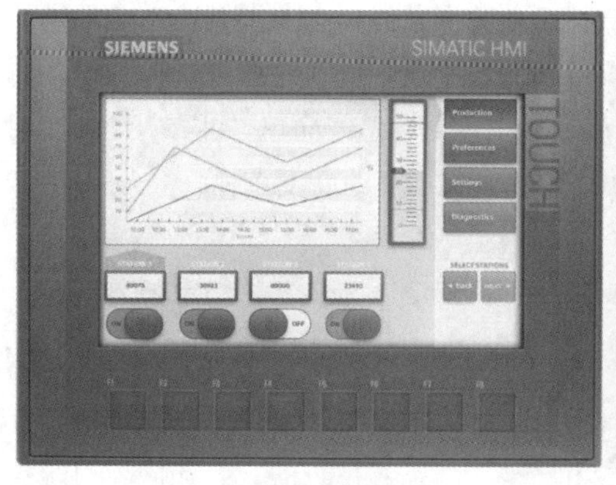

（a）西门子触摸屏

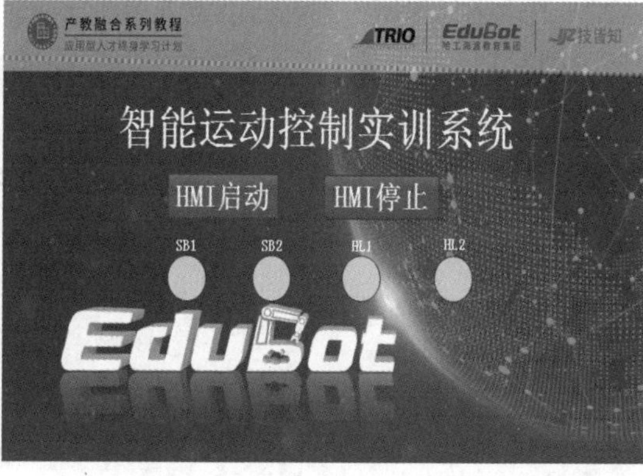

（b）触摸屏画面

图 5.2　基于 MODBUS 协议的通信项目示意图

5.1.3 项目目的

（1）学习 MODBUS 协议的通信方式。

（2）掌握 MODBUS 协议的设置。

（3）学会控制器与触摸屏间数据交互的方法。

5.2 项目分析

5.2.1 项目构架

本项目为基于 MODBUS 的通信项目，需使用实训系统上的开关电源模块、运动控制器模块、触摸屏模块、输入输出模块。其中开关电源为运动控制器提供 24 V 电源，运动控制器采集按钮信号并控制指示灯的状态，输入输出模块通过按钮和指示灯产生开关信号并且显示输出状态，触摸屏控制指示灯的状态并同时显示外部输入输出的状态。通信项目构架如图 5.3 所示。

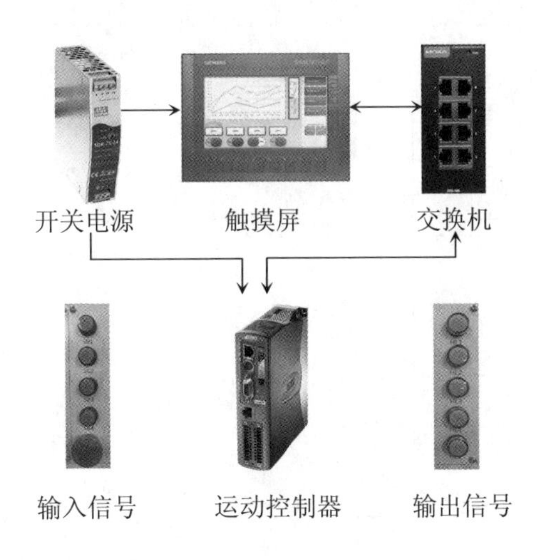

图 5.3　通信项目构架图

图 5.4 所示为本项目所使用的输入输出模块的名称定义，其中 SB1、SB2、SB3、SB4 为常开按钮，SB5 为常闭按钮，HL1～HL5 为 5 个指示灯。

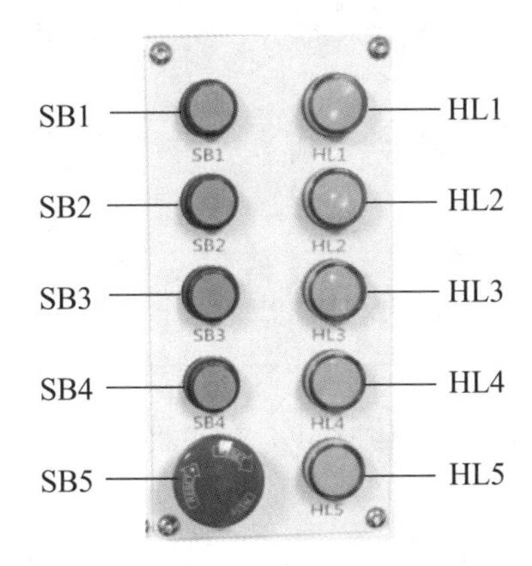

图 5.4　输入输出模块名称定义

此项目分为两个任务，其一为使用触摸屏上启动按钮和停止按钮控制指示灯 HL1 状态，其二为通过按钮 SB1 和 SB2 控制指示灯 HL2 状态。各任务程序流程图如图 5.5 所示。

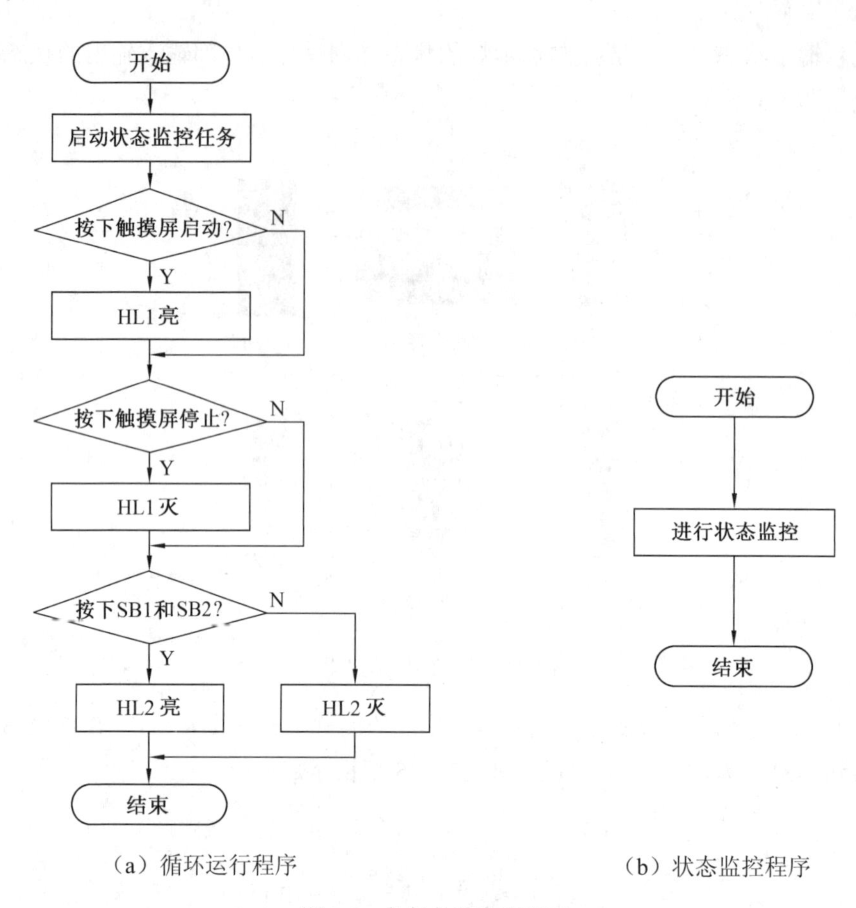

图 5.5　各任务程序流程图

5.2.2　项目流程

基于 MODBUS 协议的通信项目设计流程图如图 5.6 所示。

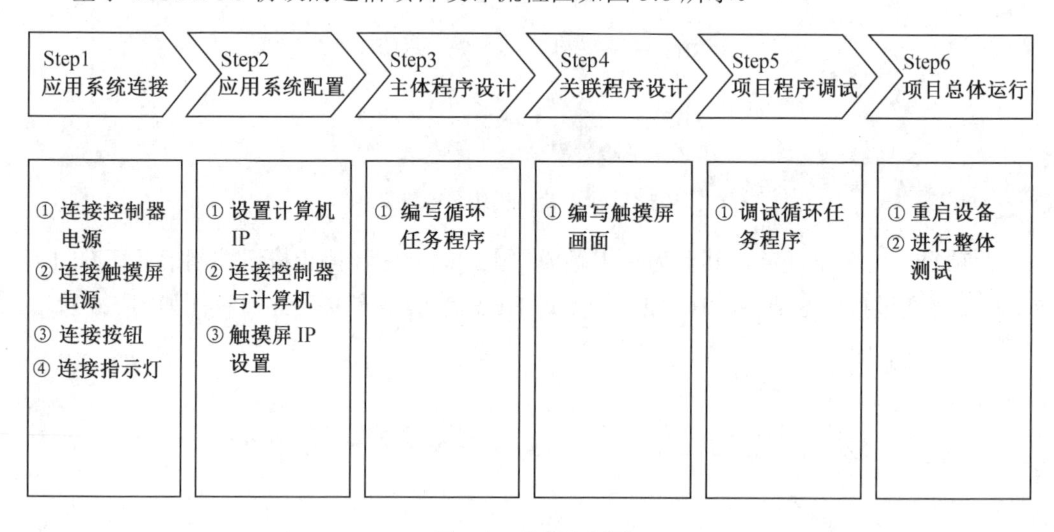

图 5.6　项目流程图

5.3　项目要点

※ 通信协议项目要点

本项目中的项目要点有 MODBUS 通信、变量状态获取、子程序功能。

5.3.1　MODBUS 通信

1. MODBUS 协议简介

MODBUS 协议是一种主/从架构的通信协议，主站可以主动发送指令，从站不会主动发送指令，通常情况下一个 MODBUS 通信网络由 1 个主站和若干个从站组成。

MODBUS 协议目前存在支持串口、以太网以及其他支持互联网协议的版本。其中基于串口的通信协议分为 MODBUS RTU 和 MODBUS ASCII 两种，它们在数值数据的表示和协议细节上略有不同，前者采用二进制表示，数据紧凑，后者采用 ASCⅡ码表示，代码可读，数据冗长，均包含数据校验位；基于以太网的版本为 MODBUS TCP，从站默认使用 502 端口号，不需要进行数据校验。

2. MODBUS 协议设定

控制器和触摸屏通过 MODBUS TCP 协议进行通信，其中触摸屏作为主站，运动控制器作为从站。在“控制器树”窗口中，点击“通讯”→“Ethernet A”可以看到当前 MODBUS TCP 的端口为 502，如图 5.7 所示。

双击“Ethernet A”中内容，弹出“Ethernet 接口配置”界面，点击“结束点”，在 MODBUS TCP 中设置局部数据以及局部格式，如图 5.8 所示。

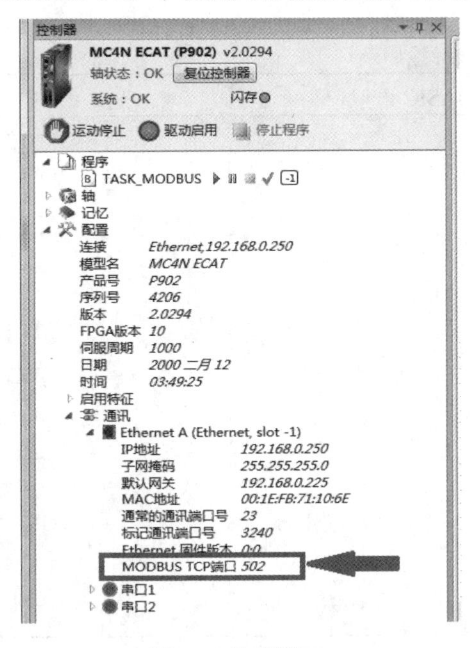

图 5.7　协议端口

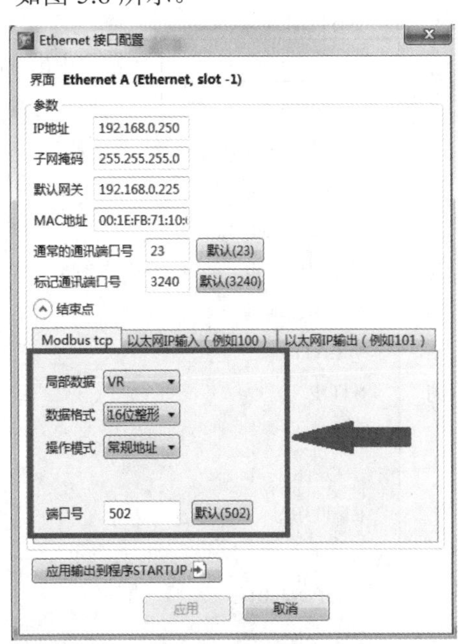

图 5.8　MODBUS TCP 数据与格式配置

5.3.2 变量状态获取

通过 VR 变量进行控制器参数的获取，对于数字输入输出指令和外部 MODBUS TCP 设备间的通信，只有把控制器的输入/输出关联到 VR 变量中才能读取控制器参数。具体代码如下：

```
VR(0)=IN(1)
VR(1)=IN(2)
VR(2)=READ_OP(8)
VR(3)=READ_OP(9)
```

5.3.3 子程序功能

1. 子程序简介

使用子程序功能可以简化代码结构，提高代码可读性和复用率。用户可以将需要经常执行的程序段定义成新的函数，这样在主程序中就可以方便地随时调用。

2. 子程序指令

在控制器语言中使用 GOSUB…RETURN 指令来进行子程序的调用，见表 5.1。

表 5.1 GOSUB…RETURN 指令用法及示例

<table>
<tr><td>格式</td><td colspan="2">GOSUB label
  commands
label:
RETURN</td></tr>
<tr><td rowspan="2">参数</td><td>label</td><td>程序中出现的有效标签</td></tr>
<tr><td>commands</td><td>需要执行的 Trio BASIC 语句</td></tr>
<tr><td>示例</td><td colspan="2">WHILE IN(8)=ON
  GOSUB a
  WA(5000)
  GOSUB b
  WA(5000)
WEND
STOP
a:
  OP(8，1)
RETURN
b:
  OP(8，0)
RETURN</td></tr>
<tr><td>说明</td><td colspan="2">当输入 8 为 ON 时，程序运行 a 程序段中内容后返回，再运行 b 程序段中内容</td></tr>
</table>

5.4　项目步骤

5.4.1　应用系统连接

应用系统的连接分为 3 部分：画出 I/O 分配表、画出硬件接线图、根据硬件接线图进行接线。

※ 通信协议项目步骤

1. I/O 分配表

I/O 分配表见表 5.2。

表 5.2　I/O 分配表

硬件名称	控制器输入	功能	硬件输出	控制器输出	功能
SB1	I0	启动	HL1	IO8	指示灯 1
SB2	I1	停止	HL2	IO9	指示灯 2
SB3	I2	选择 1	HL3	IO10	指示灯 3
SB4	I3	选择 2	HL4	IO11	指示灯 4
SB5	I4	急停	HL5	IO12	指示灯 5

2. 硬件接线图

基于 MODBUS 协议的通信项目的硬件接线图如图 5.9 所示，硬件接线图绘制完成后，根据绘制的电气图，对电路进行正确接线。

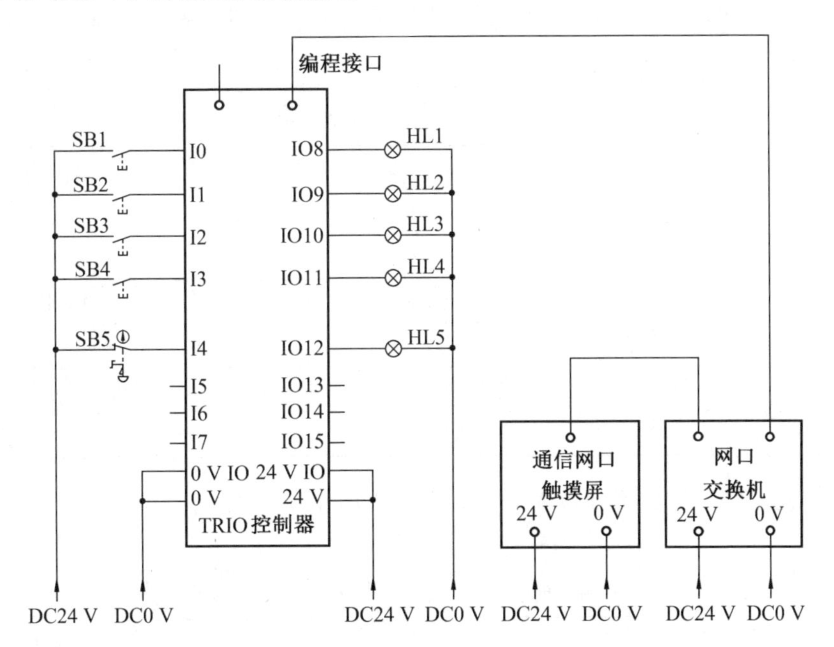

图 5.9　硬件接线图

5.4.2 应用系统配置

1. 计算机 IP 设置步骤

设置计算机以太网端口 IP 为“192.168.0.100”，如图 5.10 所示。

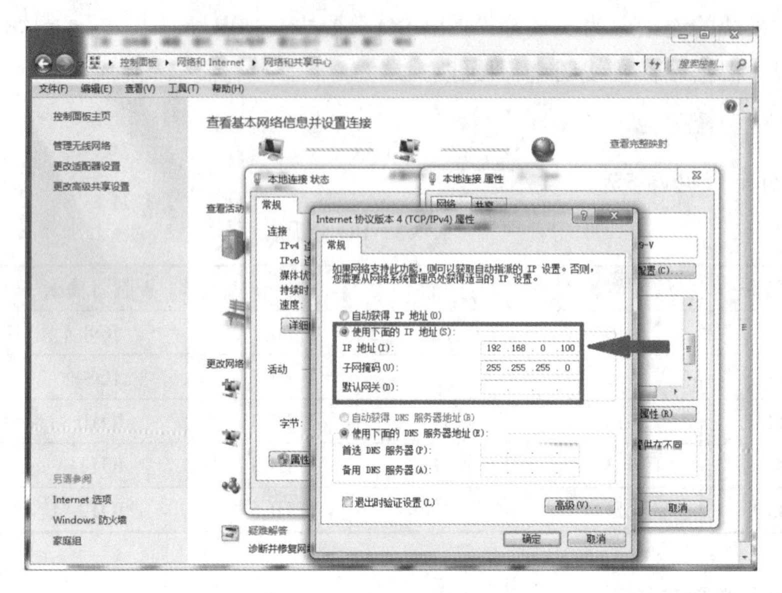

图 5.10 计算机 IP 设置

5.4.3 主体程序设计

基于 MODBUS 协议通信项目的主体程序使用以下变量来进行程序逻辑的处理以及 I/O 的关联，具体定义见表 5.3。

表 5.3 控制器变量定义

类型	变量	功能
输入	VR（0）	外部启动
	VR（1）	外部停止
	VR（2）	HMI 启动
	VR（3）	HMI 停止
输出	VR（8）	输出位 8 状态
	VR（9）	输出位 9 状态

主体程序设计的步骤分为 2 步，如图 5.11 所示。

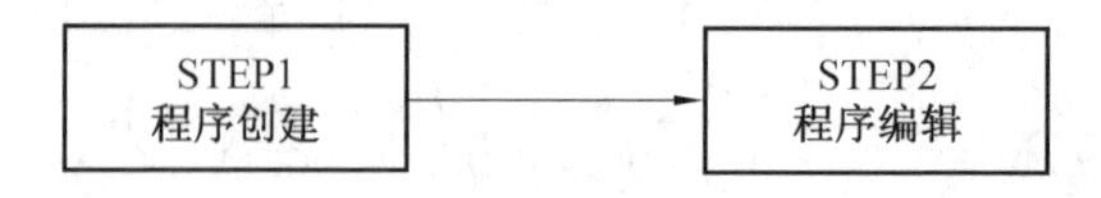

图 5.11 主体程序设计步骤

1. STEP1：程序创建

程序创建步骤见表 5.4。

表 5.4　程序创建

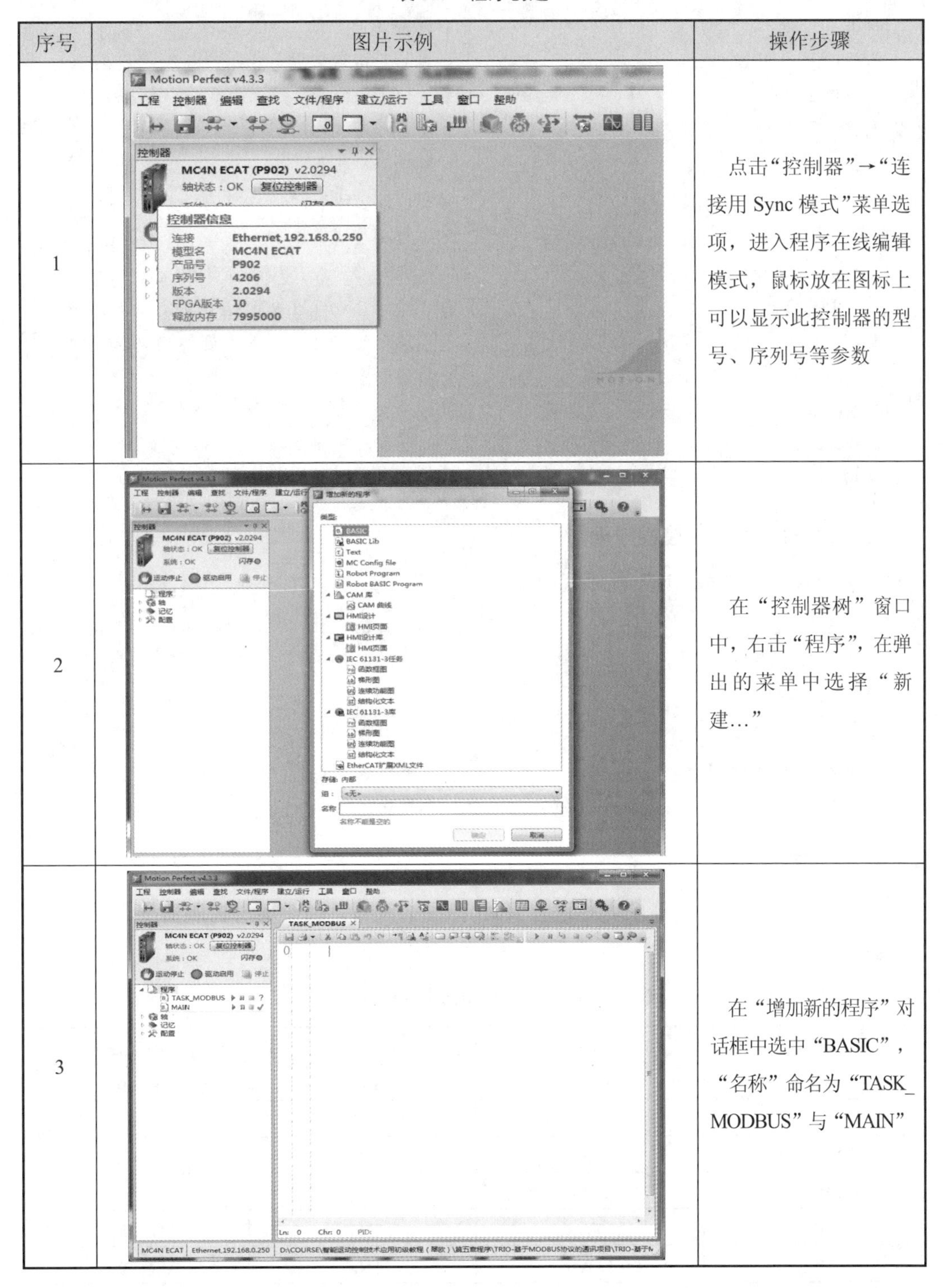

序号	图片示例	操作步骤
1		点击“控制器”→“连接用 Sync 模式”菜单选项，进入程序在线编辑模式，鼠标放在图标上可以显示此控制器的型号、序列号等参数
2		在“控制器树”窗口中，右击“程序”，在弹出的菜单中选择“新建…”
3		在“增加新的程序”对话框中选中“BASIC”，“名称”命名为“TASK_MODBUS”与“MAIN”

2. STEP2：循环运行程序编写

程序创建完成后，对主体运行程序“TASK_MODBUS”进行编程，具体程序代码如下：

```
RUN "main"                          '调用状态监控程序
begin:                              '标签
IF VR(2)=1 THEN                     '判断变量状态
    OP(8,1)                         '置位输出位
ENDIF                               'IF 结束标志
IF VR(3)=1 THEN                     '判断变量状态
    OP(8,0)                         '复位输出位
ENDIF                               'IF 结束标志
IF IN(0)=1 AND IN(1)=1 THEN         '判断外部输入 IN(0)和 IN(2)状态
    OP(9,1)                         '当输入 IN(0)和 IN(2)状态均满足时置位输出 9
ELSE                                '当输入 IN(0)和 IN(2)状态有一个不满足时
    OP(9,0)                         '复位输出 9
ENDIF                               'IF 结束标志
GOTO begin                          '跳转至标签 begin
STOP                                '停止
```

3. STEP3：状态监控程序编写

状态监控程序“MAIN”程序代码如下：

```
WHILE TRUE                          '循环开始标志
    VR(0)=IN(0)                     '关联变量
    VR(1)=IN(1)                     '关联变量
    VR(8)=READ_OP(8)                '关联变量
    VR(9)=READ_OP(9)                '关联变量 gin
WEND                                '循环结束标志
```

5.4.4 关联程序设计

关联程序画面根据设计的内容进行 HMI 画面的编辑，触摸屏与控制器变量的关联地址见表 5.5。

表 5.5 触摸屏与控制器变量的关联地址

名称	连接地址	数据类型	对应控制器变量
SB1	MW0	INT	VR（0）
SB2	MW1	INT	VR（1）
HMI 启动	MW2	INT	VR（2）
HMI 停止	MW3	INT	VR（3）
HL1	MW8	INT	VR（8）
HL2	MW9	INT	VR（9）

关联程序 HMI 的创建步骤见表 5.6。

表 5.6　HMI 的创建

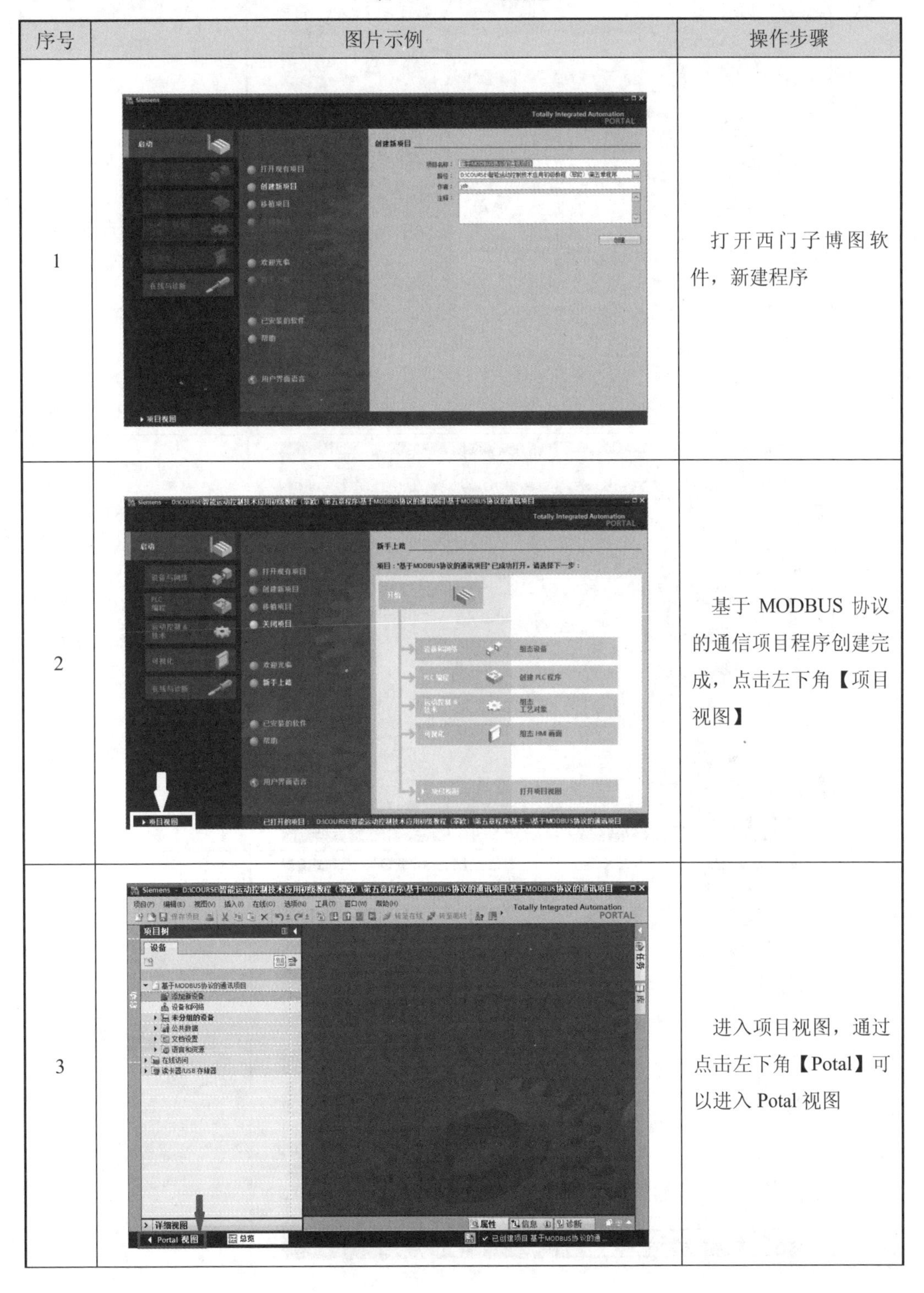

序号	图片示例	操作步骤
1		打开西门子博图软件，新建程序
2		基于 MODBUS 协议的通信项目程序创建完成，点击左下角【项目视图】
3		进入项目视图，通过点击左下角【Potal】可以进入 Potal 视图

续表 5.6

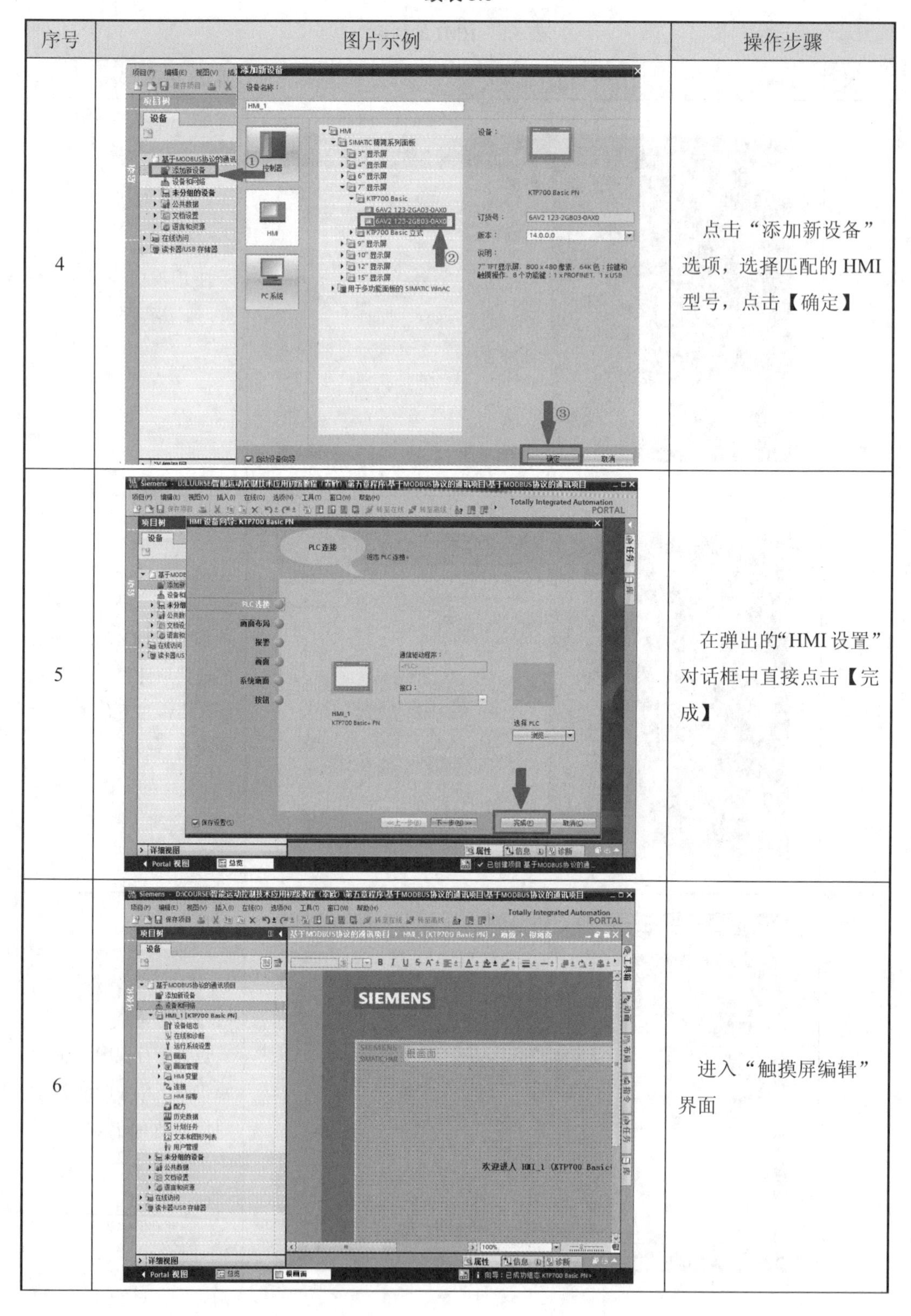

序号	图片示例	操作步骤
4		点击“添加新设备”选项，选择匹配的 HMI 型号，点击【确定】
5		在弹出的“HMI 设置”对话框中直接点击【完成】
6		进入“触摸屏编辑”界面

续表 5.6

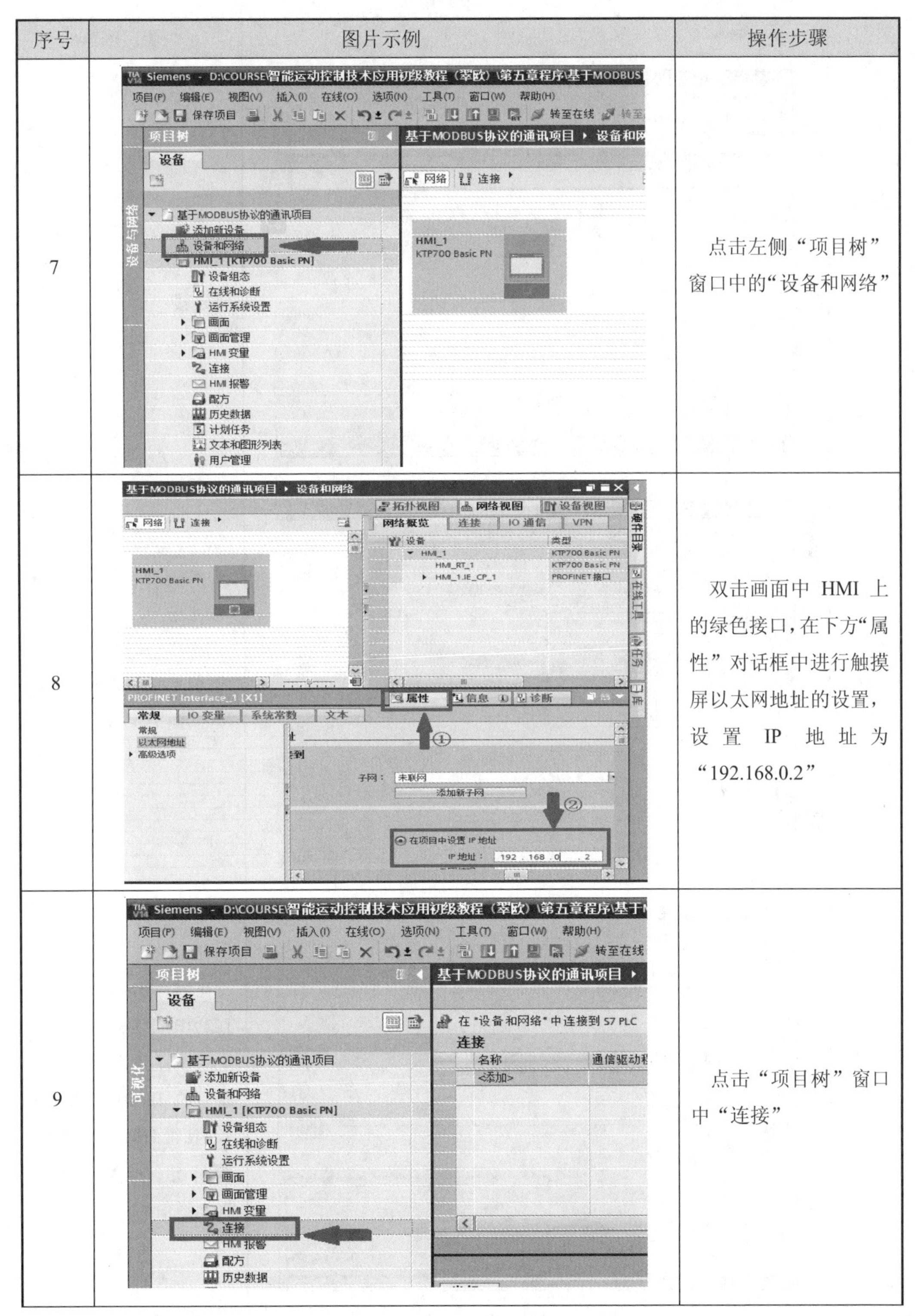

序号	图片示例	操作步骤
7		点击左侧“项目树”窗口中的“设备和网络”
8		双击画面中 HMI 上的绿色接口，在下方“属性”对话框中进行触摸屏以太网地址的设置，设置 IP 地址为“192.168.0.2”
9		点击“项目树”窗口中“连接”

续表 5.6

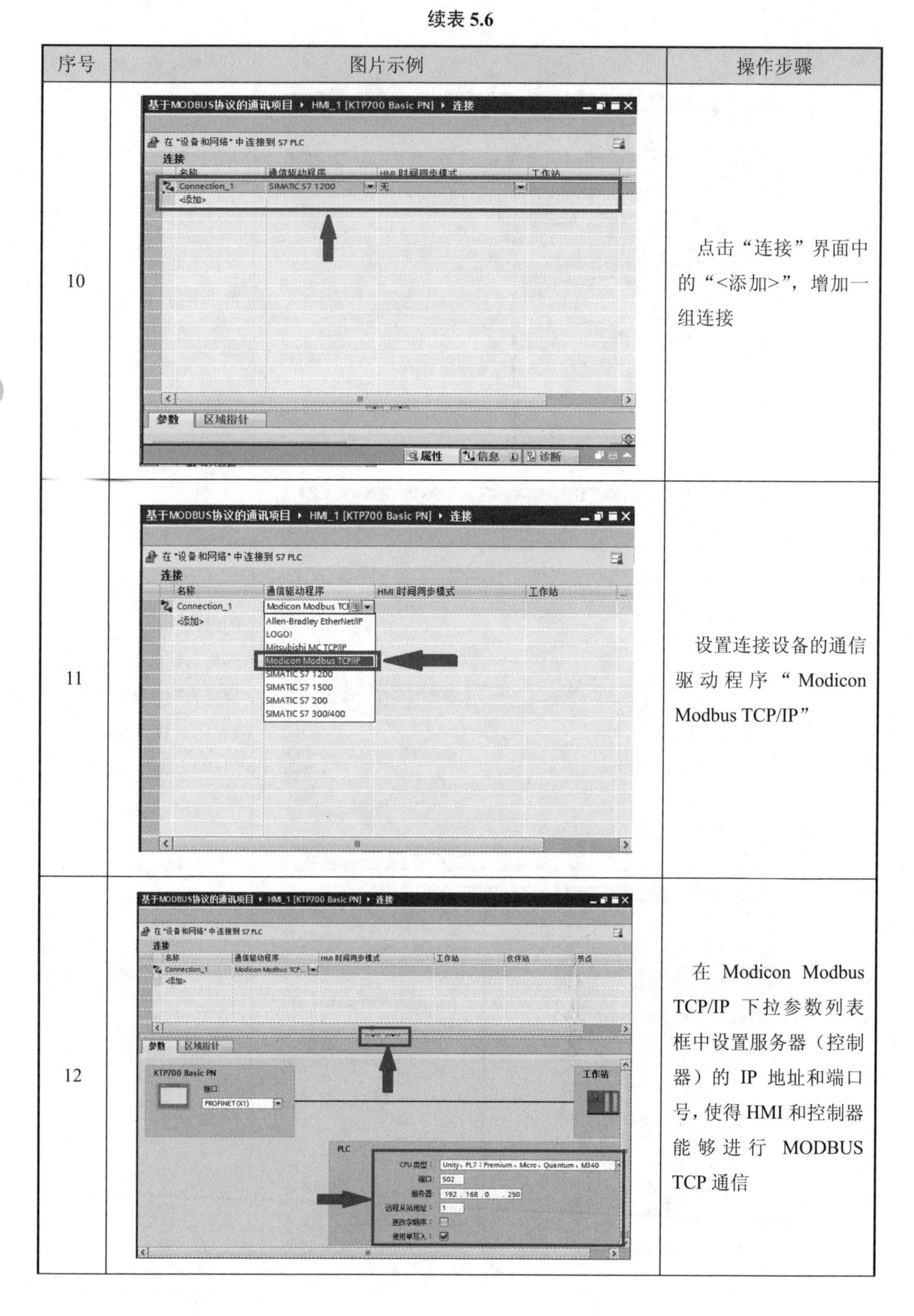

序号	图片示例	操作步骤
10		点击“连接”界面中的“<添加>”，增加一组连接
11		设置连接设备的通信驱动程序“Modicon Modbus TCP/IP”
12		在 Modicon Modbus TCP/IP 下拉参数列表框中设置服务器（控制器）的 IP 地址和端口号，使得 HMI 和控制器能够进行 MODBUS TCP 通信

续表 5.6

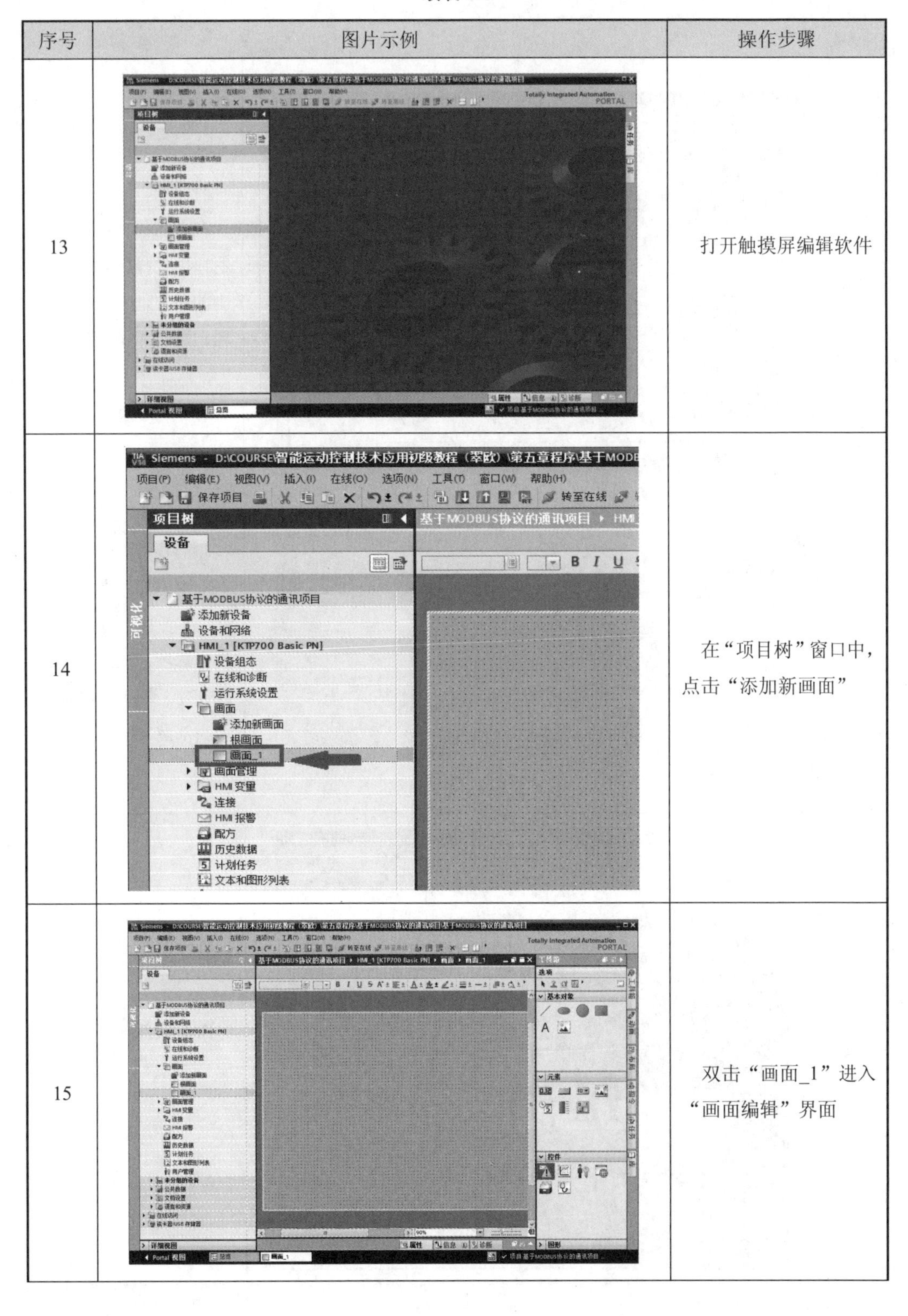

序号	图片示例	操作步骤
13		打开触摸屏编辑软件
14		在“项目树”窗口中，点击“添加新画面”
15		双击“画面_1”进入“画面编辑”界面

续表 5.6

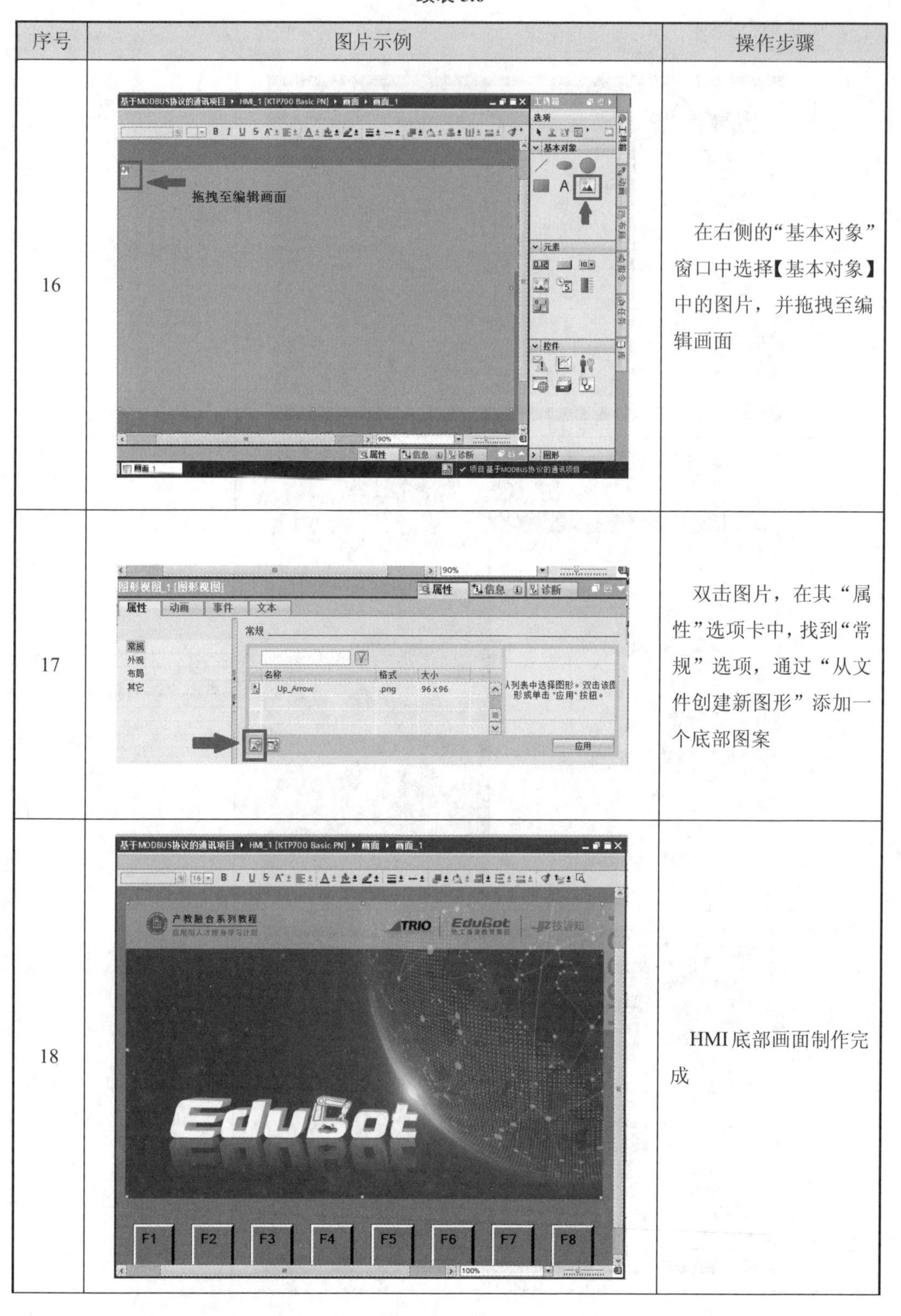

序号	图片示例	操作步骤
16		在右侧的“基本对象”窗口中选择【基本对象】中的图片，并拖拽至编辑画面
17		双击图片，在其“属性”选项卡中，找到“常规”选项，通过“从文件创建新图形”添加一个底部图案
18		HMI底部画面制作完成

续表 5.6

序号	图片示例	操作步骤
19	基于MODBUS协议的通讯项目 ▸ HMI_1 [KTP700 Basic PN] ▸ 画面 ▸ 画面_1 工具箱 选项 基本对象 元素 控件 产教融合系列教程 TRIO EduBot Text EduBot	从右侧“元素”窗口中拖拽【按钮】至编辑画面
20	Text 按钮_1 [按钮] 属性　信息　诊断 属性　动画　事件　文本 单击 按下 释放 激活 取消激活 更改 <添加函数> ① ② 画面_1	双击此按钮，在其“属性”菜单中找到“事件”选项卡
21	按钮_1 [按钮] 属性　信息　诊断 属性　动画　事件　文本 单击 按下 释放 激活 取消激活 更改 系统函数 所有的系统函数 报警 编辑位 按下按键时置位位 对变量中的位取反 复位变量中的位 复位位 取反位 移位和掩码 置位变量中的位 置位位	点击“按下”→“<添加函数>”在弹出的对话中选择”按下按键时置位位”
22	按钮_1 [按钮] 属性　信息　诊断 属性　动画　事件　文本 单击 按下 释放 激活 取消激活 更改 按下按键时置位位 变量 (输入/输出) 位 0 <添加函数>	在“变量（输入/输出）”后面，选中

续表 5.6

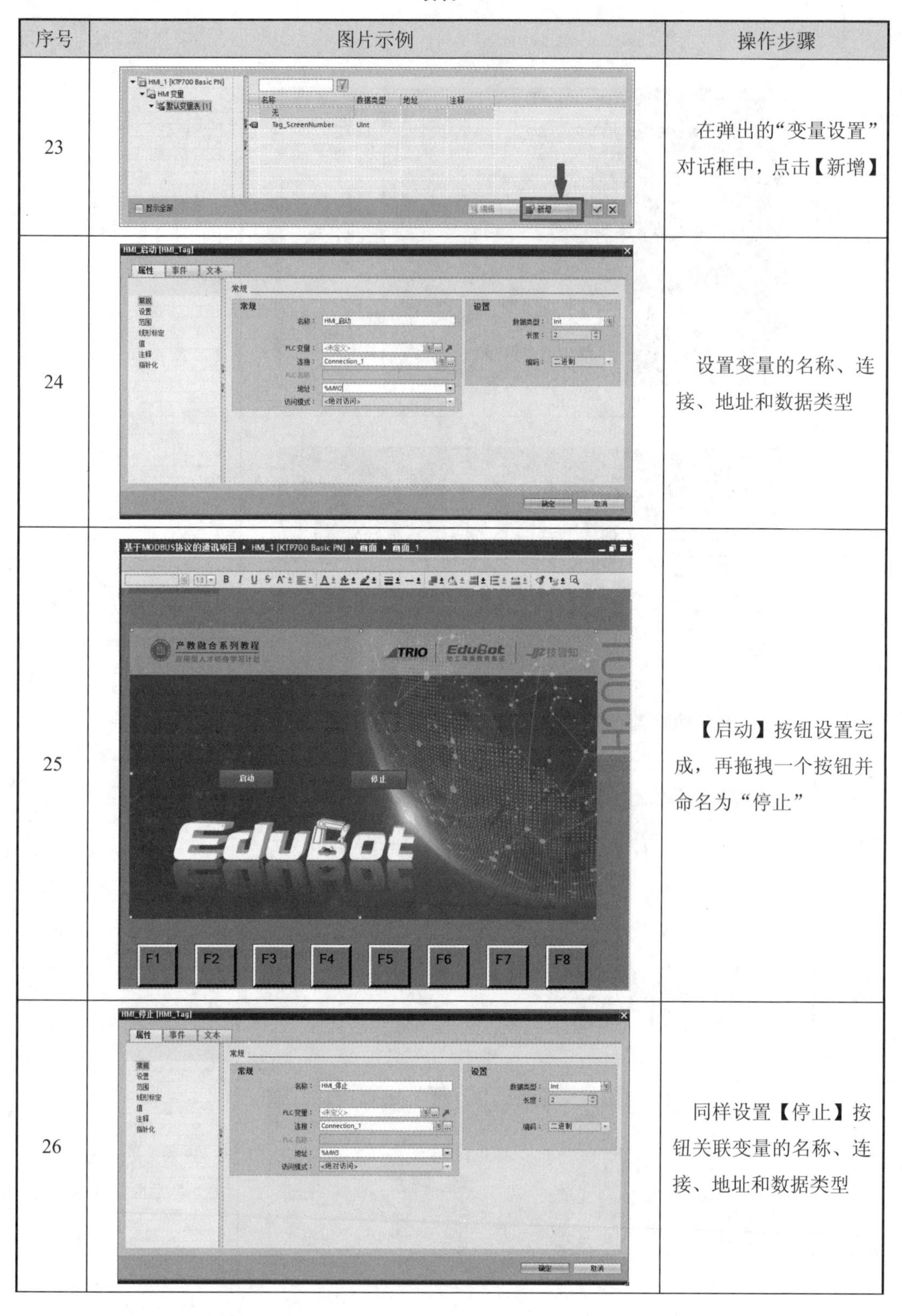

序号	图片示例	操作步骤
23		在弹出的“变量设置”对话框中，点击【新增】
24		设置变量的名称、连接、地址和数据类型
25		【启动】按钮设置完成，再拖拽一个按钮并命名为“停止”
26		同样设置【停止】按钮关联变量的名称、连接、地址和数据类型

续表 5.6

序号	图片示例	操作步骤
27		双击按钮，可进行按钮名称的修改
28		在“基本对象”窗口中拖拽 4 个圆形至 HMI 编辑画面，用于显示 SB1、SB2、HL1、HL2 状态的指示灯
29		设置指示灯关联变量的名称、连接、地址、数据类型

续表 5.6

序号	图片示例	操作步骤
30	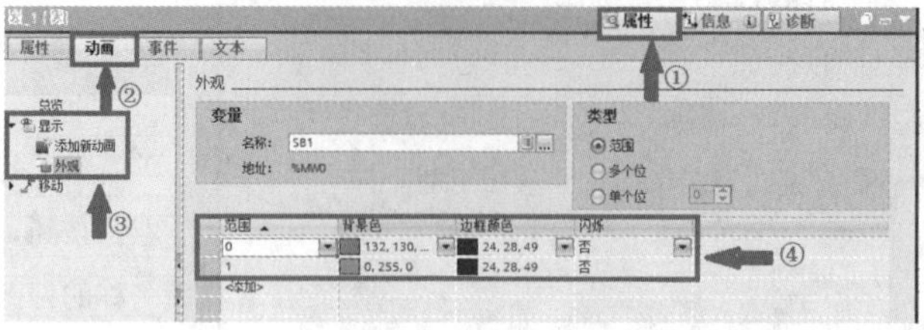 属性 动画 事件 文本 属性 信息 诊断 总览 显示 添加新动画 外观 移动 外观 变量 名称：SB1 地址：%MW0 类型 范围 多个位 单个位 范围 背景色 边框颜色 闪烁 0 132, 130, ... 24, 28, 49 否 1 0, 255, 0 24, 28, 49 否 <添加> ①②③④	双击指示灯在“属性”→“动画”中选择“显示”项下的“外观”，分别设置 SB1 值为 0 和 1 时显示的效果
31	 基于MODBUS协议的通讯项目 ▸ HMI_1 [KTP700 Basic PN] ▸ 画面 ▸ 画面_1 SIEMENS SIMATIC HMI 产数融合系列教程 TRIO EduBot 智能运动控制实训系统 HMI启动 HMI停止 SB1 SB2 HL1 HL2 EduBot	触摸屏画面制作完成
32	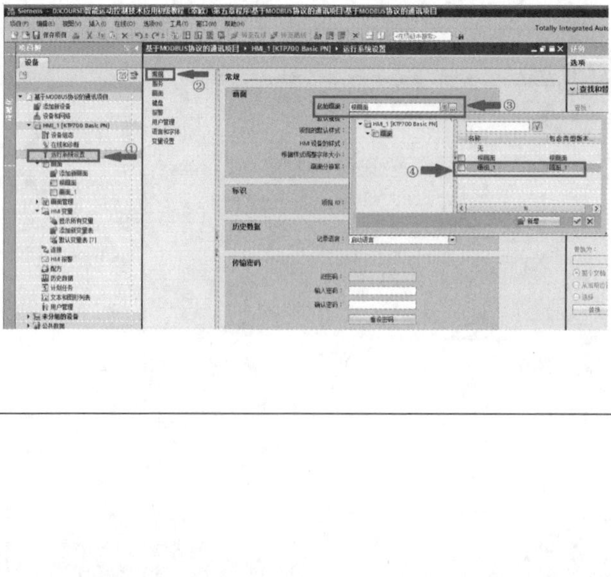 基于MODBUS协议的通讯项目 ▸ HMI_1 [KTP700 Basic PN] ▸ 运行系统设置 项目树 设备 常规 画面 起始画面：根画面 运行系统设置 HMI_1 [KTP700 Basic PN] 画面 根画面 画面_1 标识 历史数据 传输密码 ①②③④	点击“项目树”窗口中“运行系统设置”，在画面中设置起始画面为“画面_1”

续表 5.6

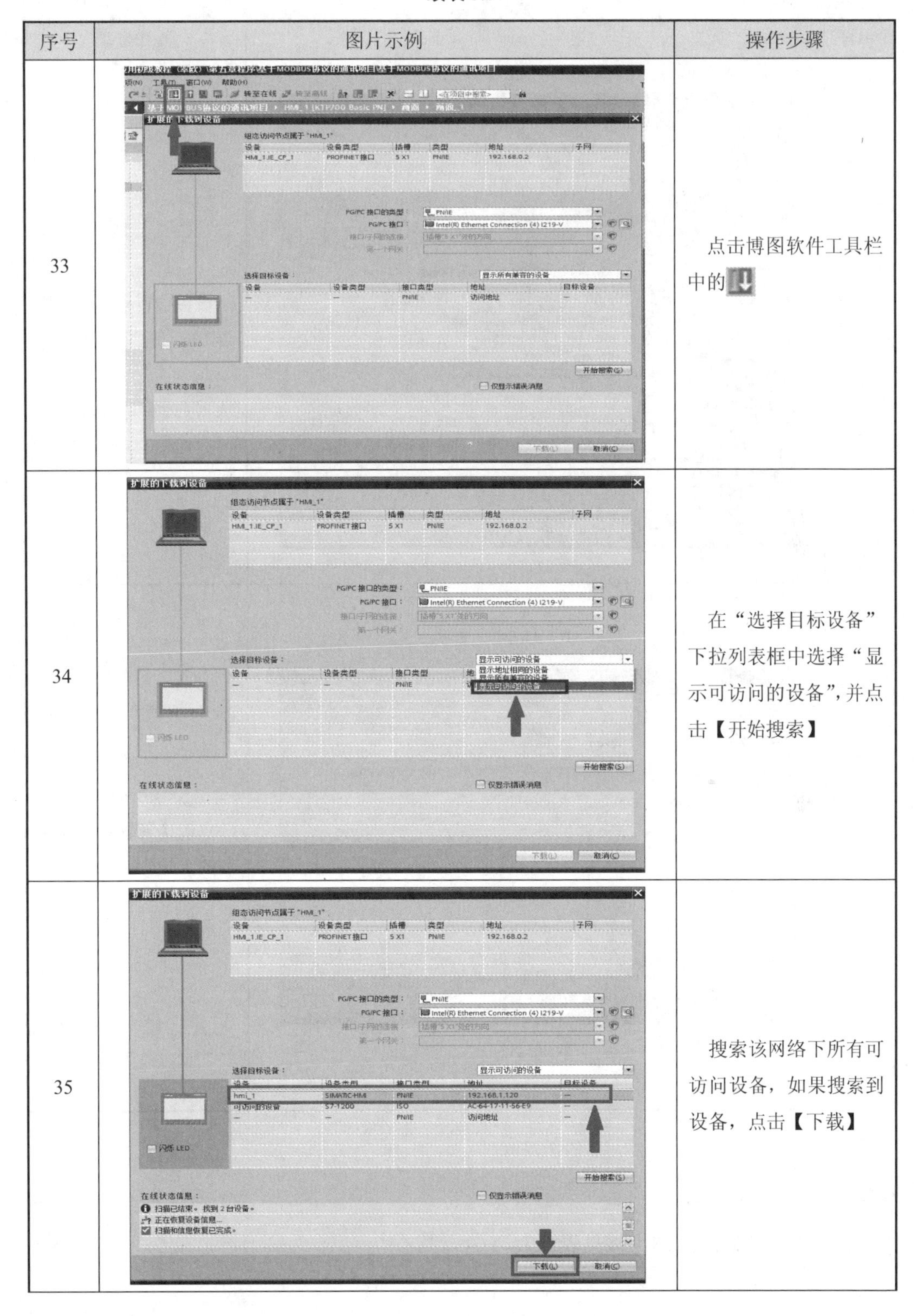

序号	图片示例	操作步骤
33		点击博图软件工具栏中的
34		在“选择目标设备”下拉列表框中选择“显示可访问的设备”，并点击【开始搜索】
35		搜索该网络下所有可访问设备，如果搜索到设备，点击【下载】

续表 5.6

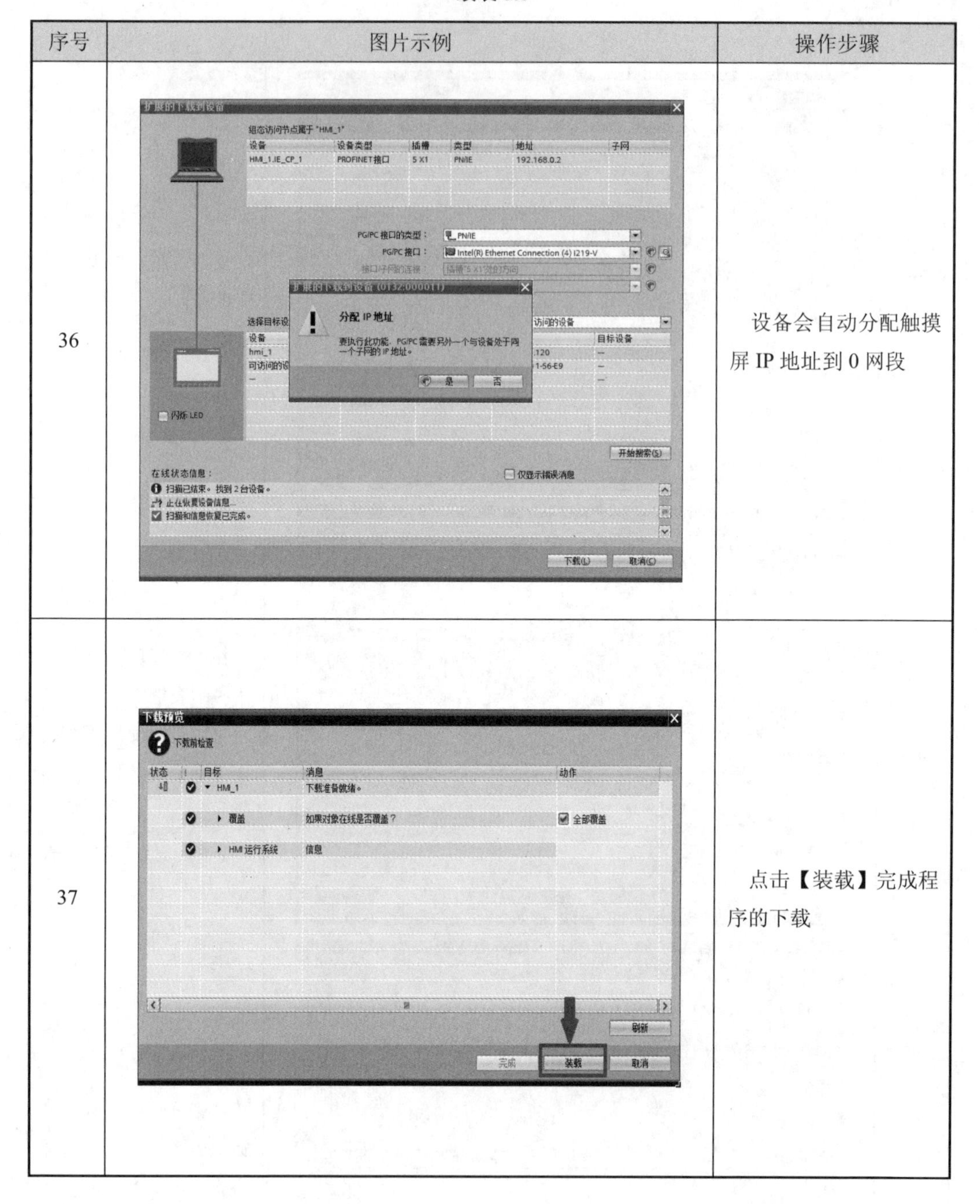

序号	图片示例	操作步骤
36		设备会自动分配触摸屏 IP 地址到 0 网段
37		点击【装载】完成程序的下载

5.4.5 项目程序调试

项目程序调试的具体步骤见表 5.7。

表 5.7　自动运行程序调试

序号	图片示例	操作步骤
1	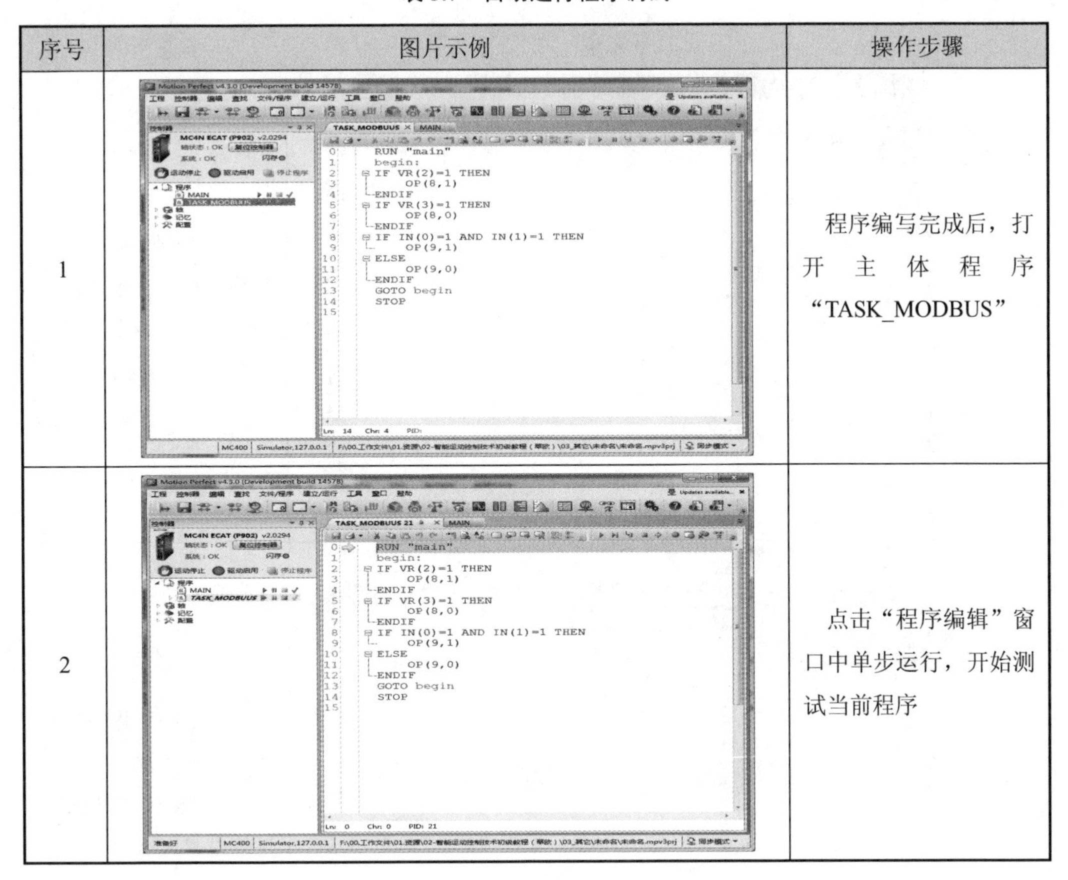	程序编写完成后，打开主体程序“TASK_MODBUS”
2		点击“程序编辑”窗口中单步运行，开始测试当前程序

5.4.6　项目总体运行

在项目总体运行中，设置开机自动运行程序“TASK_MODBUS”，具体操作步骤见表 5.8。

表 5.8　自动运行程序设置

序号	图片示例	操作步骤
1	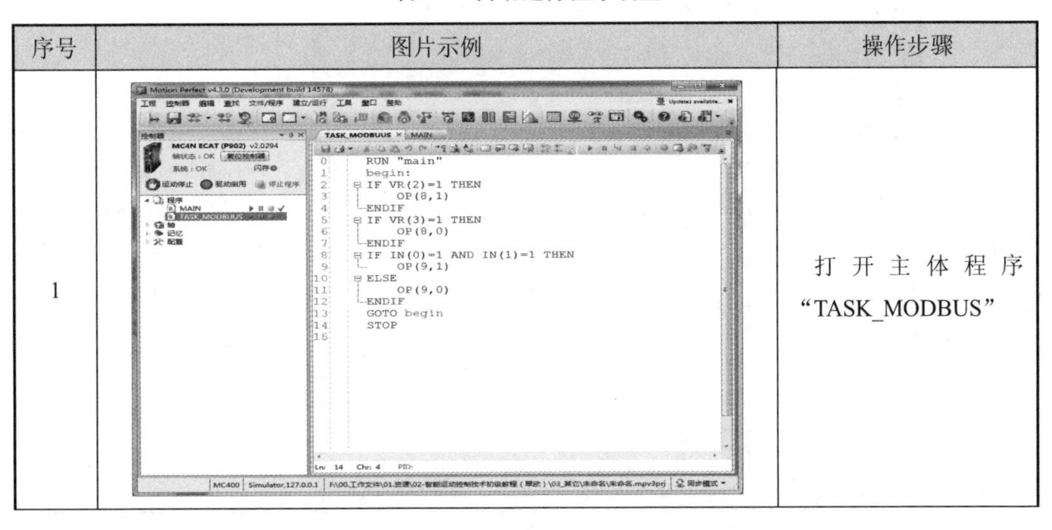	打开主体程序“TASK_MODBUS”

续表 5.8

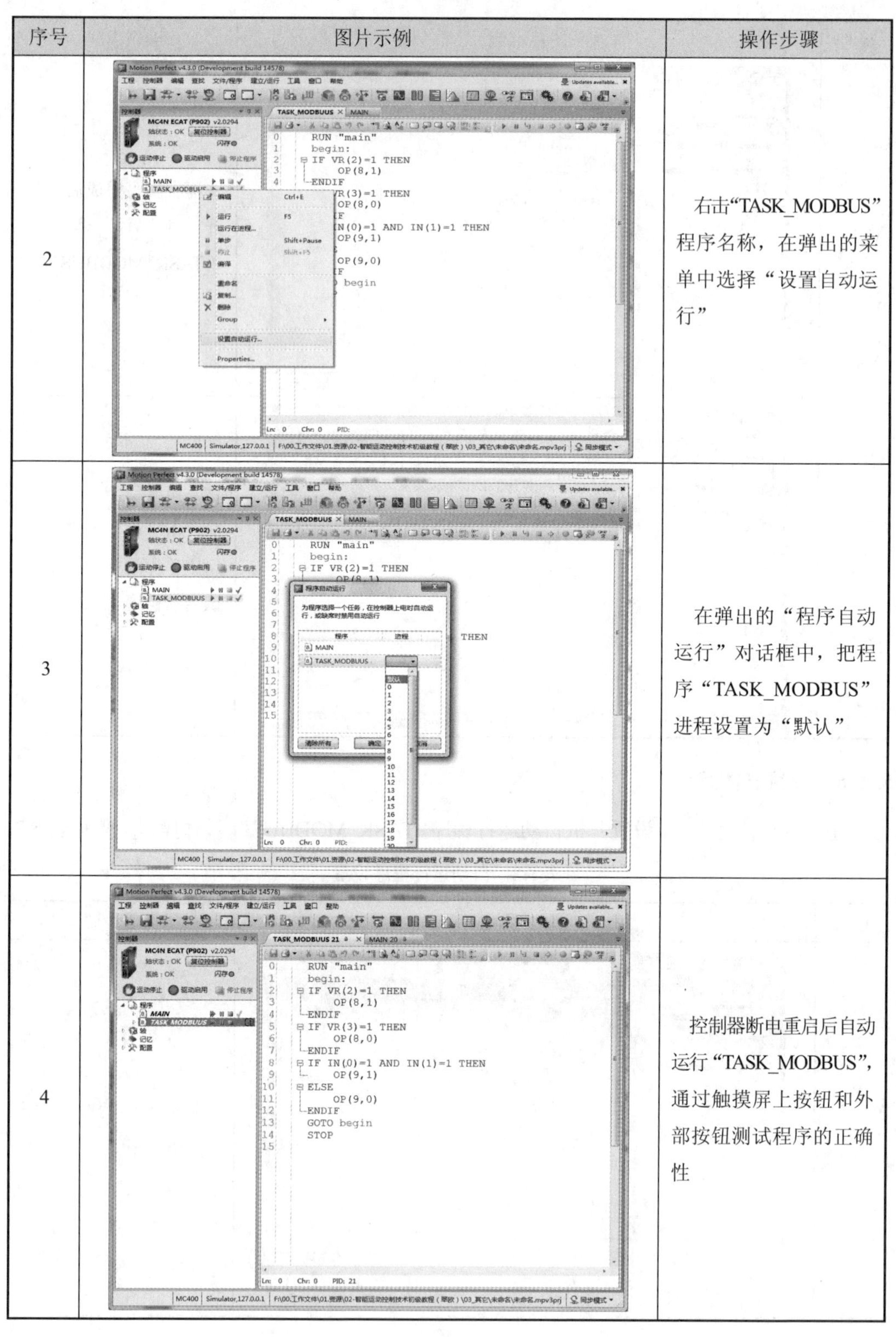

序号	图片示例	操作步骤
2		右击“TASK_MODBUS”程序名称，在弹出的菜单中选择“设置自动运行”
3		在弹出的“程序自动运行”对话框中，把程序“TASK_MODBUS”进程设置为“默认”
4		控制器断电重启后自动运行“TASK_MODBUS”，通过触摸屏上按钮和外部按钮测试程序的正确性

5.5 项目验证

5.5.1 效果验证

"TASK_MODBUS"程序验证效果见表 5.9。

表 5.9 "TASK_MODBUS"程序验证效果

序号	图片示例	操作步骤
1	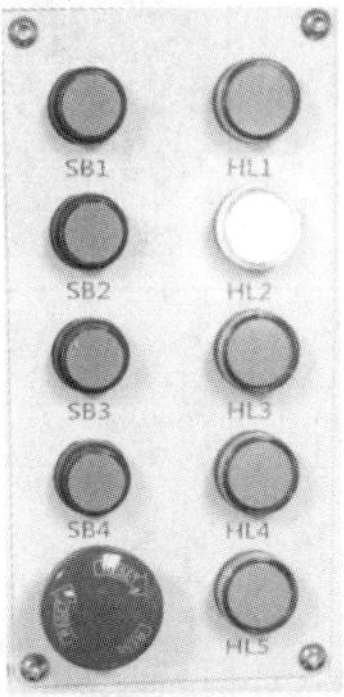 SB1 HL1 SB2 HL2 SB3 HL3 SB4 HL4 HL5	同时按下按钮 SB1、SB2，HL2 亮，任意松开一个按钮 HL2 灭
2	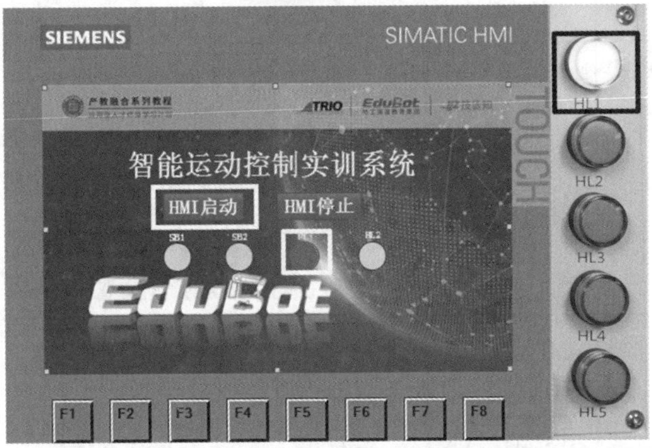 SIEMENS SIMATIC HMI TRIO EduBot 智能运动控制实训系统 HMI启动 HMI停止 SB1 SB2 EduBot TOUCH HL1 HL2 HL3 HL4 HL5 F1 F2 F3 F4 F5 F6 F7 F8	按下触摸屏上【HMI 启动】，HL1 亮
3	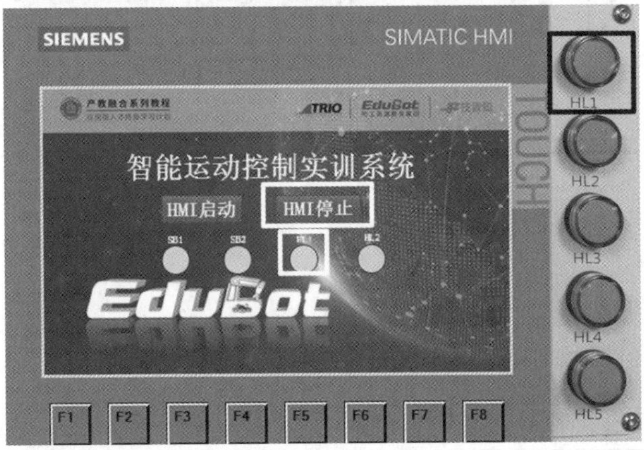 SIEMENS SIMATIC HMI TRIO EduBot 智能运动控制实训系统 HMI启动 HMI停止 SB1 SB2 EduBot TOUCH HL1 HL2 HL3 HL4 HL5 F1 F2 F3 F4 F5 F6 F7 F8	按下触摸屏上【HMI 停止】，HL1 灭

5.5.2 数据验证

数据验证结果见表 5.10。

表 5.10 数据验证结果

步骤	图示	说明	步骤	图示	说明
1	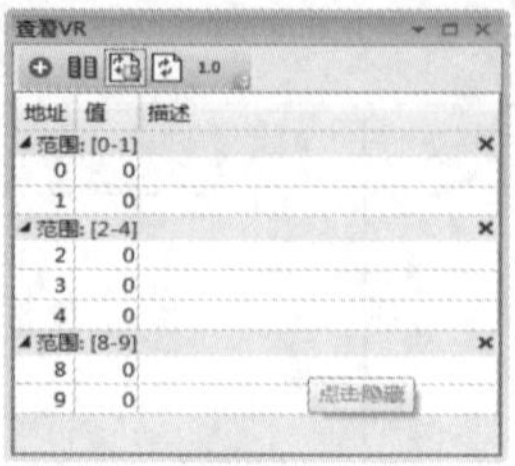	控制器变量创建如图所示	5	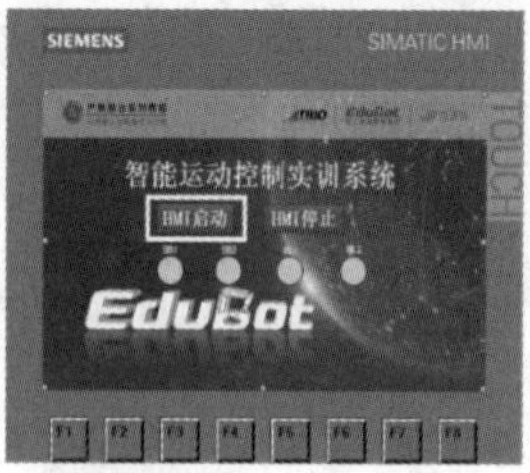	按下触摸屏上【HMI 启动】按钮
2	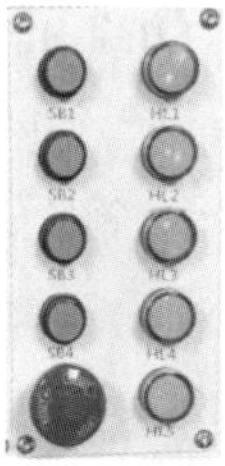	同时按下 SB1、SB2	6	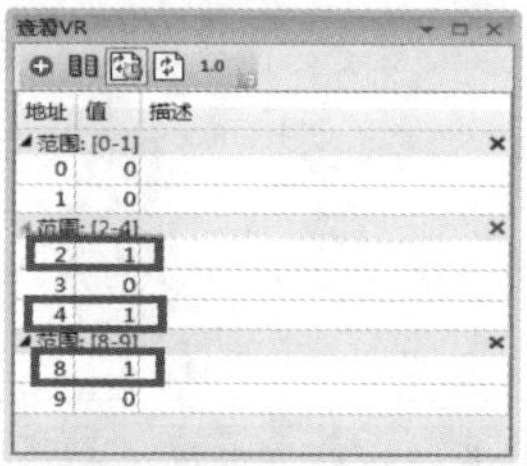	VR（2）、VR（4）、VR（8）值变为 1
3	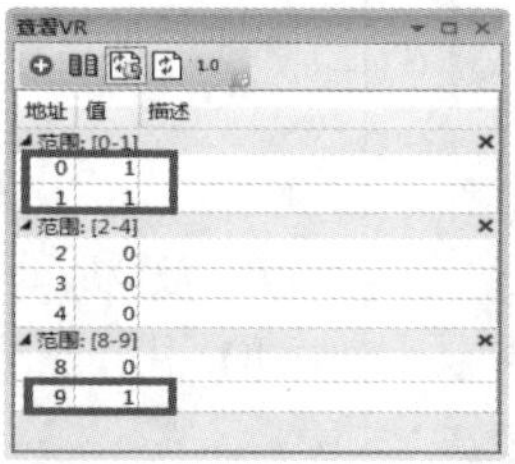	VR（0）、VR（1）、VR（9）值变为 1	7	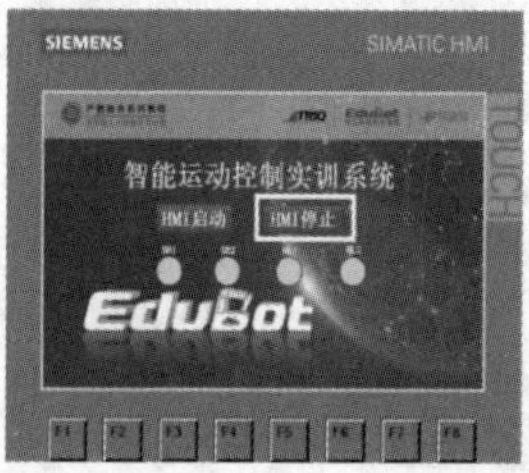	按下触摸屏上【HMI 停止】按钮
4	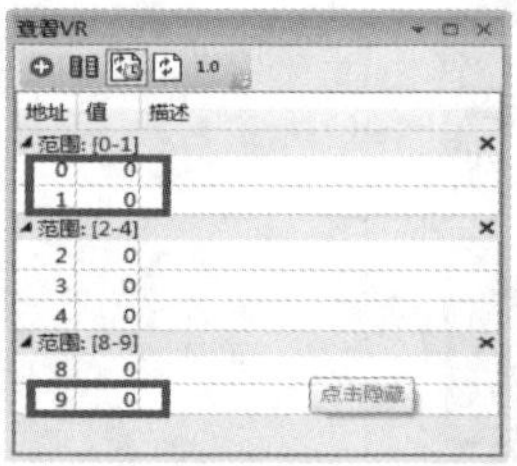	任意松开 SB1、SB2 其中一个，VR（0）、VR（1）、VR（9）值变为 0	8	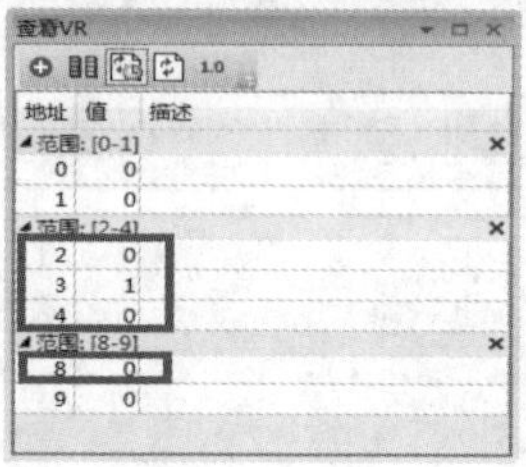	VR（2）、VR（4）、VR（8）值变为 0，VR（3）变为 1，松开【HMI 停止】按钮 VR（3）值变为 0

5.6 项目总结

5.6.1 项目评价

项目评价见表 5.11。

表 5.11　项目评价表

项目指标		分值	自评	互评	评分说明
项目分析	1. 硬件构架分析	6			
	2. 软件构架分析	6			
	3. 项目流程分析	6			
项目要点	1. MODBUS 通信	8			
	2. 变量状态获取	8			
	3. 子程序功能	8			
项目步骤	1. 应用系统连接	8			
	2. 应用系统配置	8			
	3. 主体程序设计	8			
	4. 关联程序设计	8			
	5. 项目程序调试	8			
	6. 项目运行调试	8			
项目验证	1. 效果验证	5			
	2. 数据验证	5			
合计		100			

5.6.2　项目拓展

（1）使用触摸屏控制 5 个指示灯的顺序启动，并通过触摸屏显示当前信号的状态，触摸屏画面如图 5.12 所示。

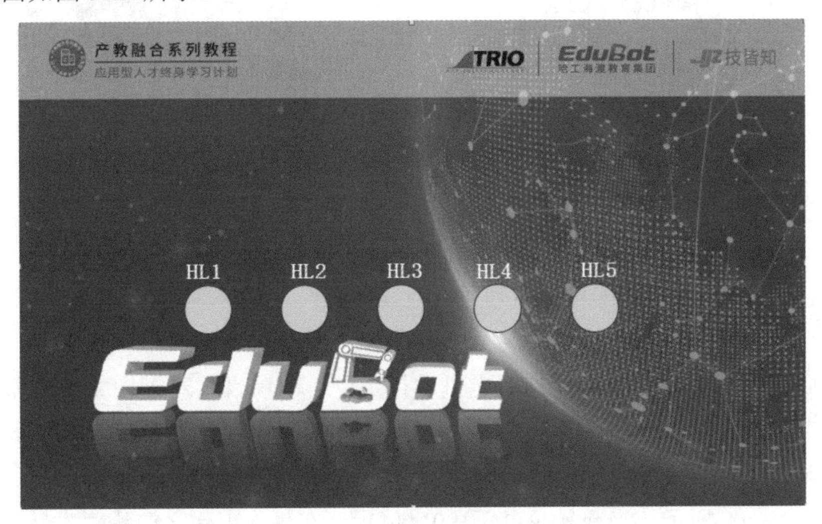

图 5.12　触摸屏画面

（2）使用 PLC 通过 MODBUS 协议与运动控制器进行通信，控制 5 个指示灯的状态。

第 6 章　基于单轴运动的定位项目

※ 单轴运动项目目的

6.1　项目目的

6.1.1　项目背景

在机器人系统中，轴指的是机器人的自由度，即可以独立运动关节的数目。例如常见的工业六轴机器人具有 6 个自由度，机器人焊接系统中使用的变位机通常有 1～2 个自由度，如图 6.1 所示。机器人的运动控制本质上是对各轴的联合控制，因此，对单个电机轴的控制是实现复杂运动控制的基础。

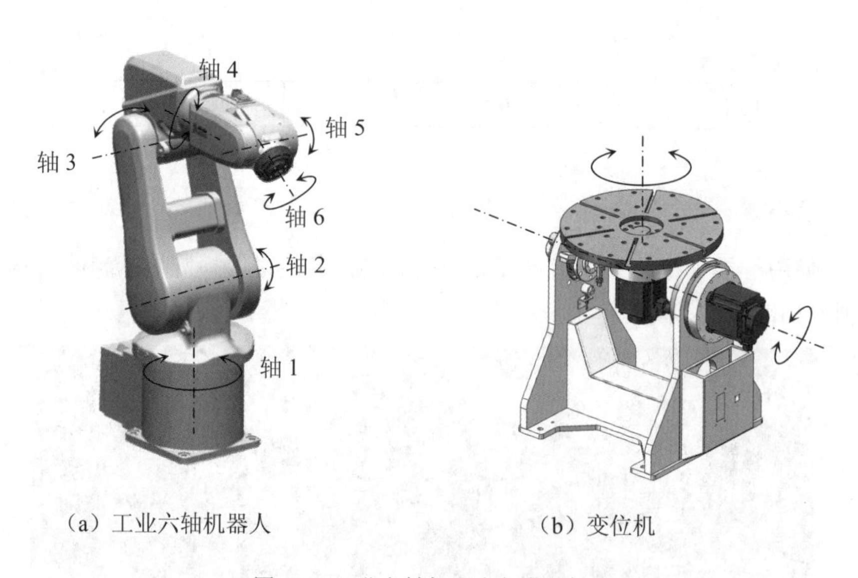

（a）工业六轴机器人　　（b）变位机

图 6.1　工业六轴机器人与变位机

6.1.2　项目需求

本项目为控制器控制增量式伺服电机进行定位运动项目。对于增量式伺服系统，在每一次上电时，会默认当前位置为零点位置，这就使得每次工作时，会从不同位置启动运行，从而造成不可预料的运动轨迹。

如图 6.2（a）所示，当前转盘处于 90° 位置。在每次工作之前均要求从转盘 0° 位置开始工作。使用控制器的回零功能使得伺服电机回到 0° 位置，并通过原点开关记录当前位置，如图 6.2（b）所示。

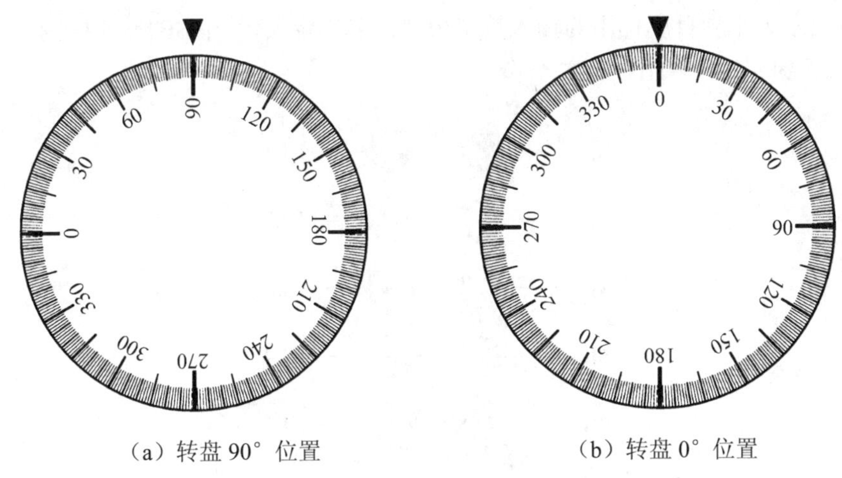

（a）转盘 90° 位置　　（b）转盘 0° 位置

图 6.2　转盘图示

6.1.3　项目目的

（1）了解伺服系统的构成。

（2）熟悉运动控制器的轴运动指令。

（3）掌握运动控制器单轴运动的程序编辑方法。

6.2　项目分析

6.2.1　项目构架

本项目为基于单轴运动的定位项目，需使用实训系统上的开关电源模块、运动控制器模块、触摸屏模块、输入输出模块、伺服系统模块，项目构架如图 6.3 所示。

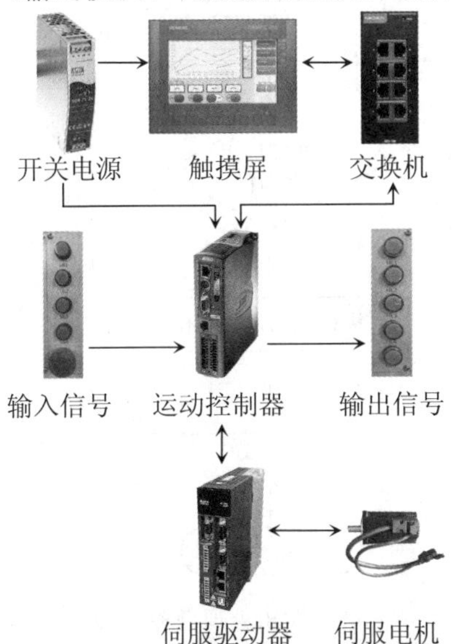

图 6.3　单轴运动定位项目构架图

图6.4所示为本项目所使用的输入输出模块的名称定义，其中SB1～SB4为常开按钮，SB5为常闭按钮，HL1～HL5为5个指示灯。

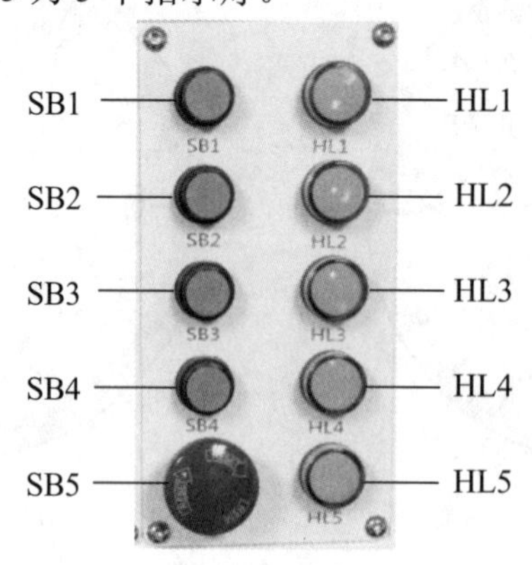

图 6.4　输入输出模块名称定义

按下启动按钮 SB1，伺服系统先进行回零工作，回零完成后，伺服系统开始定位程序的运行，在每运动到一个位置后，输出一个指示灯信号；按下停止按钮 SB2，程序在运行完当前循环任务后跳出循环。各任务程序流程图如图6.5所示。

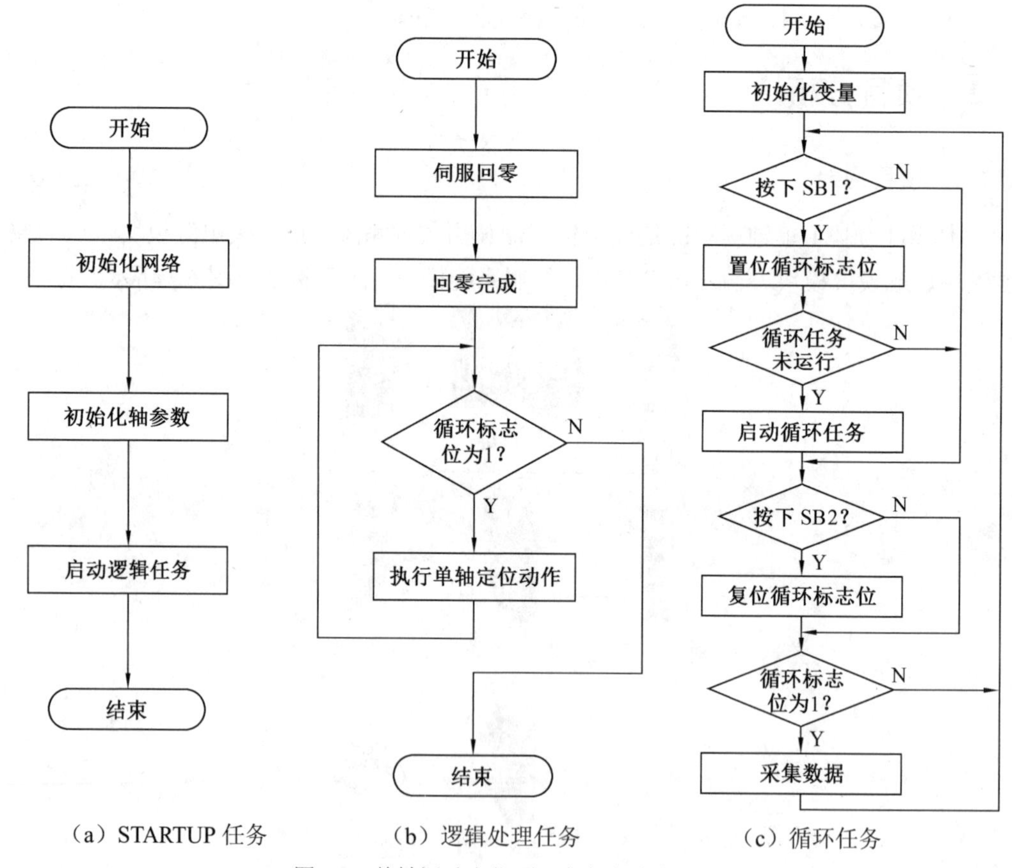

（a）STARTUP 任务　（b）逻辑处理任务　（c）循环任务

图 6.5　单轴运动定位项目各任务流程图

6.2.2 项目流程

基于单轴运动的定位项目流程图如图 6.6 所示。

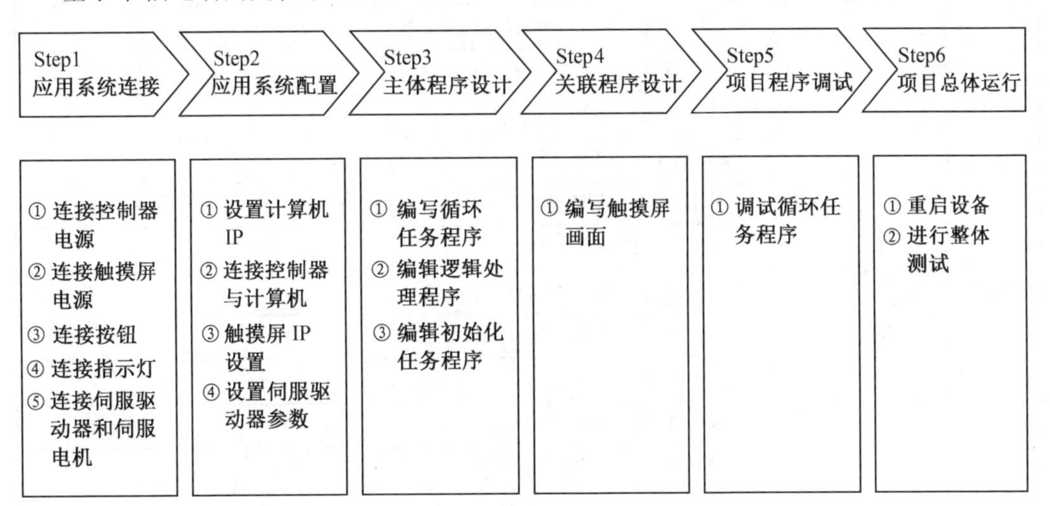

图 6.6 单轴运动定位项目流程图

6.3 项目要点

本项目的项目要点有 EtherCAT 总线、轴参数配置、伺服系统回零、伺服运动指令这几部分。

※ 单轴运动项目要点

6.3.1 EtherCAT 总线

1. EtherCAT 总线介绍

EtherCAT（以太网控制自动化技术）是一个以以太网为基础的开放架构的现场总线系统，EtherCAT 名称中的 CAT 为 Control Automation Technology（控制自动化技术）首字母的缩写。EtherCAT 最初由德国倍福自动化有限公司（Beckhoff Automation GmbH）研发。EtherCAT 为系统的实时性能和拓扑的灵活性树立了新的标准，同时，它还符合甚至降低了现场总线的使用成本。EtherCAT 的特点还包括高精度设备同步、可选线缆冗余和功能性安全协议（SIL3）。

在控制器上电后，需要使用 EtherCAT 指令扫描当前网络中所有存在的伺服系统，对网络中的 EtherCAT 总线型伺服系统进行查找搜索。

2. EtherCAT 指令介绍

EtherCAT 指令用于在 EtherCAT 网络上执行高级操作。 在正常使用中，EtherCAT 网络将自动启动，无需启动程序中的任何命令，EtherCAT 指令用法及示例见表 6.1。

表 6.1 EtherCAT 指令用法及示例

格式	EtherCAT (function, slot [,parameters…])	
参数	function	$00：启动 EtherCAT 网络
		$01：停止 EtherCAT 网络
		$02：在线检查伺服
		$03：检查从站数量
		$04：获取伺服地址
		$05：获得从轴
		$21：设置 EtherCAT 状态
		$22：获得 EtherCAT 状态
		$64：将重置序列发送到驱动器
		$87：显示网络配置
		$ E0：设置紧急消息控制
		$ E1：读取紧急消息控制值
	slot	设置为 EtherCAT 端口插槽号
示例	EtherCAT(0,0)	
说明	启动 EtherCAT 网络	

6.3.2 轴参数配置

伺服轴参数配置分为电子齿轮比、速度参数、轴限制参数、轴输出等配置。

1. 电子齿轮比

在运动控制装置中，当机械系统的结构确定以后，电机跟机械装置的传动关系也就固定了，电机每转一圈产生的机械位移量也就固定了，而位置控制命令通常由上位机产生一定数量的定位脉冲来实现，这些脉冲称为指令脉冲。在大多数情况下，指令脉冲当量（单个脉冲对应的机械系统位移量）和位置反馈脉冲当量（单个位置反馈脉冲对应的机械系统位移量）是不相同的，需要采用电子齿轮比来匹配二者的对应关系，使指令当量折算到定位控制回路后与反馈脉冲当量相等，因此，电子齿轮比就是指令脉冲当量与电机编码器反馈脉冲当量的一个比值。

电子齿轮比一般分成分母及分子两项参数设置。

电子齿轮比的计算公式为

$$\frac{\text{电子齿轮分子}}{\text{电子齿轮分母}}=\frac{\text{编码器分辨率}}{\text{负载轴旋转1圈的移动量(指令单位)}}\times\frac{m}{n}$$

式中　$\frac{m}{n}$——电机旋转 m 圈时负载轴旋转 n 圈，也就是通常说的电机减速比。

常见的几种机械传动的电子齿轮比应用计算见表 6.2。

表 6.2　常见的几种机械传动电子齿轮比计算

步骤	内容	机械构成		
		滚珠丝杆	圆台	皮带+皮带轮
1	图例	指令单位：0.001 mm 负载轴 编码器：20位 滚珠丝杆导程：6 mm	指令单位：0.001 mm 负载轴 减速比：1/50 皮带轮直径：ϕ100 mm 编码器：20位	指令单位：0.01° 减速比：1/100 负载轴 编码器：20位
2	机械规格	滚珠丝杆导程：6 mm 减速比：1/1	1 圈的旋转角：360° 减速比：1/100	皮带轮直径：100 mm 皮带轮周长：314 mm 减速比：1/50
3	编码器分辨率	1 280 000（20 位）	1 280 000（20 位）	1 280 000（20 位）
4	指令单位	0.001 mm	0.01°	0.005 mm
5	负载轴旋转 1 圈的移动量（指令单位）	6 mm/0.001 mm=6 000	360°/0.01°=36 000	314 mm/0.005 mm=62 800
6	电子齿轮比	$\frac{分子}{分母}=\frac{1\,280\,000}{6\,000}\times\frac{1}{1}$	$\frac{分子}{分母}=\frac{1\,280\,000}{36\,000}\times\frac{100}{1}$	$\frac{分子}{分母}=\frac{1\,280\,000}{62\,800}\times\frac{50}{1}$
7	参数	UNITS=213.333	UNITS=3 555.556	UNITS=101 910.828

在控制器中使用 UNITS 参数进行伺服的电子齿轮比设置，UNITS 参数可以是任何非零值，但是推荐用户 UNITS 与编码器整数脉冲相一致。改变 UNITS 参数值将会影响轴的所有参数。UNITS 参数使系统保持相同的动力特性，UNITS 参数用法及示例见表 6.3。

表 6.3　UNITS 参数用法及示例

格式	UNITS=Value	
参数	Value	期望值
示例	UNITS=3 555.556，1 280 000/360	
说明	转换因子设置成 3 555.556	

2. 速度参数

速度参数决定了目标轴运行的加/减速度、运行速度、以及原点搜索参数等，指令有 SPEED、DECEL、ACCEL、CREEP 等。具体代码如下：

```
'Velocity profile
BASE(1)
ACCEL=5000
DECEL=5000
SPEED=50
CREEP=100
```

3. 轴限制参数

轴限制参数决定了轴的正反硬限位、正反软限位、跟随误差的最大和最小值、原点开关的设置等，指令有 DATUM_IN、FE_LIMIT、FS_LIMIT、RS_LIMIT 等。具体代码如下：

```
'Limits
BASE(1)
DATUM_IN=4
FE_LIMIT=20
FS_LIMIT=400000000000
RS_LIMIT=-400000000000
```

4. 轴输出

轴输出包括轴使能参数等，指令有 SERVO 等。具体代码如下：

```
'Axis output
BASE(1)
SERVO=1
```

6.3.3 伺服系统回零

TRIO 运动控制器实训系统采用台达增量式伺服电机，针对增量式伺服电机，回零就是让控制器设置电机的参考点在什么位置，以便进行之后的定位运动。

伺服回零分为伺服参数回零和控制器回零两种方式。其中，伺服参数回零是将零点传感器连接到伺服驱动器上，控制器通过参数控制驱动器寻找零点；控制器回零是将零点传感器连接到运动控制器上，控制器通过自身指令寻找零点。

1. 伺服参数回零

台达伺服电机参数回零的方法有 36 种，使用其自身 6000 h 参数中的 6098 h 参数进行设置，如图 6.7 所示为 6098 h 值为 1 和 2 时的两种回零方式。对此本书不多做介绍，只介绍控制器回零。

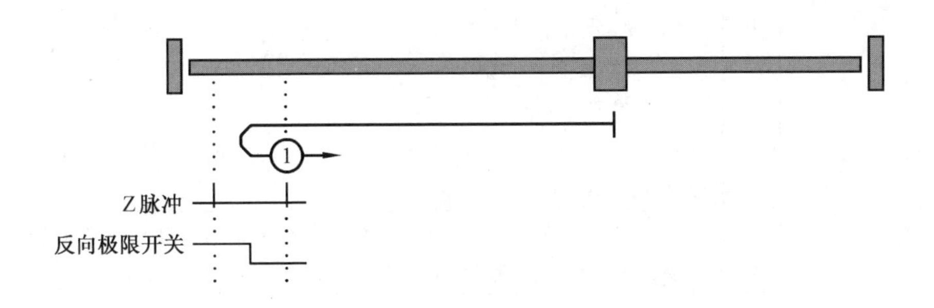

（a）方法 1：遇反向极限开关和 Z 脉冲进行复归

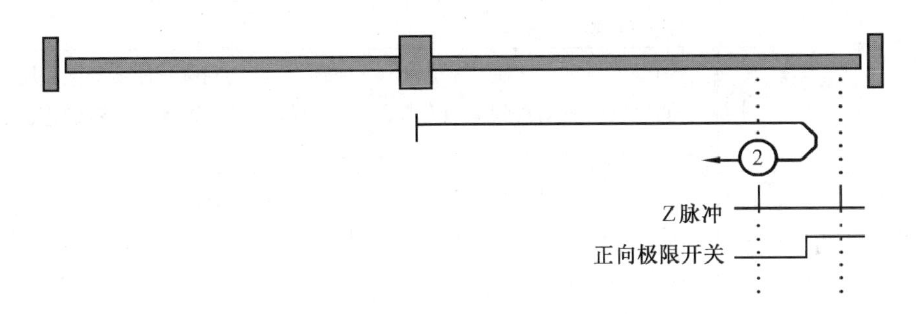

（b）方法 2：遇正向极限开关和 Z 脉冲进行复归

图 6.7　伺服参数回零方式

2. 控制器回零

DATUM 是 TRIO 运动控制器的回零指令，它有 6 种原点搜寻方式，相关参数见表 6.4。DATUM 指令使用低速和指定速度用于原点搜寻。其中低速用 CREEP 参数设定，指定速度用 SPEED 参数设定。DATUM(0)有特殊用法，可在轴出错的时候用来复位系统参数，此过程不改变位置。

表 6.4　DATUM 指令用法及示例

格式	DATUM (sequence)		
参数	sequence	0	跟随误差超过 FE_LIMIT 时，通过把 AXISSTATUS 以下位清零来清除跟随误差： BIT 1　跟随误差警告 BIT 2　远程驱动通信错误 BIT 3　远程驱动错误 BIT 8　跟随误差超限 BIT 11 取消运动 对于带位置校正的步进轴，当前位置设为目标位置。FE 清零。DATUM(0)必须在 wdog=off 时应用
		1	轴以低速（CREEP）正向运行直到发现 Z 信号。目标位置重置为 0 同时纠正测量位置，维持跟随误差
		2	轴以低速（CREEP）反向运行直到发现 Z 信号。目标位置重置为 0 同时纠正测量位置，维持跟随误差
		3	轴以程序设定速度（SPEED）正向运行，直到碰到原点开关。随后轴以低速反向运动直到原点开关复位。目标位置重置为 0 同时纠正测量位置，维持跟随误差
		4	轴以程序设定速度（SPEED）反向运行，直到碰到原点开关。随后轴以低速正向运动直到原点开关复位。目标位置重置为 0 同时纠正测量位置，维持跟随误差
		5	轴以程序设定速度（SPEED）正向运行，直到碰到原点开关。随后轴以低速反向运动直到碰到 Z 信号。目标位置重置为 0 同时纠正测量位置，维持跟随误差
		6	轴以程序设定速度（SPEED）反向运行，直到碰到原点开关。随后轴以低速正向运动直到碰到 Z 信号。目标位置重置为 0 同时纠正测量位置，维持跟随误差
示例	BASE(1) SERVO=ON WDOG=ON CREEP=1000 '设置原点搜寻速度 SPEED=5000 '设定速度 DATUM(1) 'Z 脉冲方式寻原点 WAIT IDLE MOVEABS (0) '转到 0 位		
说明	通过 Z 相脉冲定位，把 Z 相脉冲的位置设置为 0，并且让轴转到这里。用指令 DATUM(1)实现，由于轴发现 Z 脉冲后开始减速，就会导致轴停的位置不在 0 位，而是走过一点，这时可以用 MOVE 指令使轴停到 Z 脉冲的位置		

6.3.4　伺服运动参数

IDLE 是一个轴参数，用于检查一个轴是否正在运行，或者是否所有的移动都已经完成。如果在运动缓冲区中没有移动，则轴处于空闲状态。

IDLE 可以用于 WAIT IDLE 语句中，也可以用于 WAIT UNTIL <expression>或 IF <expression> THEN 语句中，作为这些语句表达式的一部分使用，IDLE 参数用法及示例见表 6.5。

表 6.5　IDLE 参数用法及示例

格式	IDLE	
参数	TRUE	一个或多个移动在轴上运行
	FALSE	在轴上没有运行或缓冲的移动
示例	BASE(1) MOVEABS(30) WAIT IDLE OP(8, 1)	
说明	轴 1 移动绝对位置 30，当轴 1 完全移动到位置，并不再运动时，置位输出位 8	

6.4　项目步骤

6.4.1　应用系统连接

※ 单轴运动项目步骤

应用系统的连接分为 3 部分：画出 I/O 分配表、画出硬件接线图、根据硬件接线图进行接线。

1. I/O 分配表

I/O 分配表见表 6.6。

表 6.6　I/O 分配表

硬件名称	控制器输入	功能	硬件输出	控制器输出	功能
SB1	I0	启动	HL1	IO8	指示灯 1
SB2	I1	停止	HL2	IO9	指示灯 2
SB3	I2	选择 1	HL3	IO10	指示灯 3
SB4	I3	选择 2	HL4	IO11	指示灯 4
SB5	I4	急停	HL5	IO12	指示灯 5
接近开关	I5	回零开关			

2. 硬件接线图

硬件接线图如图 6.8 所示，硬件接线图绘制完成后，根据绘制的电气图，对电路进行正确的接线。

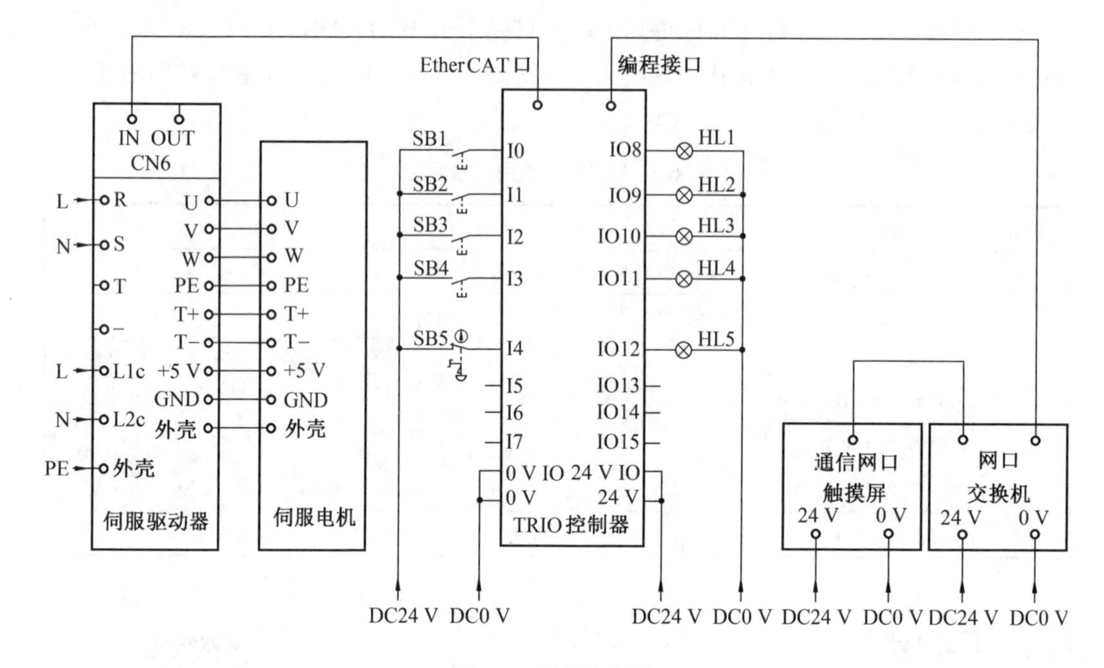

图 6.8　硬件接线图

6.4.2　应用系统配置

1. 伺服系统配置

实验系统采用台达 ASDA-A2-E 总线型伺服系统，需对表 6.7 中参数进行设定。使用参数编辑器对伺服参数进行修改，参数修改完成后下载到伺服系统，并对伺服系统进行断电重启。

表 6.7　伺服参数设置

序号	参数名称	说　　明	设定值
1	P1-00	外部脉波列输入型式	0x0002
2	P1-01	控制模式及控制命令输入源	0x000C
3	P2-14	数位输入接脚 DI5	0x0100
4	P2-15	数位输入接脚 DI6	0x0100
5	P2-16	数位输入接脚 DI7	0x0100

伺服系统配置的具体细节见表 6.8。

表 6.8 伺服系统配置

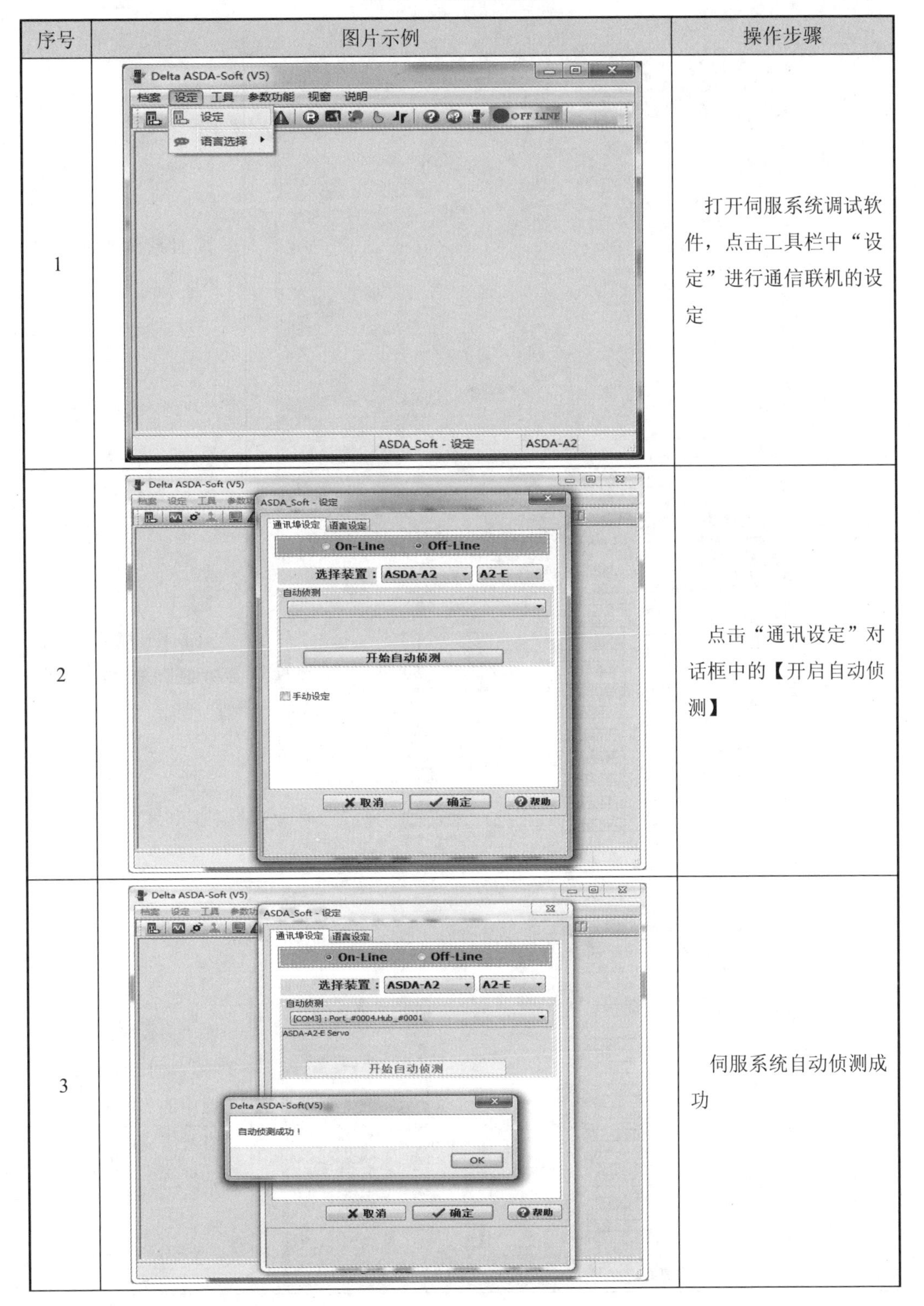

序号	图片示例	操作步骤
1		打开伺服系统调试软件，点击工具栏中“设定”进行通信联机的设定
2		点击“通讯设定”对话框中的【开启自动侦测】
3		伺服系统自动侦测成功

续表 6.8

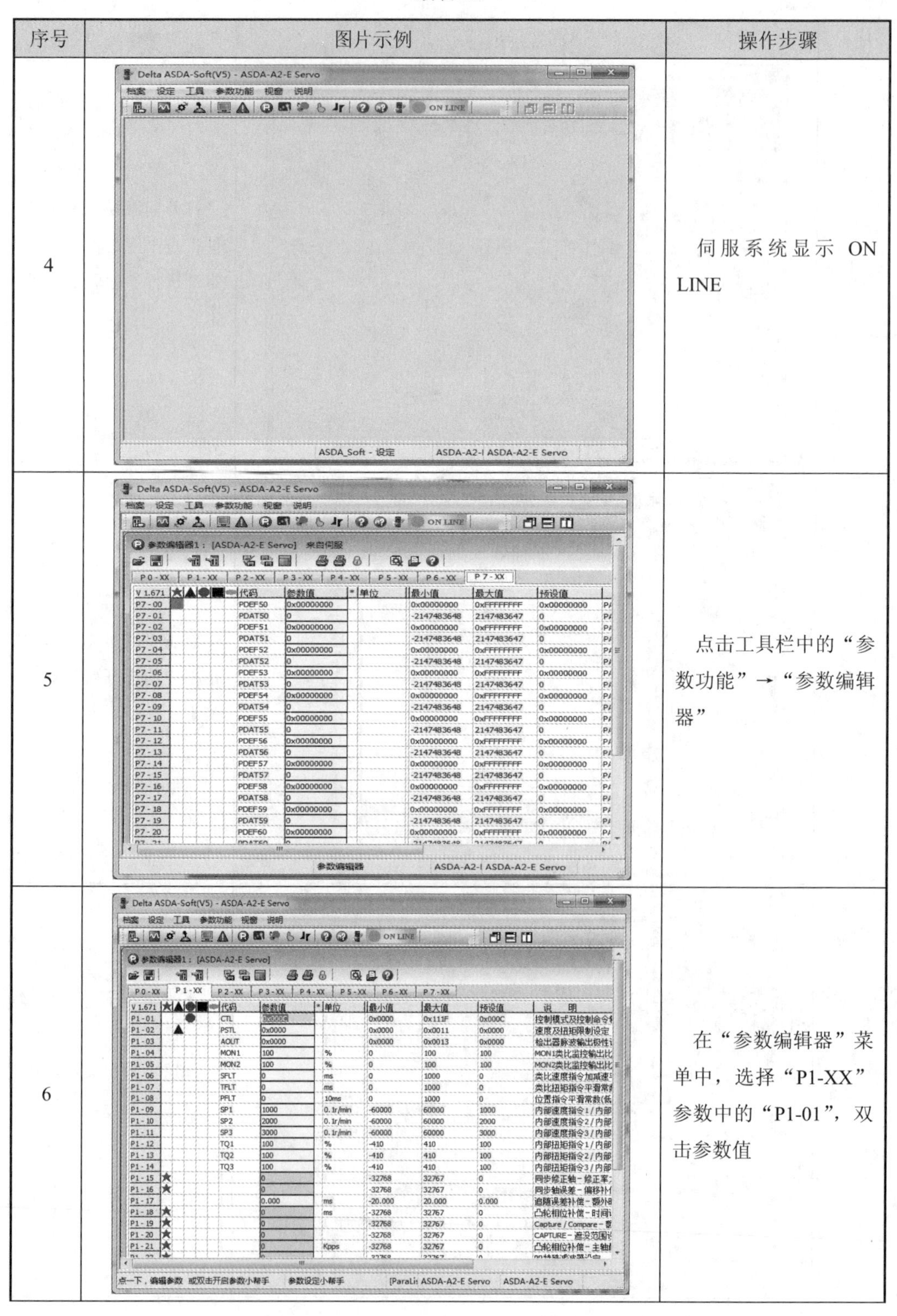

序号	图片示例	操作步骤
4		伺服系统显示 ON LINE
5		点击工具栏中的“参数功能”→“参数编辑器”
6		在“参数编辑器”菜单中，选择“P1-XX”参数中的“P1-01”，双击参数值

续表 6.8

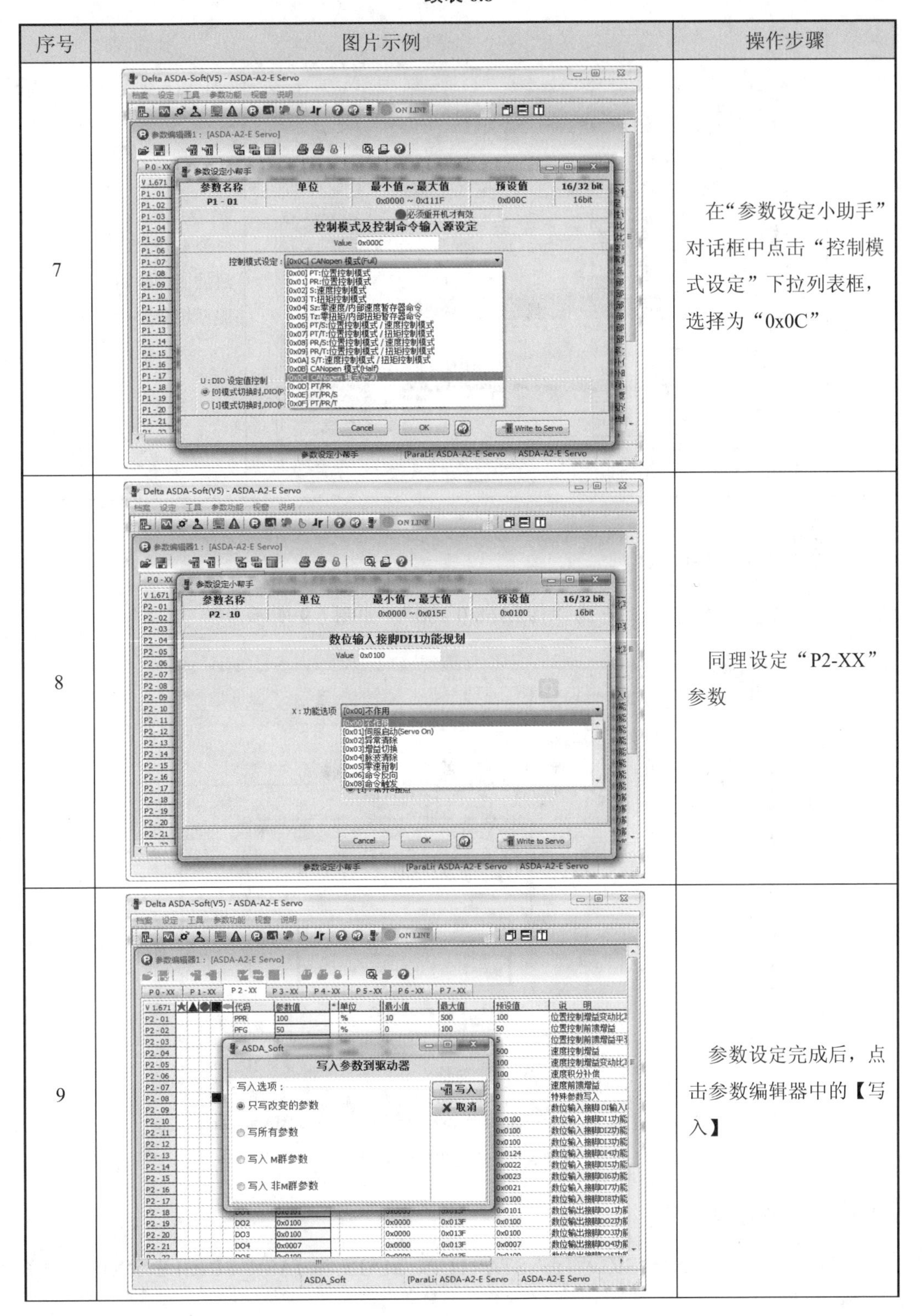

序号	图片示例	操作步骤
7		在“参数设定小助手”对话框中点击“控制模式设定”下拉列表框，选择为“0x0C”
8		同理设定“P2-XX”参数
9		参数设定完成后，点击参数编辑器中的【写入】

续表 6.8

序号	图片示例	操作步骤
10	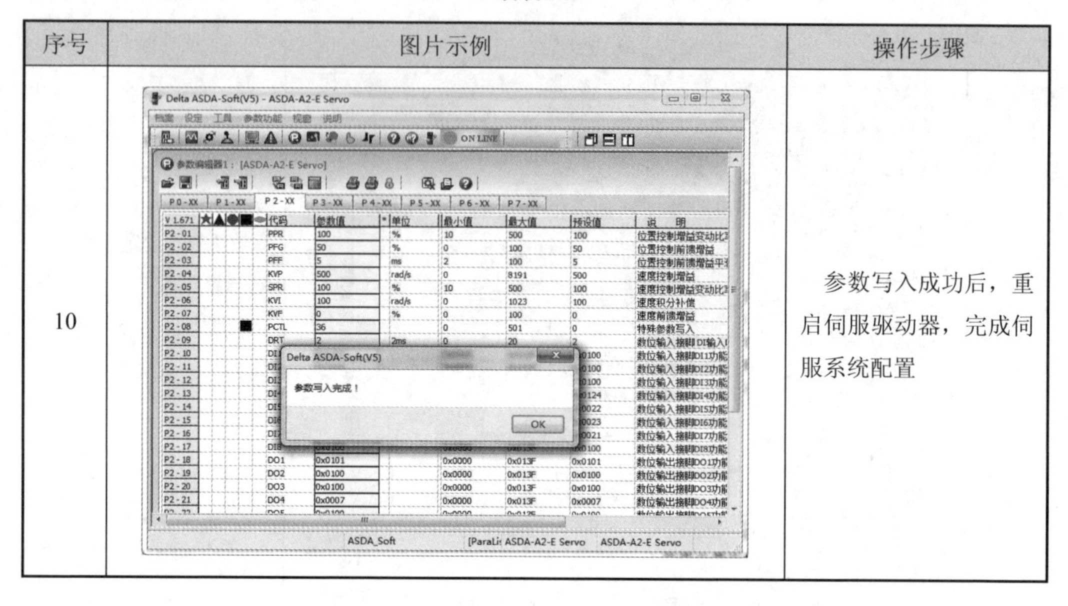	参数写入成功后，重启伺服驱动器，完成伺服系统配置

2. 计算机 IP 设置

设置计算机以太网端口 IP 为“192.168.0.100”，如图 6.9 所示。

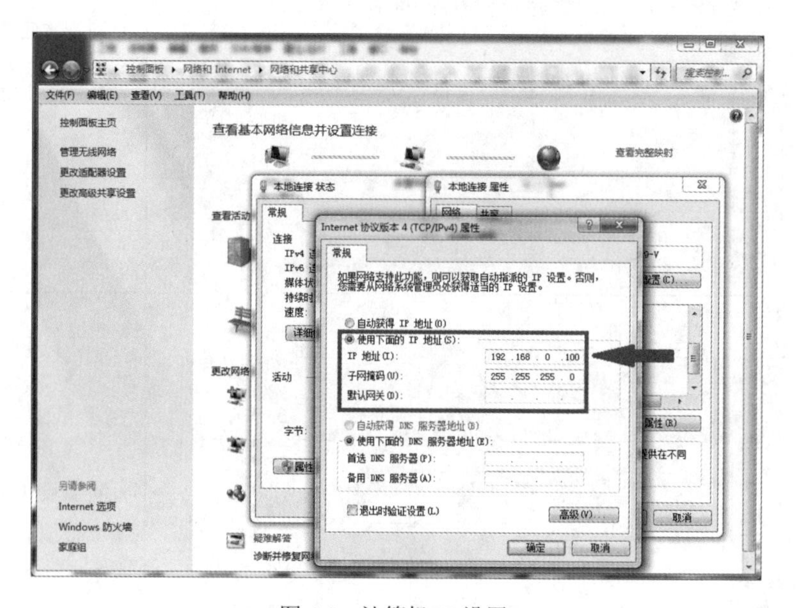

图 6.9　计算机 IP 设置

6.4.3　主体程序设计

本项目共包含 3 个 BASIC 程序：STARTUP、MAIN 和 TASK_SINGLE_AXIS，如图 6.10 所示。

（1）STARTUP：自动启动程序，用于初始化轴参数和调用逻辑程序。

（2）MAIN：逻辑程序，其主要作用是逻辑处理及调用运行程序。

（3）TASK_SINGLE_AXIS：单轴定位动作程序，用于演示伺服电机的定位动作。

图 6.10　程序运行流程

基于单轴运动的定位项目主体程序设计的步骤分为 4 步，如图 6.11 所示。

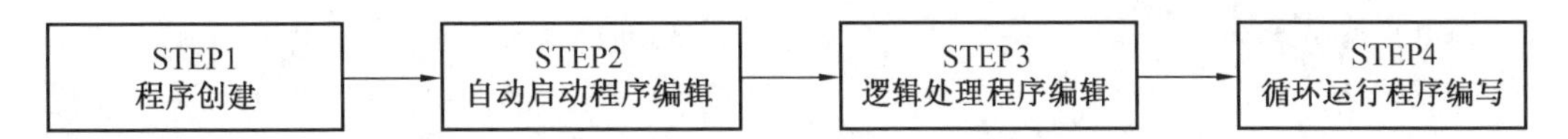

图 6.11　主体程序设计的步骤

1. STEP1：程序创建

程序创建的具体步骤见表 6.9。

表 6.9　程序创建

序号	图片示例	操作步骤
1		确保控制器连接成功，鼠标放在控制器图标上可以显示此控制器的型号、序列号等参数
2		创建自动启动程序“STARTUP”、逻辑处理程序“MAIN”、循环运行程序“TASK_SINGLE_AXIS”与状态监控程序“STATE”

2. STEP2：自动启动程序编辑

程序创建完成后，对主体程序分别进行编程，自动启动程序“STARTUP”代码如下：

```
WA(4000)                                   ' 开机等待 4 s 等待控制器上电完成
ETHERCAT(0,0)                              ' 初始化网络
BASE(1)                                    ' 基于轴 1 执行以下动作
UNITS=3555.5556                            ' 设置伺服电子齿轮比
ACCEL=5000                                 ' 设置伺服运行加速度
DECEL=5000                                 ' 设置伺服运行减速度
SPEED=50                                   ' 设置伺服运行速度
CREEP=100                                  ' 设定伺服搜索原点的速度
DATUM_IN=5                                 ' 设置伺服回零开关
FE_LIMIT=20                                ' 设置伺服跟随误差
FS_LIMIT=40000000                          ' 设置伺服运行正向软限位
RS_LIMIT=-40000000                         ' 设置伺服运行反向软限位
SERVO=1                                    ' 打开伺服使能
WDOG=1                                     ' 打开控制器驱动
RUN"main"                                  ' 运行 MAIN 程序
RUN"state"                                 ' 运行 STATE 程序
```

3. STEP3：逻辑处理程序编辑

逻辑处理程序“MAIN”代码如下：

```
DIM oldin0 AS INTEGER                      ' 声明整型变量
DIM oldin1 AS INTEGER                      ' 声明整型变量
oldin0=0                                   ' 对声明的变量进行初始化
oldin1=0                                   ' 对声明的变量进行初始化
VR(0)=0                                    ' 对变量进行初始化
OP(8,12,0)                                 ' 对输出信号进行清零
begin:                                     ' 标签
  IF oldin0=0 AND IN(0)=1 THEN             ' 判断启动上升沿信号
    VR(0)=1                                ' 置位循环标志位
      IF PROC_STATUS PROC(9)=0 THEN        ' 判断程序当前状态
        RUN "TASK_SINGLE_AXIS",9           ' 当程序不在运行状态时，运行此程序
      ENDIF                                ' IF 停止标志位
  ENDIF                                    ' IF 停止标志位
  oldin0=IN(0)                             ' 设定初始化输入状态到锁存状态
  IF oldin1=0 AND IN(1)=1 THEN             ' 判断停止上升沿信号
    VR(0)=0                                ' 复位启动标志位
  ENDIF                                    ' IF 停止标志位
  oldin1=IN(1)                             ' 设定初始化输入状态到锁存状态
  GOTO begin                               ' 跳转至标签
```

4. STEP4：状态监控程序编写

状态监控程序“STATE”代码如下：

```
WHILE TRUE                          ' 循环开始标志
    BASE(1)                         ' 基于轴 1 执行以下动作
    VR(2)=DPOS                      ' 关联轴位置到变量
    VR(3)=SPEED                     ' 关联轴速度到变量
    VR(8)=READ_OP(8)                ' 关联输出 8 状态变量
    VR(9)=READ_OP(9)                ' 关联输出 9 状态变量
    VR(10)=READ_OP(10)              ' 关联输出 10 状态变量
    VR(11)=READ_OP(11)              ' 关联输出 11 状态变量
    VR(12)=READ_OP(12)              ' 关联输出 12 状态变量
WEND                                ' 循环结束标志位
```

5. STEP5：循环运行程序编写

单轴定位运动程序“TASK_SINGLE_AXIS”代码如下：

```
BASE(1)                             ' 基于轴 1 执行以下动作
DATUM(3)                            ' 伺服回零
WAIT IDLE                           ' 伺服回零完成
DEFPOS(21)                          ' 偏移数值
MOVEABS(0)                          ' 移动到 0 点
WA(1000)                            ' 延时 1 s
WHILE VR(0)=1                       ' 循环标志位为 1 时进入循环
  BASE(1)                           ' 基于轴 1 执行以下动作
  MOVEABS(30)                       ' 绝对移动至 P1 点
  WAIT IDLE                         ' 完全到达 P1 点
  OP(8,12,1)                        ' 输出 8 置 1
  WA(500)                           ' 延时 0.5 s
  MOVEABS(60)                       ' 绝对移动至 P2 点
  WAIT IDLE                         ' 完全到达 P2 点
  OP(8,12,2)                        ' 输出 9 置 1
  WA(500)                           ' 延时 0.5 s
  MOVEABS(300)                      ' 绝对移动至 P3 点
  WAIT IDLE                         ' 完全到达 P3 点
  OP(8,12,31)                       ' 输出 8 至输出 12 全部置 1
  WA(500)                           ' 延时 0.5 s
  MOVEABS(360)                      ' 绝对移动至 P4 点
  WAIT IDLE                         ' 完全到达 P4 点
  OP(8,12,0)                        ' 输出 8 至输出 12 全部清零
  WA(500)                           ' 延时 0.5 s
WEND                                ' 循环结束标志
```

6.4.4 关联程序设计

根据设计的内容进行 HMI 画面的编辑，触摸屏与控制器变量的关联地址见表 6.10。

表 6.10 触摸屏与控制器变量的关联地址

名称	连接地址	数据类型	对应控制器变量
伺服电机 DPOS	MW2	INT	VR（2）
伺服电机 SPEED	MW3	INT	VR（3）
HL1	MW8	INT	VR（8）
HL2	MW9	INT	VR（9）
HL3	MW10	INT	VR（10）
HL4	MW11	INT	VR（11）
HL5	MW12	INT	VR（12）

HMI 画面创建的步骤见表 6.11。

表 6.11 HMI 画面创建

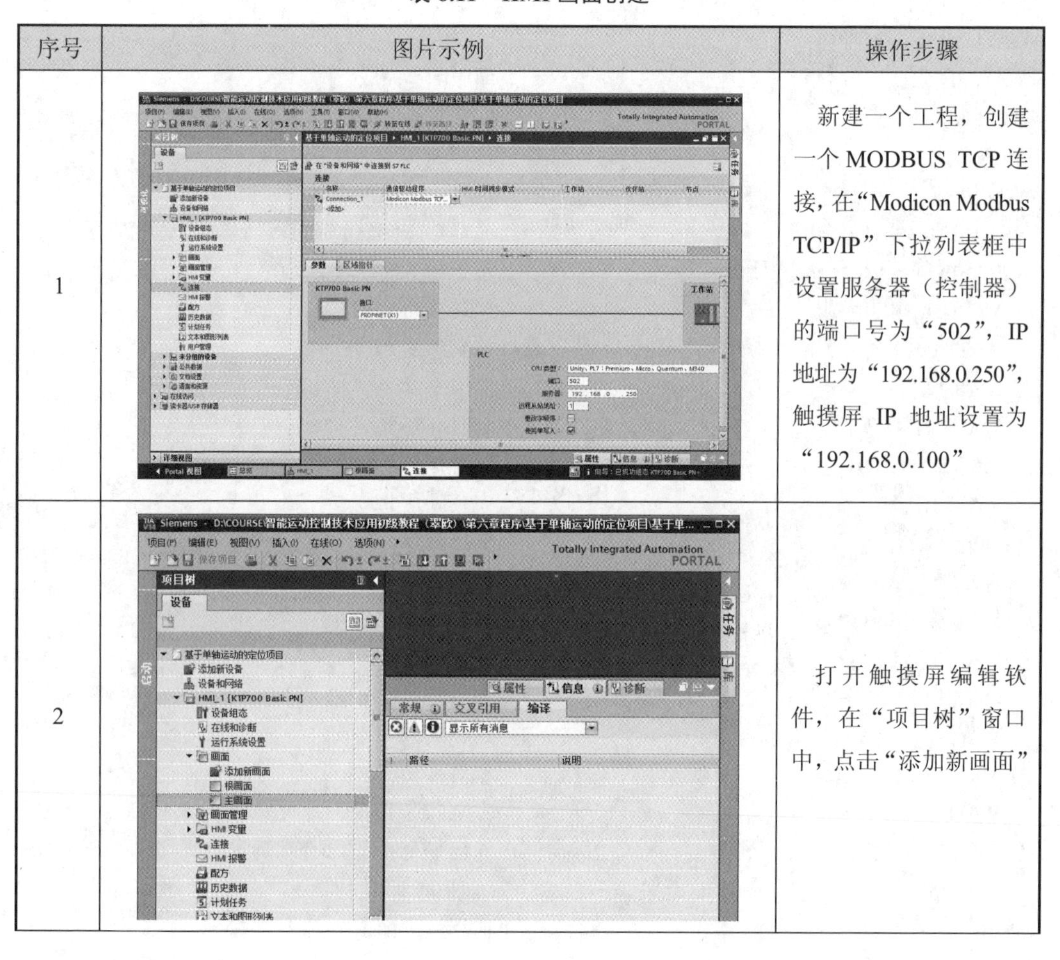

序号	图片示例	操作步骤
1		新建一个工程，创建一个 MODBUS TCP 连接，在“Modicon Modbus TCP/IP”下拉列表框中设置服务器（控制器）的端口号为“502”，IP 地址为“192.168.0.250”，触摸屏 IP 地址设置为“192.168.0.100”
2		打开触摸屏编辑软件，在“项目树”窗口中，点击“添加新画面”

续表 6.11

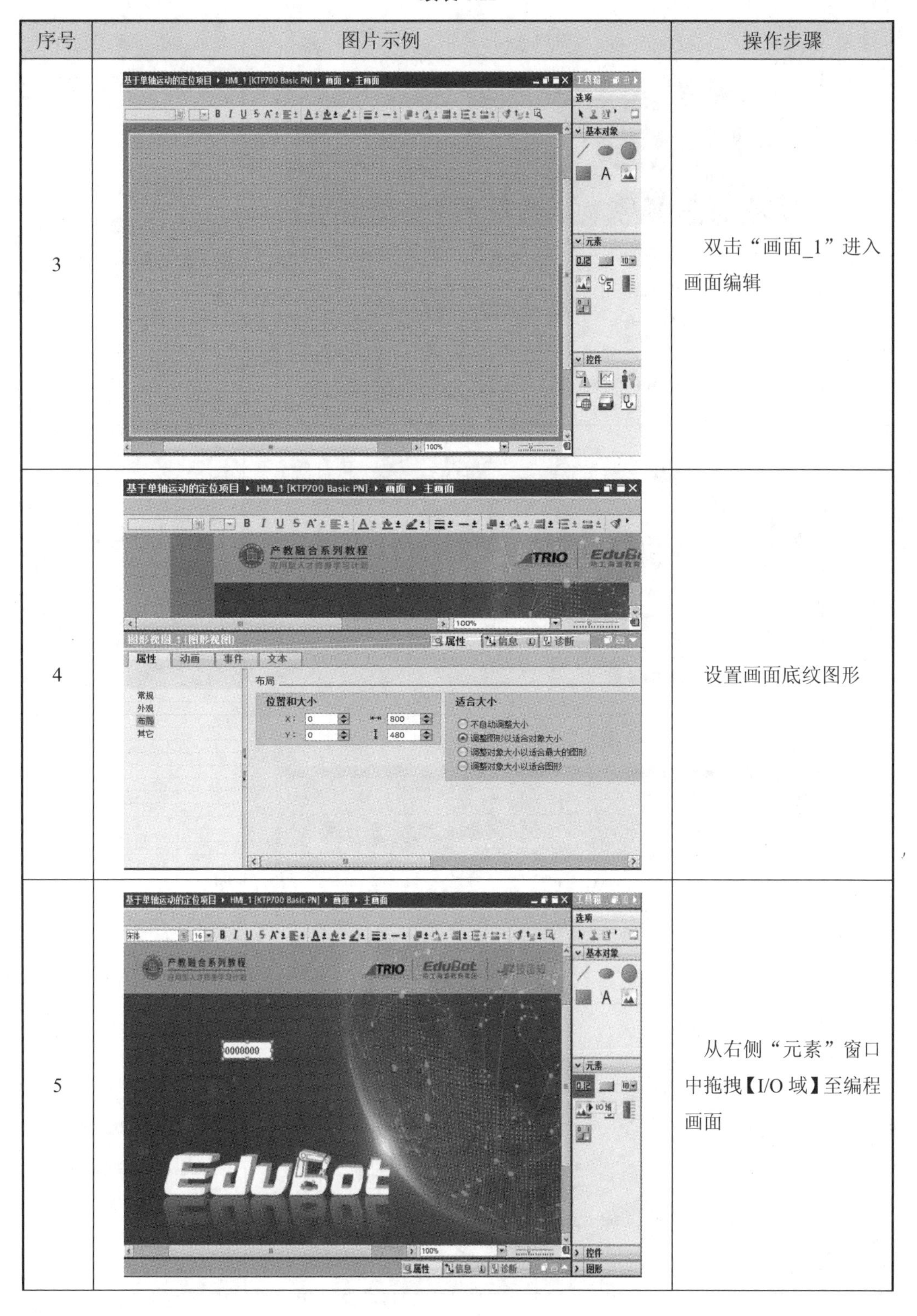

序号	图片示例	操作步骤
3		双击“画面_1”进入画面编辑
4		设置画面底纹图形
5		从右侧“元素”窗口中拖拽【I/O 域】至编程画面

续表 6.11

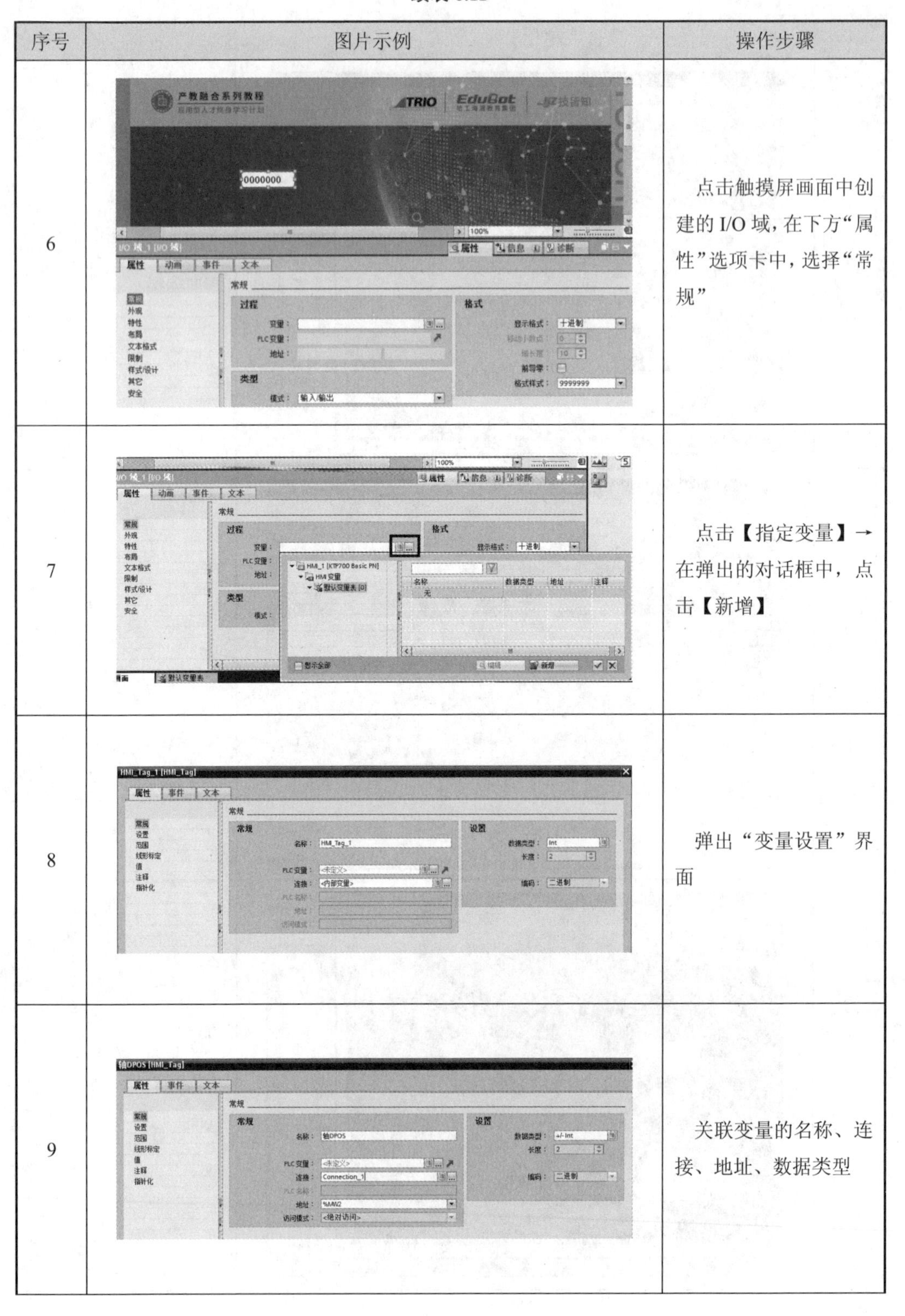

序号	图片示例	操作步骤
6		点击触摸屏画面中创建的 I/O 域，在下方“属性”选项卡中，选择“常规”
7		点击【指定变量】→在弹出的对话框中，点击【新增】
8		弹出“变量设置”界面
9		关联变量的名称、连接、地址、数据类型

续表 6.11

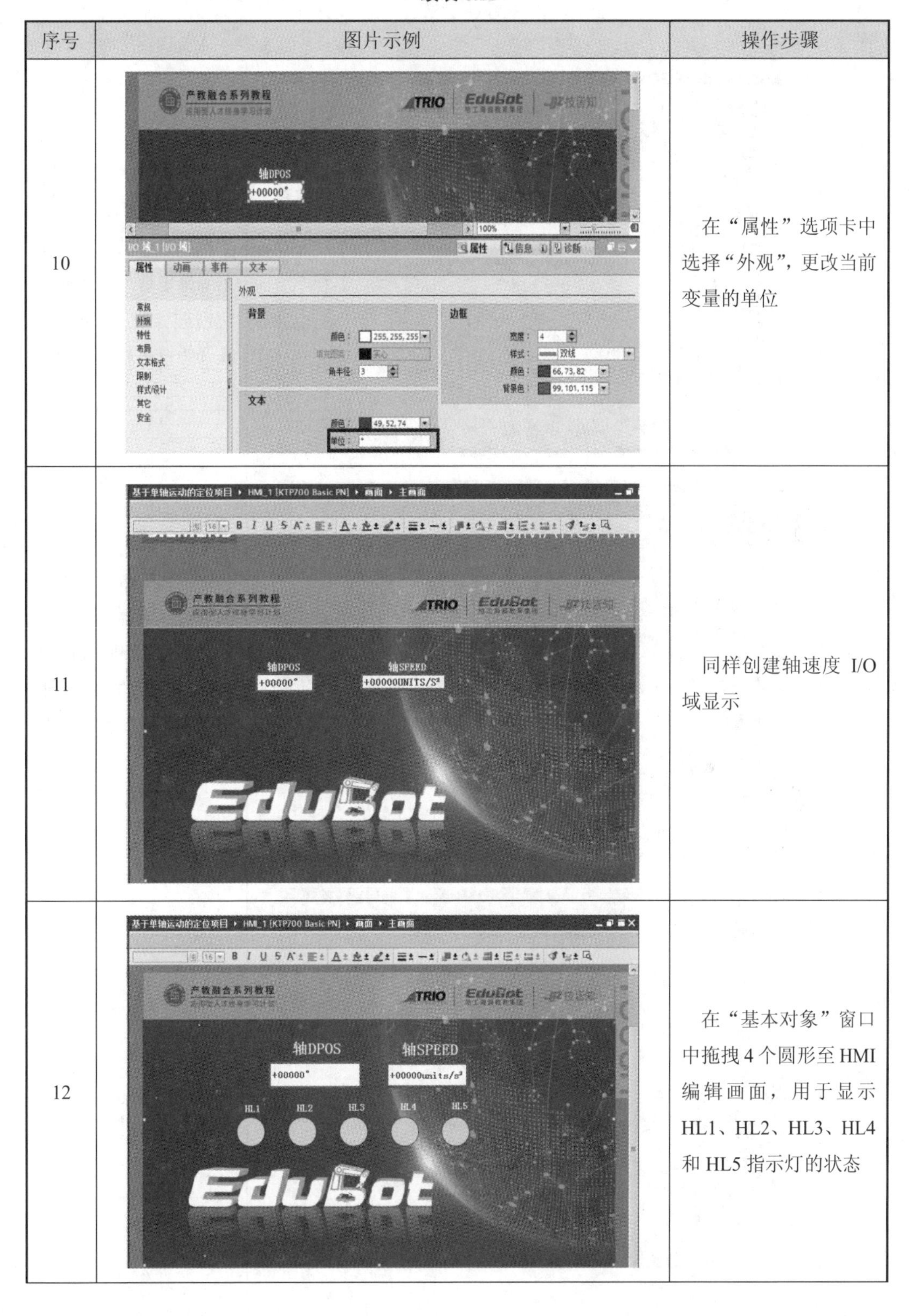

序号	图片示例	操作步骤
10		在“属性”选项卡中选择“外观”，更改当前变量的单位
11		同样创建轴速度 I/O 域显示
12		在“基本对象”窗口中拖拽 4 个圆形至 HMI 编辑画面，用于显示 HL1、HL2、HL3、HL4 和 HL5 指示灯的状态

续表 6.11

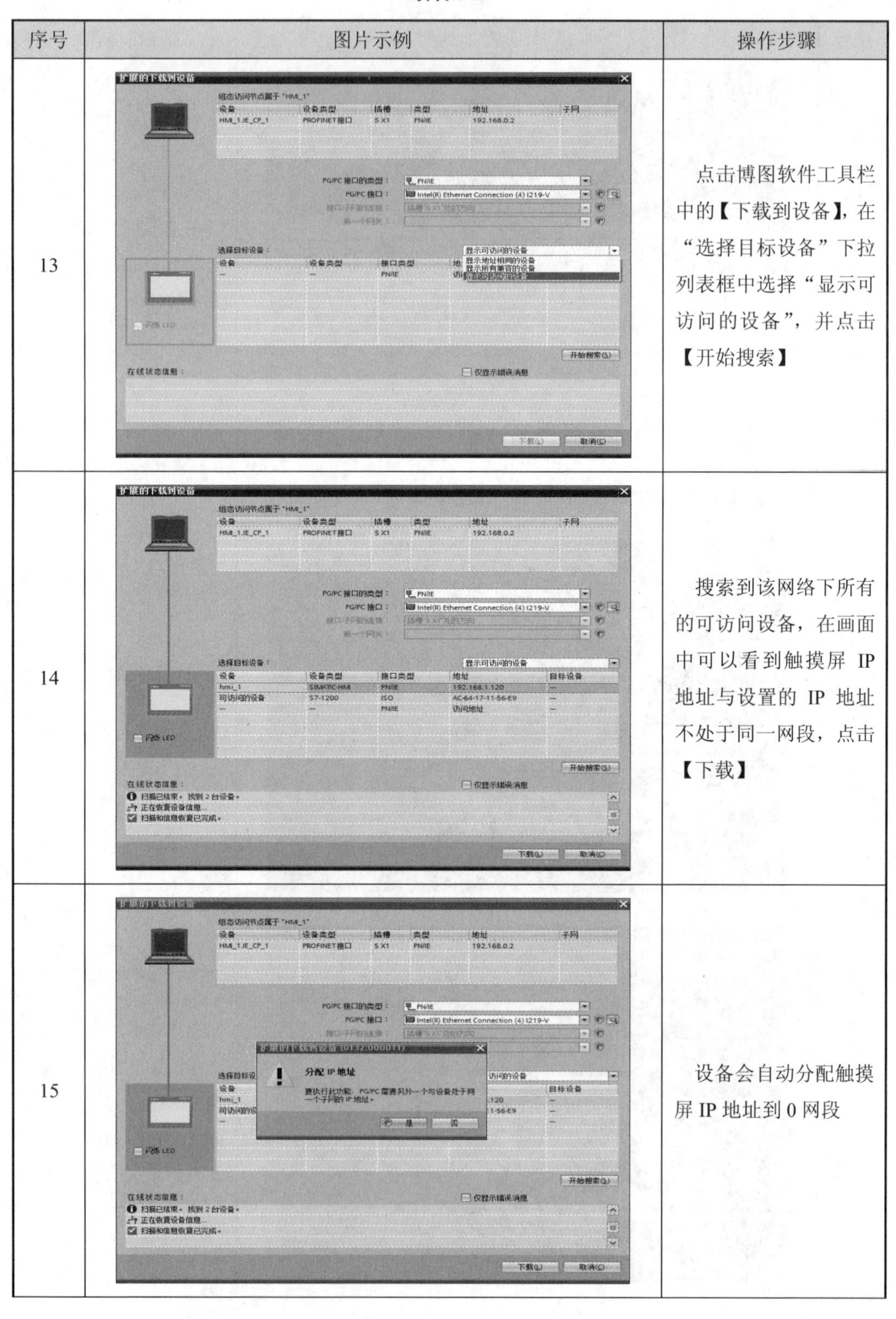

序号	图片示例	操作步骤
13		点击博图软件工具栏中的【下载到设备】，在“选择目标设备”下拉列表框中选择“显示可访问的设备”，并点击【开始搜索】
14		搜索到该网络下所有的可访问设备，在画面中可以看到触摸屏 IP 地址与设置的 IP 地址不处于同一网段，点击【下载】
15		设备会自动分配触摸屏 IP 地址到 0 网段

续表 6.11

序号	图片示例	操作步骤
16	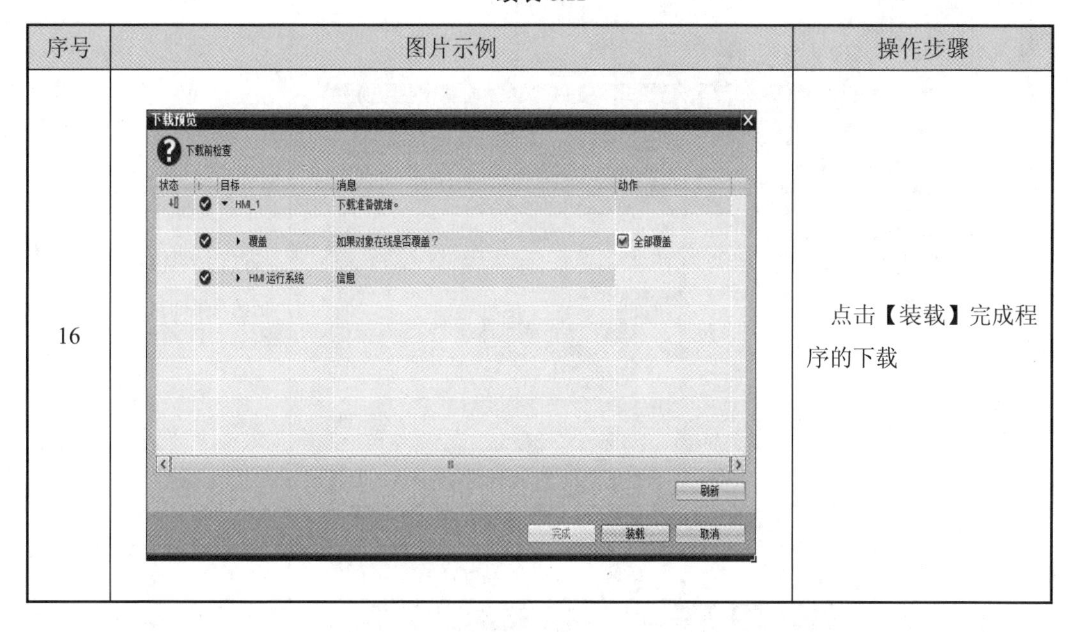	点击【装载】完成程序的下载

6.4.5　项目程序调试

本项目共包含 3 个 BASIC 程序，需要分别对这 3 个程序进行调试。

1. 自动运行程序调试

自动运行程序“STARTUP”的调试步骤见表 6.12。

表 6.12　自动运行程序调试

序号	图片示例	操作步骤
1	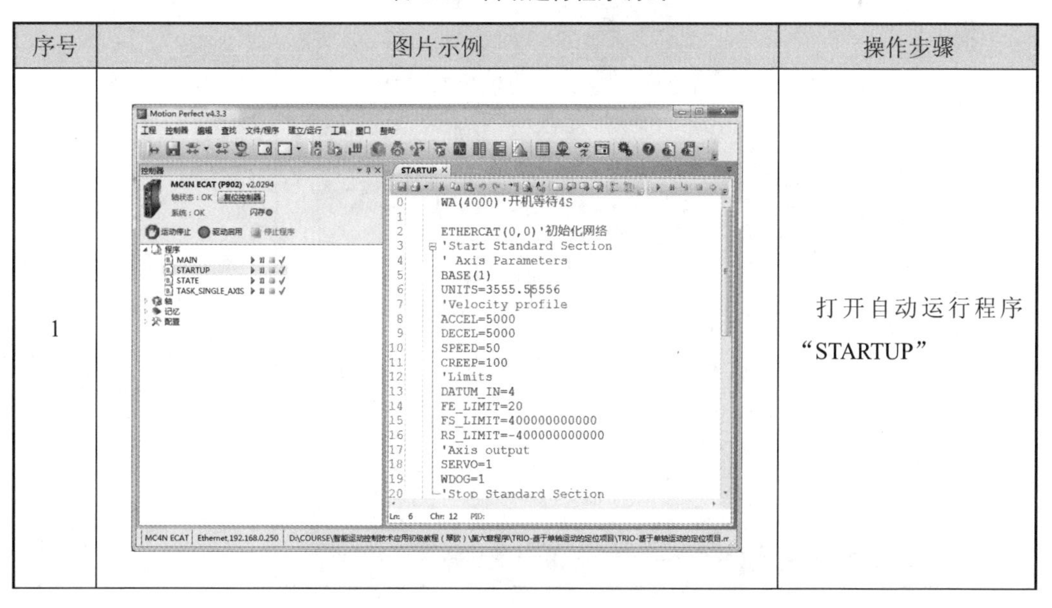	打开自动运行程序“STARTUP”

续表 6.12

序号	图片示例	操作步骤
2	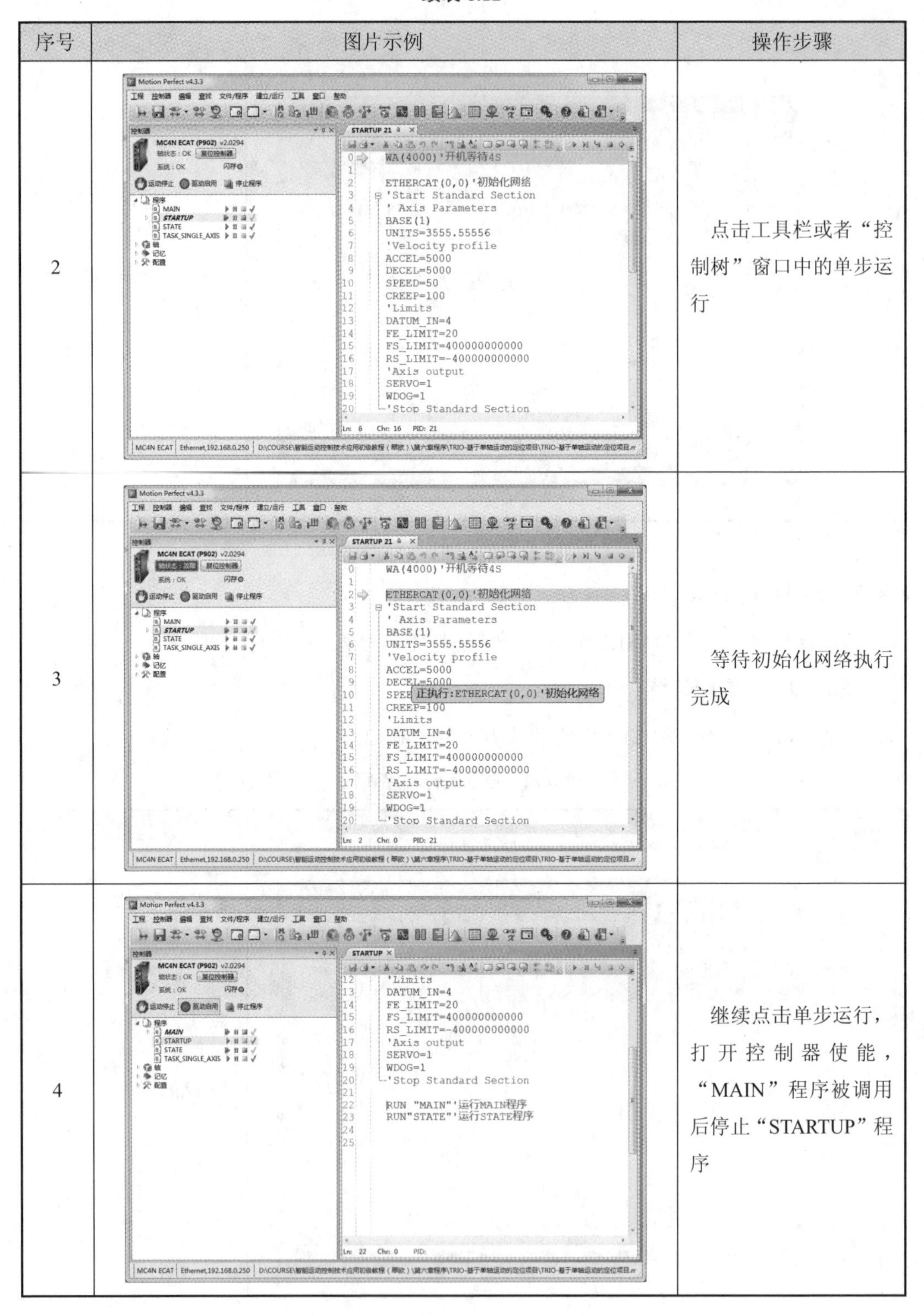	点击工具栏或者“控制树”窗口中的单步运行
3		等待初始化网络执行完成
4		继续点击单步运行，打开控制器使能，“MAIN”程序被调用后停止“STARTUP”程序

2. 逻辑处理程序调试

逻辑处理程序“MAIN”的调试步骤见表 6.13。

表 6.13　逻辑处理程序调试

序号	图片示例	操作步骤
1	Motion Perfect v4.3.3 工程 控制器 编辑 查找 文件/程序 建立/运行 工具 窗口 帮助 控制器 MC4N ECAT (P902) v2.0294 轴状态：OK 复位控制器 系统：OK 闪存 运动停止 驱动启用 停止程序 程序 MAIN STARTUP STATE TASK_SINGLE_AXIS 轴 记忆 配置 STARTUP MAIN 0 DIM oldin0 AS INTEGER 1 DIM oldin1 AS INTEGER 2 '对声明的变量进行初始化 3 oldin0=0 4 oldin1=0 5 VR(0)=0 6 OP(8,12,0) 7 begin: 8 '判断in (0) 原来为0，现在为1 9 IF oldin0=0 AND IN(0)=1 THEN 10 '接通输出位8 11 VR(0)=1 12 IF PROC_STATUS PROC(9)=0 THEN 13 RUN "TASK_SINGLE_AXIS",9 14 ENDIF 15 ENDIF 16 '设定初始化输入状态到锁存状态 17 oldin0=IN(0) 18 IF oldin1=0 AND IN(1)=1 THEN 19 '接通输出位8 20 VR(0)=0 Ln: 7 Chr: 6 PID: MC4N ECAT Ethernet,192.168.0.250	打开逻辑处理程序“MAIN”
2	Motion Perfect v4.3.3 工程 控制器 编辑 查找 文件/程序 建立/运行 工具 窗口 帮助 控制器 MC4N ECAT (P902) v2.0294 轴状态：OK 复位控制器 系统：OK 闪存 运动停止 驱动启用 停止程序 程序 MAIN STARTUP STATE TASK_SINGLE_AXIS 轴 记忆 配置 STARTUP MAIN 21 0 DIM oldin0 AS INTEGER 1 DIM oldin1 AS INTEGER 2 '对声明的变量进行初始化 3 oldin0=0 4 oldin1=0 5 VR(0)=0 6 OP(8,12,0) 7 begin: 8 '判断in (0) 原来为0，现在为1 9 IF oldin0=0 AND IN(0)=1 THEN 10 '接通输出位8 11 VR(0)=1 12 IF PROC_STATUS PROC(9)=0 THEN 13 RUN "TASK_SINGLE_AXIS",9 14 ENDIF 15 ENDIF 16 '设定初始化输入状态到锁存状态 17 oldin0=IN(0) 18 IF oldin1=0 AND IN(1)=1 THEN 19 '接通输出位8 20 VR(0)=0 Ln: 3 Chr: 0 PID: 21 MC4N ECAT Ethernet,192.168.0.250	点击工具栏或者“控制树”中的单步运行
3	Motion Perfect v4.3.3 工程 控制器 编辑 查找 文件/程序 建立/运行 工具 窗口 帮助 控制器 MC4N ECAT (P902) v2.0294 轴状态：OK 复位控制器 系统：OK 闪存 运动停止 驱动启用 停止程序 程序 MAIN STARTUP STATE TASK_SINGLE_AXIS 轴 记忆 配置 数值VR 地址 值 描述 范围: [0-0] 0 0 STARTUP MAIN 21 6 OP(8,12,0) 7 begin: 8 '判断in (0) 原来为0，现在为1 9 IF oldin0=0 AND IN(0)=1 THEN 10 '接通输出位8 11 VR(0)=1 12 IF PROC_STATUS PROC(9)=0 THEN 13 RUN "TASK_SINGLE_AXIS",9 14 ENDIF 15 ENDIF 16 '设定初始化输入状态到锁存状态 17 oldin0=IN(0) 18 IF oldin1=0 AND IN(1)=1 THEN 19 '接通输出位8 20 VR(0)=0 21 ENDIF 22 '设定初始化输入状态到锁存状态 23 oldin1=IN(1) 24 GOTO begin 25 26 Ln: 9 Chr: 0 PID: 21 MC4N ECAT Ethernet,192.168.0.250	运行到 IF 语句，打开“查看 VR”对话框，按下 SB1 按钮

续表 6.13

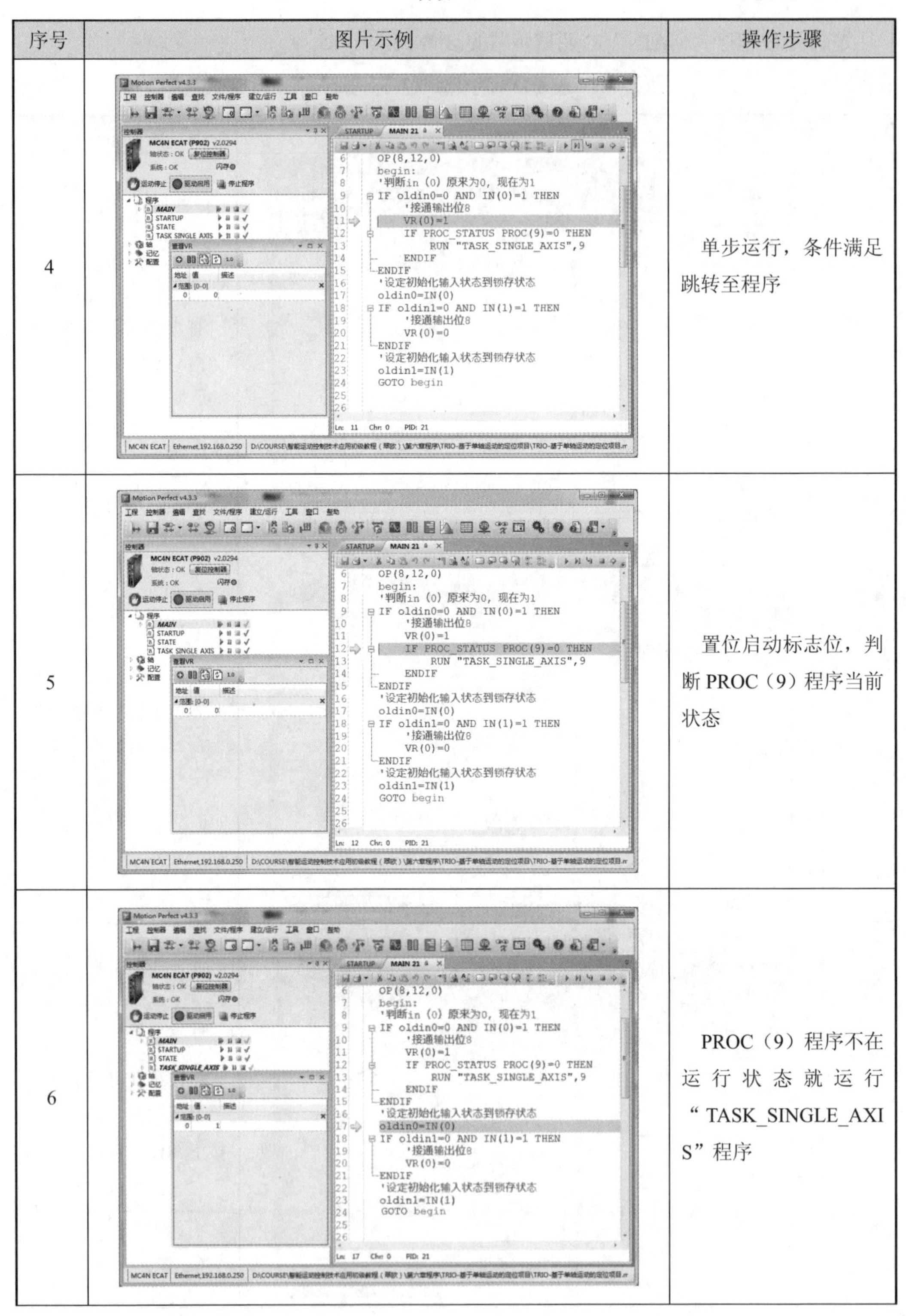

序号	图片示例	操作步骤
4		单步运行，条件满足跳转至程序
5		置位启动标志位，判断 PROC（9）程序当前状态
6		PROC（9）程序不在运行状态就运行“TASK_SINGLE_AXIS”程序

续表 6.13

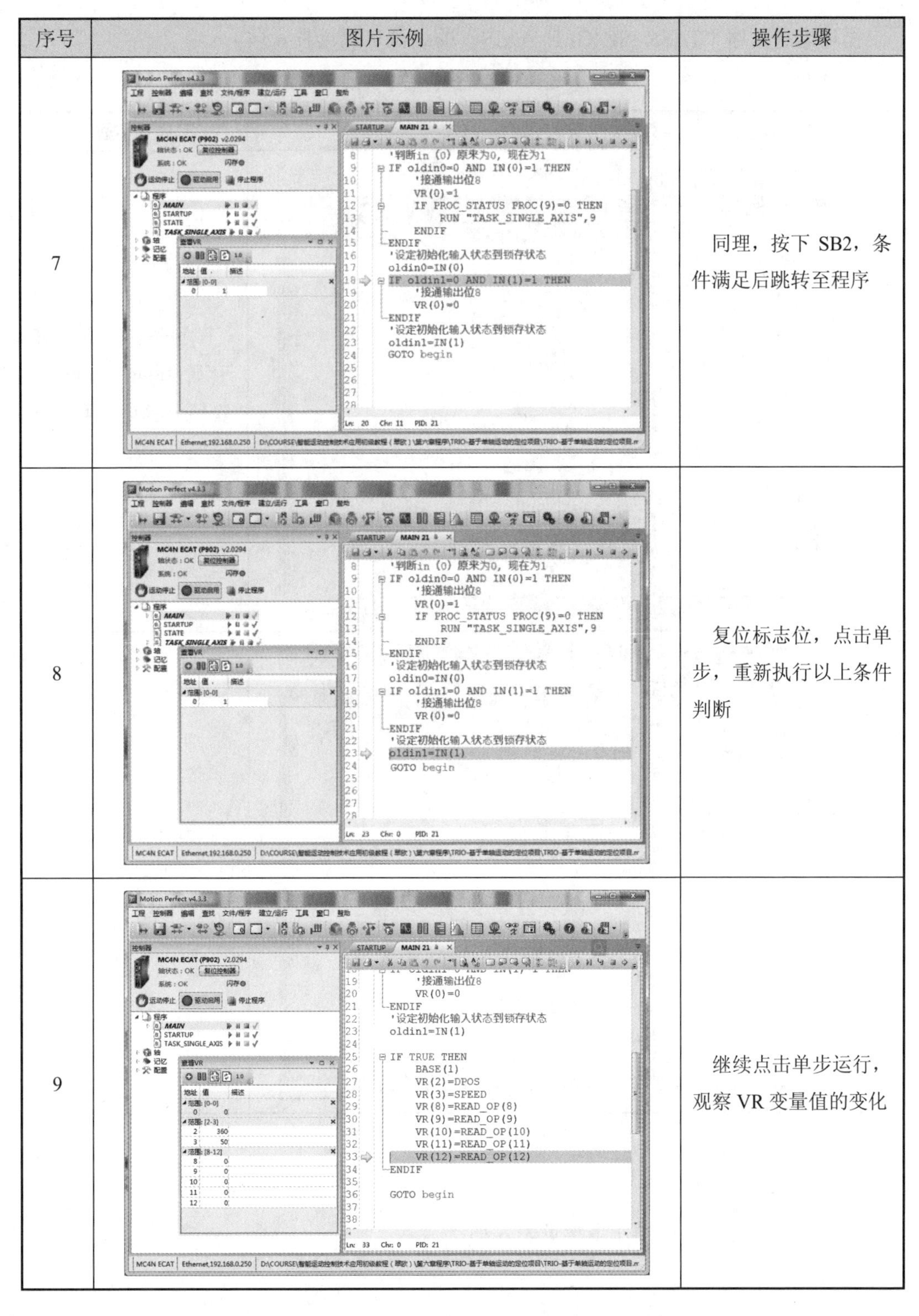

序号	图片示例	操作步骤
7		同理，按下 SB2，条件满足后跳转至程序
8		复位标志位，点击单步，重新执行以上条件判断
9		继续点击单步运行，观察 VR 变量值的变化

3. 循环运行程序调试

循环运行程序“TASK_SINGLE_AXIS”的调试步骤见表 6.14。

表 6.14　循环运行程序调试

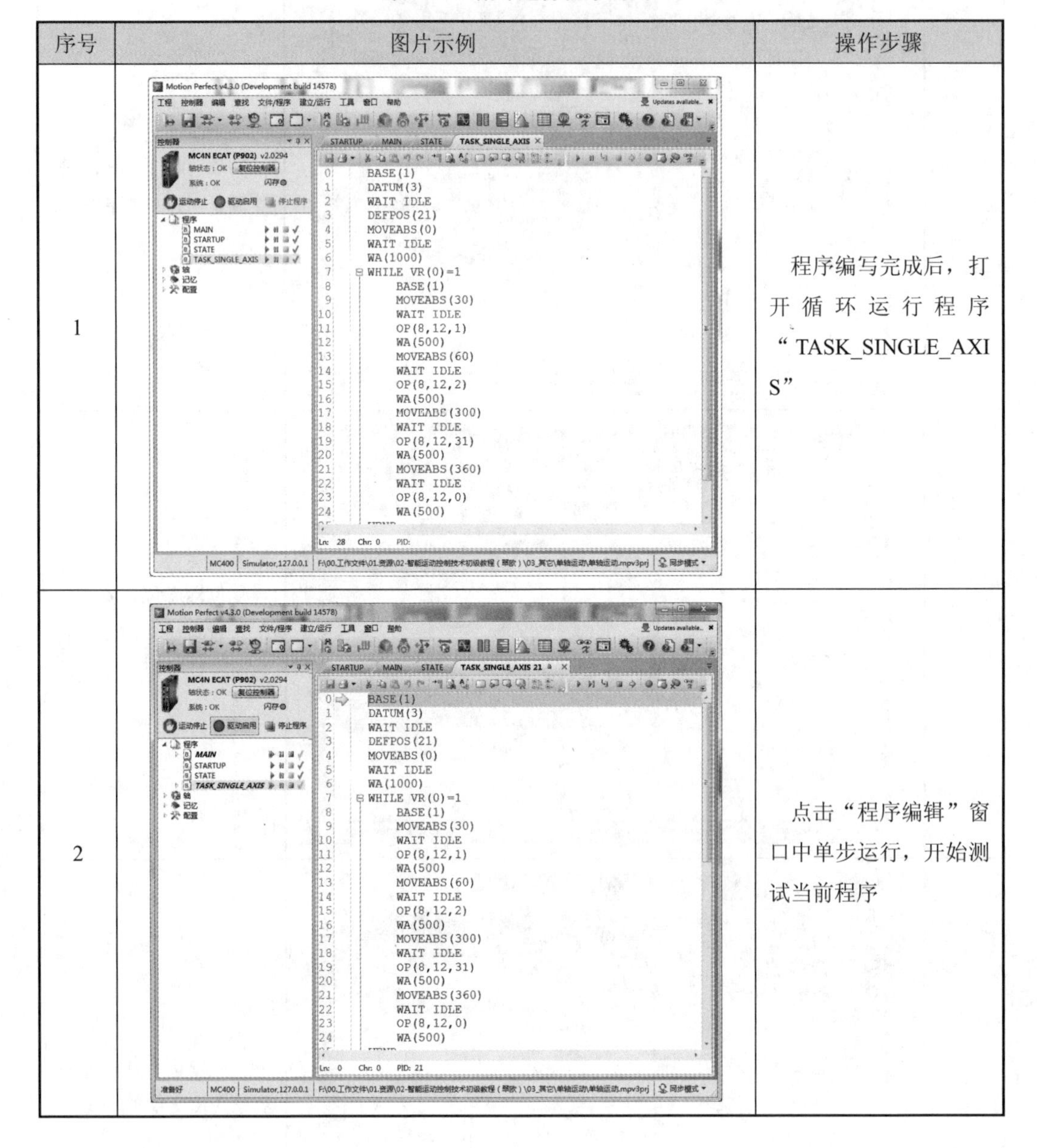

序号	图片示例	操作步骤
1		程序编写完成后，打开循环运行程序“TASK_SINGLE_AXIS”
2		点击“程序编辑”窗口中单步运行，开始测试当前程序

6.4.6　项目总体运行

项目总体运行的具体操作步骤见表 6.15。

表 6.15　项目总体运行

序号	图片示例	操作步骤
1	Motion Perfect v4.3.0 (Development build 14578) 工程 控制器 编辑 查找 文件/程序 建立/运行 工具 窗口 帮助 控制器 MC4N ECAT (P902) v2.0294 轴状态：OK 复位控制器 系统：OK 闪存 运动停止 驱动启用 停止程序 程序 MAIN STARTUP STATE TASK_SING 轴 记忆 配置 编辑 Ctrl+E 生成... 运行 F5 运行在进程... 单步 Shift+Pause 停止 Shift+F5 编译 重命名 复制... 删除 Group 设置自动运行... Properties... STARTUP MAIN STATE TASK_SINGLE_AXIS 0 BASE(1) 1 DATUM(3) 2 WAIT IDLE 3 DEFPOS(21) 4 MOVEABS(0) IT IDLE (1000) ILE VR(0)=1 BASE(1) MOVEABS(30) WAIT IDLE OP(8,12,1) WA(500) MOVEABS(60) WAIT IDLE OP(8,12,2) WA(500) MOVEABS(300) WAIT IDLE OP(8,12,31) WA(500) MOVEABS(360) 22 WAIT IDLE 23 OP(8,12,0) 24 WA(500) Ln: 18 Chr: 13 PID: MC400 Simulator,127.0.0.1 F:\00.工作文件\01.资源\02-智能运动控制技术初级教程（翠欧）\03_其它\单轴运动\单轴运动.mpv3prj 同步模式	在“控制器树”窗口中右击“STARTUP”程序名称，在弹出的菜单中选择“设置自动运行”
2	Motion Perfect v4.3.0 (Development build 14578) 工程 控制器 编辑 查找 文件/程序 建立/运行 工具 窗口 帮助 MC4N ECAT (P902) v2.0294 程序 MAIN STARTUP STATE TASK_SINGLE_AXIS 轴 记忆 配置 STARTUP MAIN STATE TASK_SINGLE_AXIS 0 BASE(1) 1 DATUM(3) 2 WAIT IDLE 程序自动运行 为程序选择一个任务，在控制器上电时自动运行，或缺席时禁用自动运行 程序 进程 MAIN STARTUP STATE TASK_SINGLE_AXIS 默认 0 1 2 3 4 5 6 7 8 9 10 11 12 13 14 15 16 17 18 19 清除所有 确定 取消 20 WA(500) 21 MOVEABS 22 WAIT IDL 23 OP(8,12, 24 WA(500) Ln: 18 Chr: 13 PID: MC400 Simulator,127.0.0.1 F:\00.工作文件\01.资源\02-智能运动控制技术初级教程（翠欧）\03_其它\单轴运动\单轴运动.mpv3prj 同步模式	弹出“程序自动运行”对话框
3	Motion Perfect v4.3.0 (Development build 14578) 工程 控制器 编辑 查找 文件/程序 建立/运行 工具 窗口 帮助 MC4N ECAT (P902) v2.0294 轴状态：OK 复位控制器 系统：OK 闪存 运动停止 驱动启用 停止程序 程序 MAIN STARTUP -1 STATE TASK_SINGLE_AXIS 轴 记忆 配置 STARTUP MAIN STATE TASK_SINGLE_AXIS 0 BASE(1) 1 DATUM(3) 2 WAIT IDLE 3 DEFPOS(21) 4 MOVEABS(0) 5 WAIT IDLE 6 WA(1000) 7 WHILE VR(0)=1 8 BASE(1) 9 MOVEABS(30) 10 WAIT IDLE 11 OP(8,12,1) 12 WA(500) 13 MOVEABS(60) 14 WAIT IDLE 15 OP(8,12,2) 16 WA(500) 17 MOVEABS(300) 18 WAIT IDLE 19 OP(8,12,31) 20 WA(500) 21 MOVEABS(360) 22 WAIT IDLE 23 OP(8,12,0) 24 WA(500) Ln: 15 Chr: 14 PID: MC400 Simulator,127.0.0.1 F:\00.工作文件\01.资源\02-智能运动控制技术初级教程（翠欧）\03_其它\单轴运动\单轴运动.mpv3prj 同步模式	弹出“程序自动运行”对话框，在“STARTUP”进程中选择“默认” 程序进程号倍设置为 −1

续表 6.15

序号	图片示例	操作步骤
4	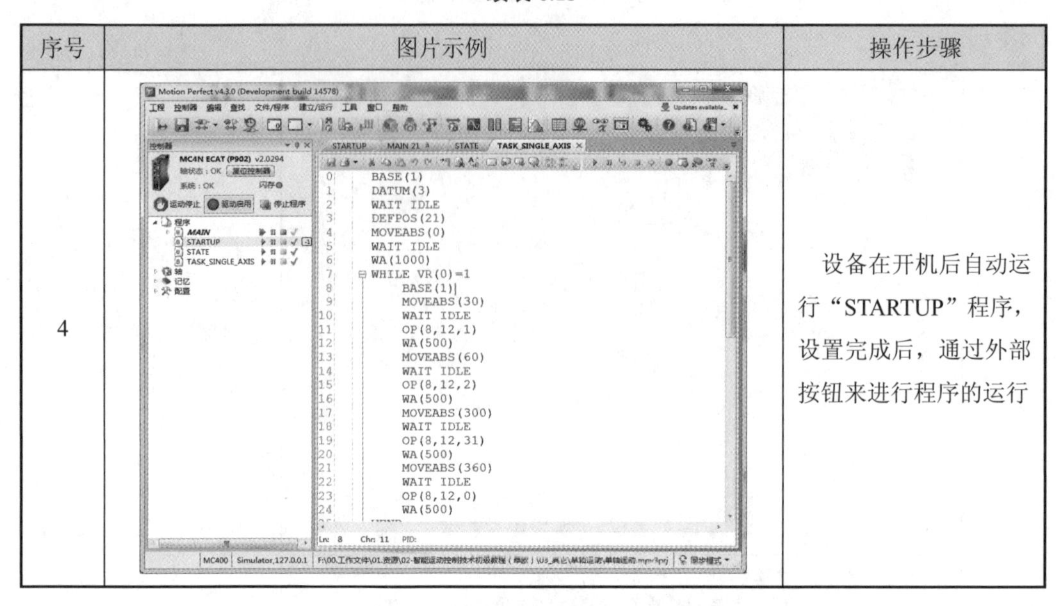	设备在开机后自动运行“STARTUP”程序，设置完成后，通过外部按钮来进行程序的运行

6.5 项目验证

6.5.1 效果验证

“TASK_SINGLE_AXIS”程序验证效果见表 6.16。

表 6.16 程序验证效果

步骤	图示	说明	步骤	图示	说明
1		按下 SB1，进入循环运行	5		伺服运行到 DPOS 60 位置，HL2 灯亮
2		伺服开始回零	6		伺服运行到 DPOS 300 位置，HL1～HL5 灯全部亮

续表 6.16

步骤	图示	说明	步骤	图示	说明
3	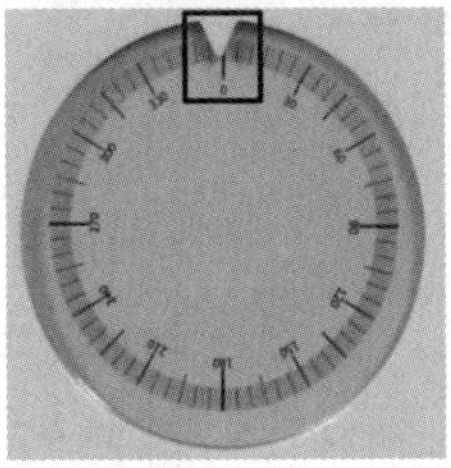	伺服回零完成	7	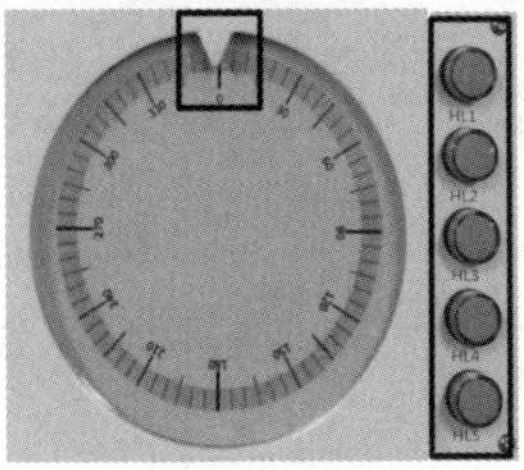 HL1 HL2 HL3 HL4 HL5	伺服运行到 DPOS 360 位置，HL1～HL5 灯全部亮
4	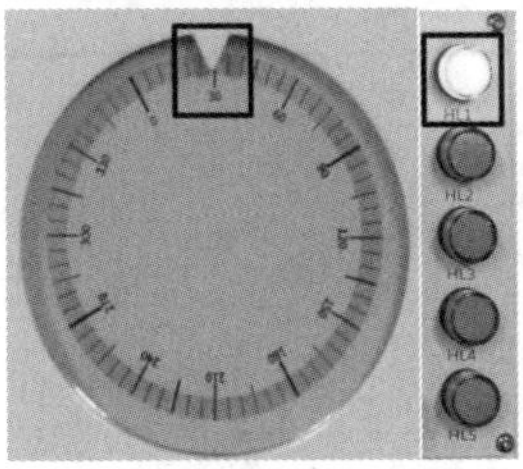 HL1 HL2 HL3 HL4 HL5	伺服运行到 DPOS 30 位置，HL1 灯亮	8	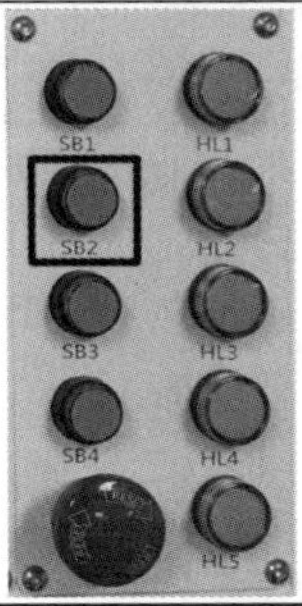 SB1 HL1 SB2 HL2 SB3 HL3 SB4 HL4 HL5	按下 SB2，该运行跳出循环

6.5.2　数据验证

数据验证结果见表 6.17。

表 6.17　数据验证结果

步骤	图示	说明	步骤	图示	说明
1	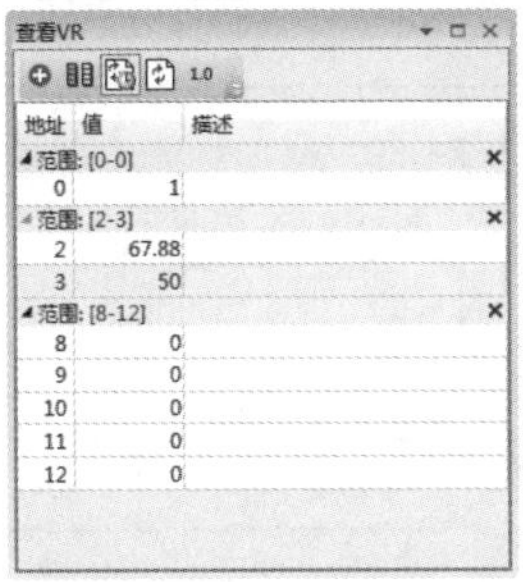 查看VR 1.0 地址 值 描述 范围: [0-0] 0 1 范围: [2-3] 2 67.88 3 50 范围: [8-12] 8 0 9 0 10 0 11 0 12 0	按下 SB1，循环标志位 VR（0）置 1，伺服开始回零	4	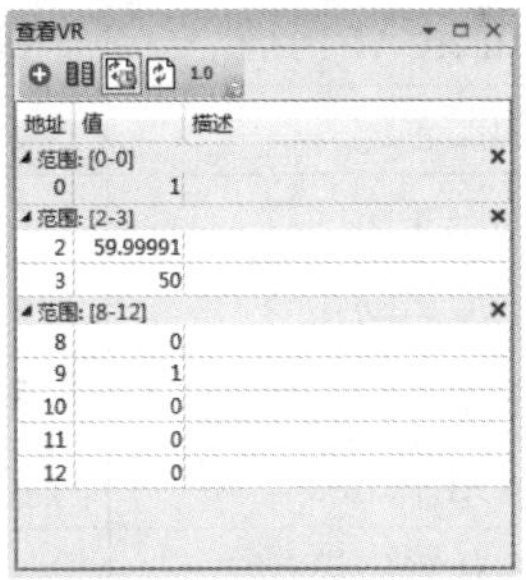 查看VR 1.0 地址 值 描述 范围: [0-0] 0 1 范围: [2-3] 2 59.99991 3 50 范围: [8-12] 8 0 9 1 10 0 11 0 12 0	伺服运行到 DPOS 60 位置，置位输出位 9
2	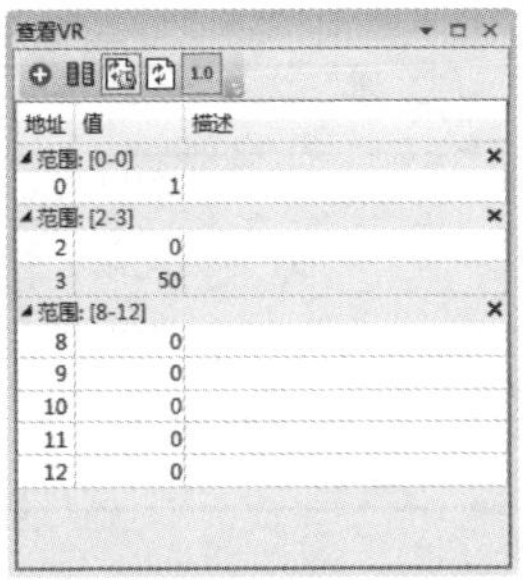 查看VR 1.0 地址 值 描述 范围: [0-0] 0 1 范围: [2-3] 2 0 3 50 范围: [8-12] 8 0 9 0 10 0 11 0 12 0	回零完成，VR（2）数值变为 0	5	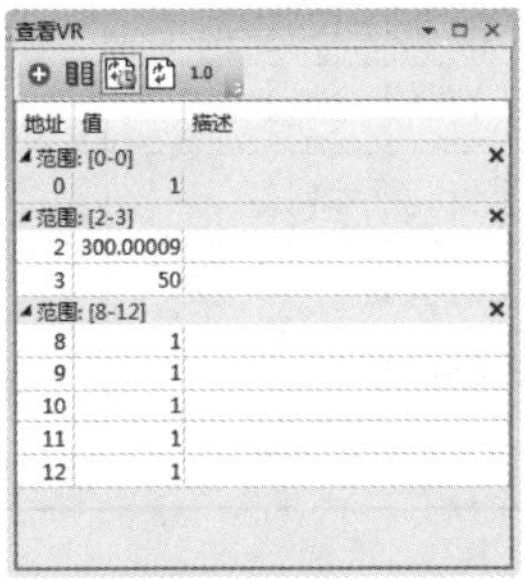 查看VR 1.0 地址 值 描述 范围: [0-0] 0 1 范围: [2-3] 2 300.00009 3 50 范围: [8-12] 8 1 9 1 10 1 11 1 12 1	伺服运行到 DPOS 300 位置，置位输出位 8～12

续表 6.17

步骤	图示	说明	步骤	图示	说明
3	查看VR 地址 值 描述 范围: [0-0] 0 1 范围: [2-3] 2 30.00009 3 50 范围: [8-12] 8 1 9 0 10 0 11 0 12 0	伺服运行到 DPOS 30 位置，置位输出位 8	6	查看VR 地址 值 描 显示为十进制数 范围: [0-0] 0 1 范围: [2-3] 2 360 3 50 范围: [8-12] 8 0 9 0 10 0 11 0 12 0	伺服运行到 DPOS 360 位置，复位输出位 8～12

6.6 项目总结

6.6.1 项目评价

项目评价见表 6.18。

表 6.18 项目评价表

项目指标		分值	自评	互评	评分说明
项目分析	1. 硬件构架分析	6			
	2. 软件构架分析	6			
	3. 项目流程分析	6			
项目要点	1. EtherCAT 网络	6			
	2. 伺服轴配置	6			
	3. 伺服系统回零	6			
	4. 伺服运动指令	6			
项目步骤	1. 应用系统连接	8			
	2. 应用系统配置	8			
	3. 主体程序设计	8			
	4. 关联程序设计	8			
	5. 项目程序调试	8			
	6. 项目运行调试	8			
项目验证	1. 效果验证	5			
	2. 数据验证	5			
合计		100			

6.6.2　项目拓展

（1）使用控制器进行伺服绝对位置、相对位置移动，并能通过触摸屏控制轴当前运动的距离。

（2）调整轴 UINTS 参数的值，对比相同程序下伺服的运动状态，如图 6.12 所示，当仅改变 UNITS 值的时候，对比轴参数的变化。

轴参数

参数	轴 (1)
ATYPE	EthCAT 位置
UNITS	3555.55556
Gains	
P_GAIN	1.0
I_GAIN	0.0
D_GAIN	0.0
OV_GAIN	0.0
VFF_GAIN	0.0
Velocity profile	
ACCEL	5000.0
DECEL	5000.0
SPEED	50.0
CREEP	100.0
MERGE	0
SRAMP	0
MSPEED	0.28125
VP_SPEED	0.0
Limits	
DATUM_IN	4
FE_LIMIT	19.99997
FE_RANGE	2.81250
FHOLD_IN	-1
FWD_IN	-1
REP_DIST	56249999.92969
REP_OPTION	0
REV_IN	-1
FS_LIMIT	400000000000.0
RS_LIMIT	-400000000000.0
Positions	
DPOS	0.00337

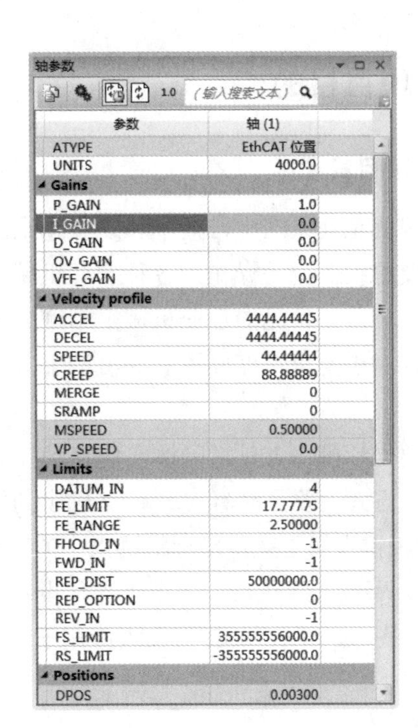

轴参数

参数	轴 (1)
ATYPE	EthCAT 位置
UNITS	4000.0
Gains	
P_GAIN	1.0
I_GAIN	0.0
D_GAIN	0.0
OV_GAIN	0.0
VFF_GAIN	0.0
Velocity profile	
ACCEL	4444.44445
DECEL	4444.44445
SPEED	44.44444
CREEP	88.88889
MERGE	0
SRAMP	0
MSPEED	0.50000
VP_SPEED	0.0
Limits	
DATUM_IN	4
FE_LIMIT	17.77775
FE_RANGE	2.50000
FHOLD_IN	-1
FWD_IN	-1
REP_DIST	50000000.0
REP_OPTION	0
REV_IN	-1
FS_LIMIT	355555556000.0
RS_LIMIT	-355555556000.0
Positions	
DPOS	0.00300

图 6.12　UNITS 值改变时轴参数变化对比

第 7 章　基于双轴运动的 XY 机器人项目

7.1　项目目的

※ XY 机器人项目目的

7.1.1　项目背景

在现代工业生产中，效率和安全越来越受到各个行业的重视。在流水作业中，由于常常需要更换工位等操作，各种非标机械手已成为流水线中提高效率、保证生产安全的一个重要环节。常见的工业机械手精度要求不高，一般采用变频器加普通电机的方式实现控制；对于定位精度要求高的机械手，一般采用运动控制器和伺服系统的组合应用控制方式。

直角坐标机器人是指能够实现自动控制的、可重复编程的多自由度的操作机。其工作的行为方式主要是沿着 *X*、*Y*、*Z* 轴上的线性运动。

XY机器人属于直角坐标机器人中的一种，只在 *X*、*Y* 坐标轴方向上进行线性运动，如图 7.1 所示。XY机器人应用于光伏设备、上下料机械手、裁移设备、涂胶设备、贴片设备等，图 7.2 所示为 XY机器人应用于小型涂胶设备。

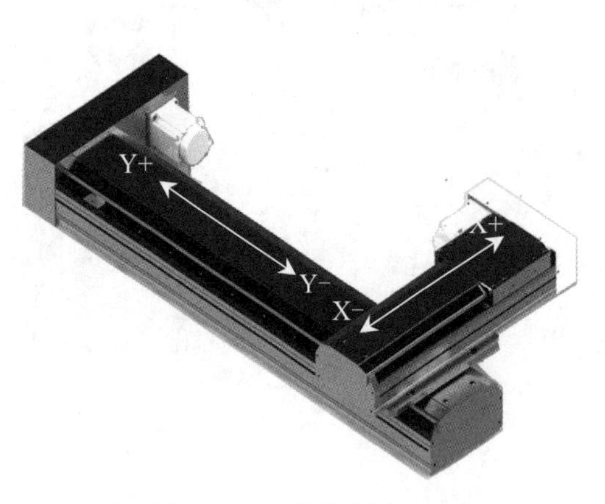

图 7.1　XY 机器人

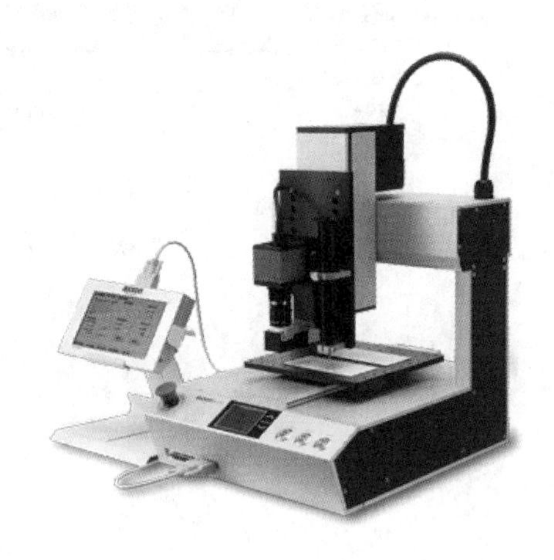

图 7.2　涂胶机

7.1.2　项目需求

图 7.3（a）所示为直角坐标机器人系统，4 组物料处于 a 工位，编写一个程序把物料从 a 工位抓放至 b 工位和 c 工位，如图 7.3（b）所示。

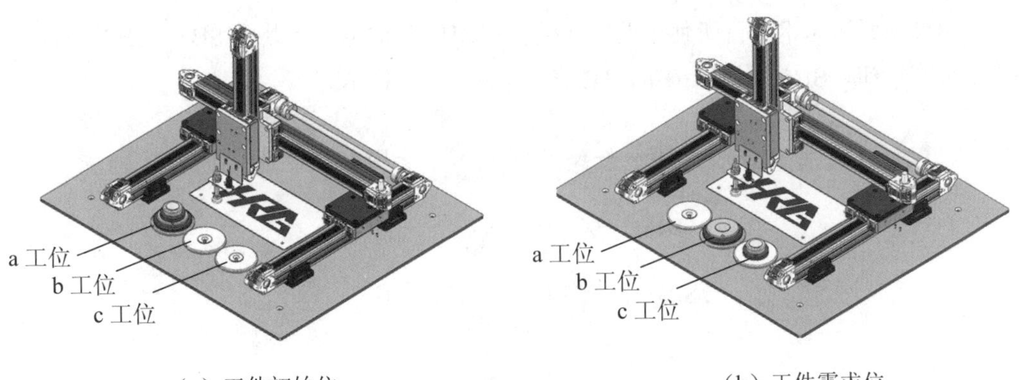

（a）工件初始位　　（b）工件需求位

图 7.3　项目需求示意图

7.1.3　项目目的

（1）了解虚拟仿真技术的目的和优点。

（2）熟悉控制器轴偏移指令的使用。

（3）熟悉控制器自动初始化网络的功能。

（4）掌握 MC_CONFIG 程序的编辑方法。

7.2　项目分析

7.2.1　项目构架

本项目为基于双轴运动的 XY 机器人项目，需使用实训系统上的开关电源模块、运动控制器模块、触摸屏模块、输入输出模块，图 7.4 所示为实训系统整体结构图。

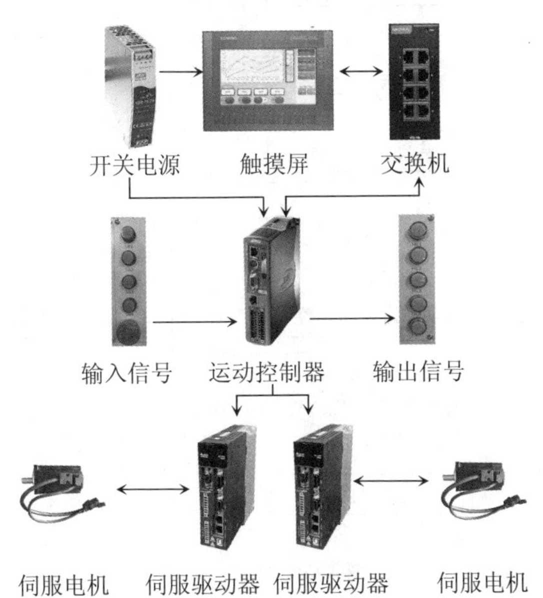

图 7.4　项目构架图

如图 7.5 所示为本项目所使用的输入输出模块的名称定义，其中 SB1、SB2、SB3、SB4 为常开按钮，SB5 为常闭按钮，HL1～HL5 为 5 个指示灯。

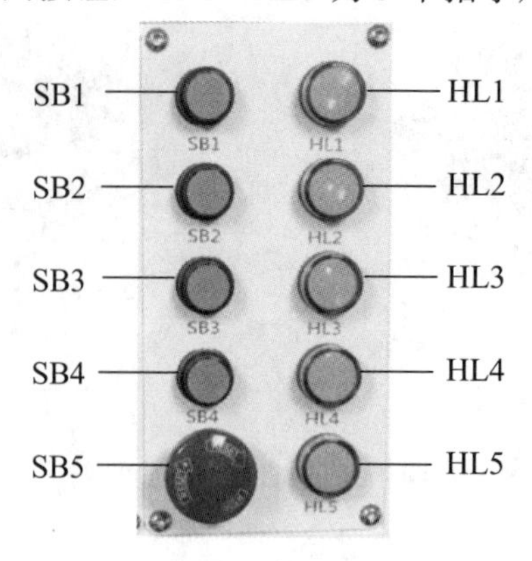

图 7.5 输入输出模块名称定义

按下启动按钮 SB1，伺服轴 1 先进行回零工作，回零完成后，伺服轴 2 开始回零，回零完成后进行 XY 机器人程序的运行。按下停止按钮 SB2，程序在运行完当前循环任务后跳出循环。各任务程序流程图如图 7.6 所示。

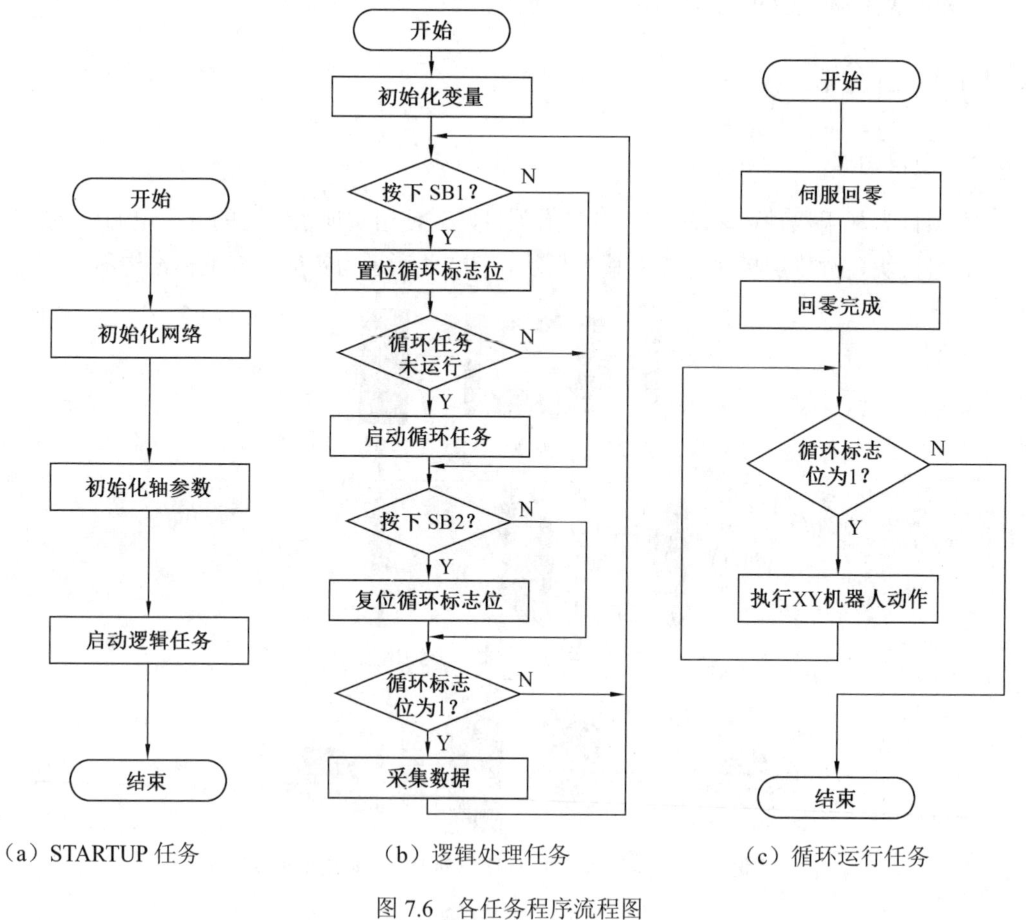

图 7.6 各任务程序流程图

7.2.2　项目流程

项目流程图如图7.7所示。

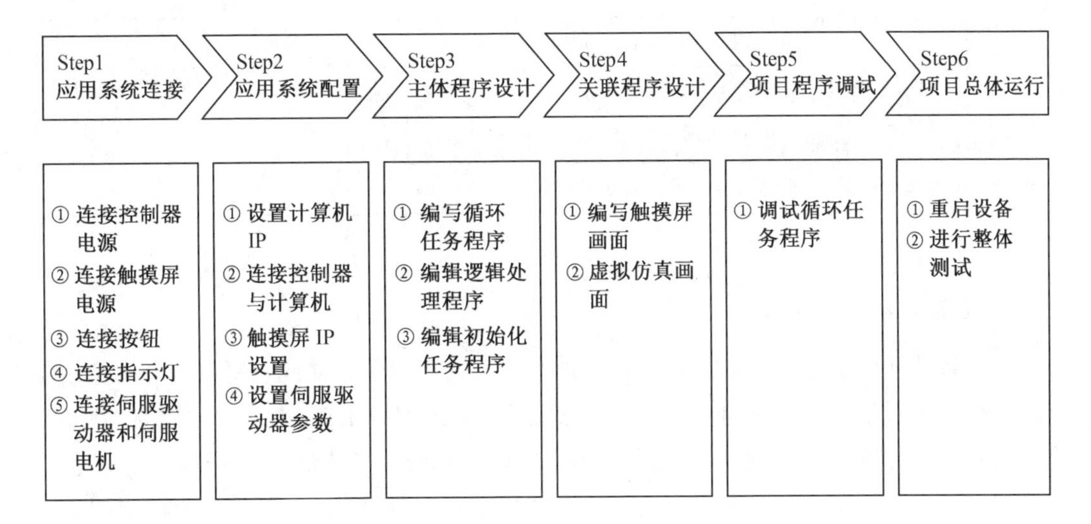

图7.7　项目流程图

7.3　项目要点

※ XY机器人项目要点

本项目的项目要点有轴地址偏移、自动初始化网络、系统文件配置、虚拟仿真功能这几部分。

7.3.1　轴地址偏移

1. 轴地址偏移简介

对于MC4N控制器，由于控制器本体默认有一路增量式编码器输入口，因此系统默认轴0是增量式编码器输入口。

2. 轴地址偏移指令

AXIS_OFFSET SLOT是轴地址偏移指令，用于控制器插槽将存在的轴地址号分配到另一个地址。控制器将根据SLOT和模块类型按以下顺序分配轴。

（1）使用扩展模块时，根据它们在系统中的位置为它们分配一个SLOT编号。

（2）当需要将EtherCAT轴分配至轴0时，需要使用AXIS_OFFSET SLOT指令将编码器轴偏移至其他轴，见表7.1。

表 7.1 **AXIS_OFFSET SLOT 指令用法及示例**

格式	AXIS_OFFSET SLOT(position)=position	
参数	position	-1 内置功能
		0 to max_slot 扩展模块
示例	AXIS_OFFSET SLOT(-1)=10 AXIS_OFFSET SLOT(0)=1	
说明	内置编码器偏移到地址 10，轴 0 扩展到地址 1	

7.3.2 自动初始化网络

控制系统软件上电时，如果外部伺服轴存在，则在电源启动或软复位时自动初始化 EtherCAT 网络；如果不需要自动初始化网络，那么将 AUTO_ETHERCAT 设置为“OFF”，将阻止 EtherCAT 的设置，然后从一个基本程序启动 EtherCAT 网络。

AUTO_ETHERCAT 命令不能用在 BASIC 程序中，用户必须在特殊的 MC_CONFIG 文件中使用它，该文件在电源启动时自动运行。

AUTO_ETHERCAT（初始化网络参数）命令的用法见表 7.2。

表 7.2 **AUTO_ETHERCAT 命令用法**

值	描　述
0	EtherCAT 网络在加电时不会初始化
1	EtherCAT 网络搜索从属节点并自动设置系统。 如果可能的话，进入运行状态
$11	EtherCAT 网络搜索从属节点并设置系统，但仍处于初始 ESM 状态
$21	EtherCAT 网络搜索从属节点并自动设置系统。如果可能的话，进入运行前状态
$41	EtherCAT 网络搜索从属节点并自动设置系统。如果可能的话，进入安全运行状态
$81	EtherCAT 网络搜索从属节点并自动设置系统。如果可能的话，进入运行状态

7.3.3 系统文件配置

MC_CONFIG 文件（系统默认文件）可以对系统参数进行设置，主要包括轴类型、轴号配置、IP 设置、伺服周期设置、IEC 系统参数设置等，如图 7.8 所示。

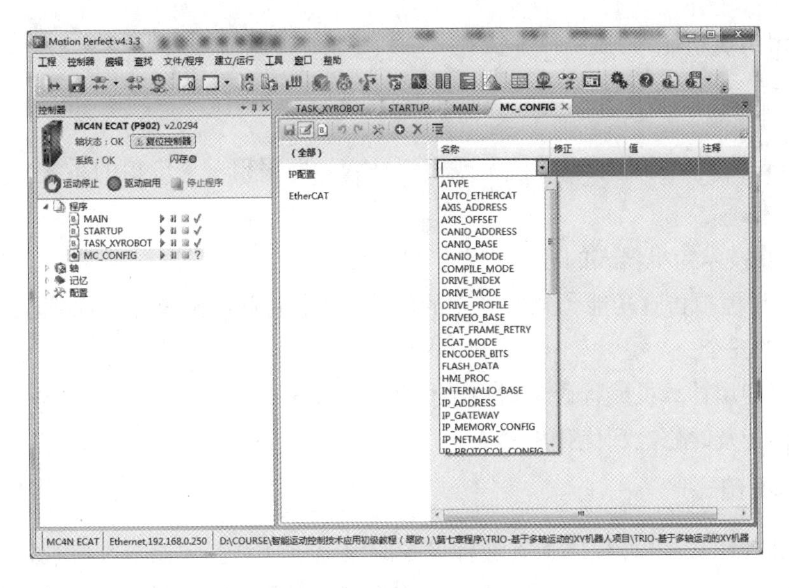

图 7.8　MC_CONFIG 文件参数

通过 MC_CONFIG 编辑器或者 MC_CONFIG 文本编辑器进行参数的设置，图 7.9 所示为两种不同的参数编辑方式。

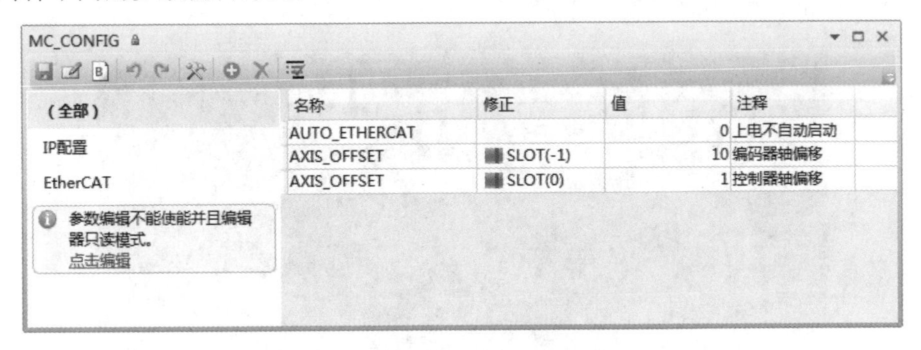

（a）MC_CONFIG 编辑器

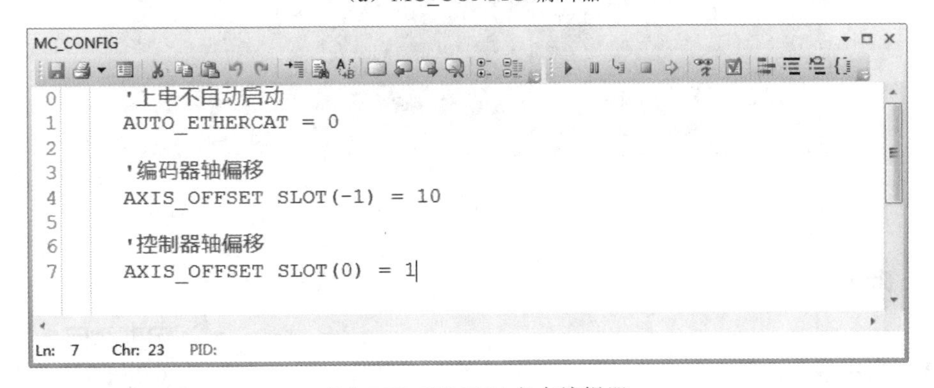

（b）MC_CONFIG 文本编辑器

图 7.9　两种不同的参数编辑方式

7.3.4 虚拟仿真功能

1. 虚拟仿真

虚拟仿真技术又称虚拟现实技术或模拟技术，即采用一个虚拟的系统模仿另一个真实系统的技术。

虚拟仿真技术为机器人的应用建立了以下优势：

（1）通过虚拟仿真功能预知要产生的问题，从而将问题消灭在萌芽阶段，保证设备、人员和财产的安全。

（2）可使用计算机编程语言对复杂任务进行编程。

（3）便于及时修改和优化机器人程序。

2. 工具介绍

通过控制器的三维可视化工具进行设备的虚拟仿真设置，该三维可视化工具可以加载一个机器模型（.mprobo）文件，该文件将以三维模型的形式显示。模型中的关节可以单独绑定到一个控制器轴上，指定一个轴参数（通常需要位置，即 DPOS），以便根据从控制器读取的轴参数值对显示的模型进行动画处理，图 7.10 所示为直角坐标机器人的虚拟仿真画面，可以演示 XY 机器人的运动。

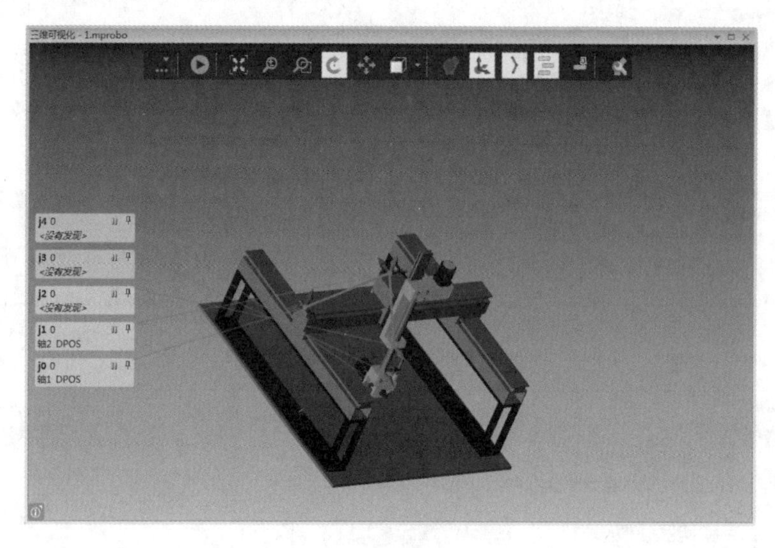

图 7.10 虚拟仿真画面

7.4 项目步骤

7.4.1 应用系统连接

※ XY 机器人项目步骤

本项目为基于双轴运动的 XY 机器人项目，需使用实训系统上的开关电源模块、运动控制器模块、触摸屏模块、输入输出模块、两组增量式伺服系统。对于增量式伺服系统需要增加回零开关，进行伺服电机零点的标定，具体的硬件连接图如图 7.11 所示，根据硬件连接图进行线路的装配。

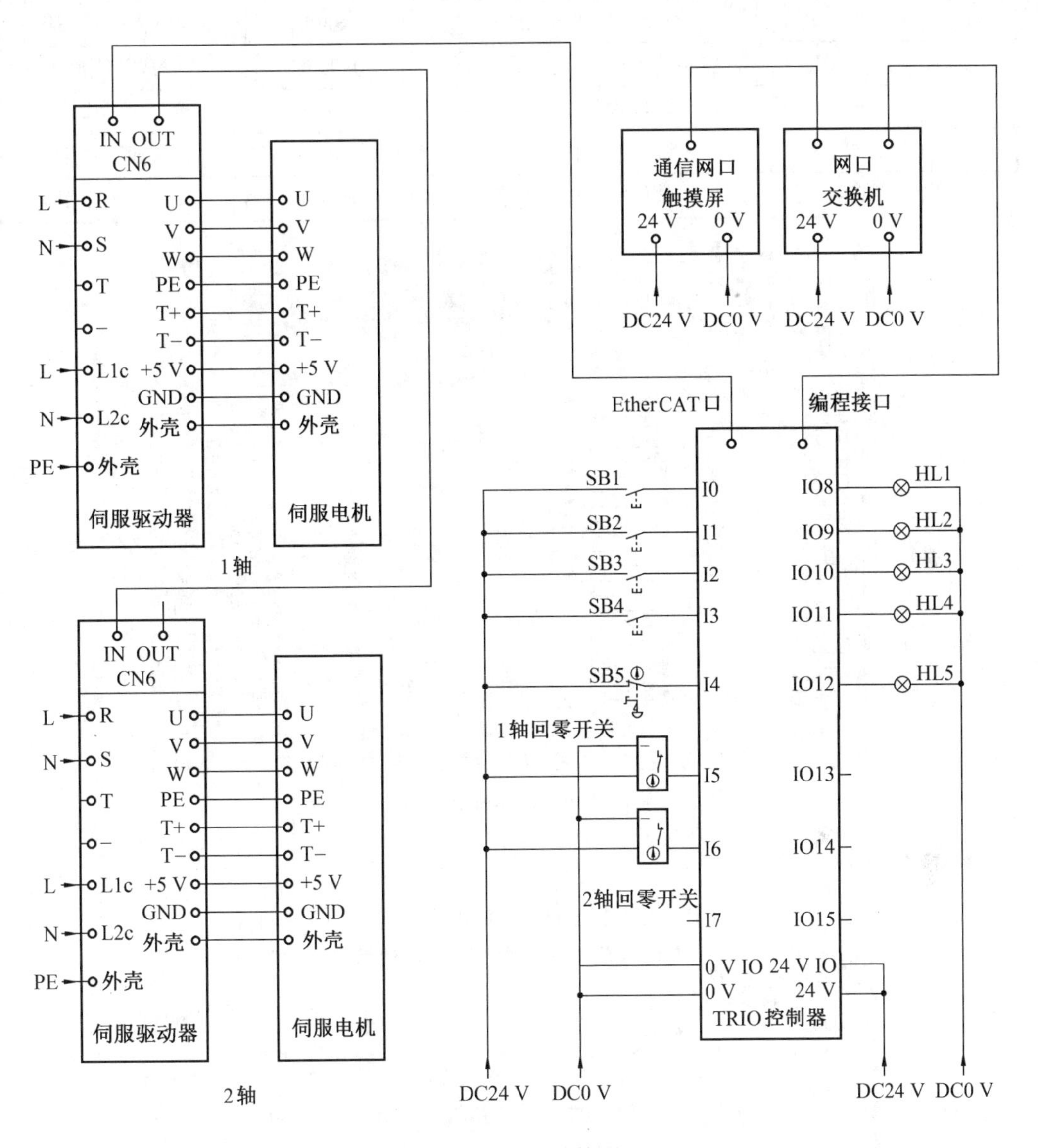

图 7.11　硬件连接图

7.4.2　应用系统配置

1. 伺服系统配置

实训系统采用台达 ASDA-A2-E 总线型伺服系统，需对表 7.3 中参数进行设定。使用参数编辑器对伺服参数进行修改，参数修改完成后下载到伺服系统，并对伺服系统进行断电重启，如图 7.12 所示。

表 7.3　伺服系统参数设置

序号	参数名称	功能	设定值	说明
1	P1-00	外部脉波列输入型式	0x0002	设置成脉冲列+符号
2	P1-01	控制模式及控制命令输入源	0x000C	设置成总线模式
3	P2-14	数位输入接脚 DI5	0x0100	设置成不作用
4	P2-15	数位输入接脚 DI6	0x0100	设置成不作用
5	P2-16	数位输入接脚 DI7	0x0100	设置成不作用

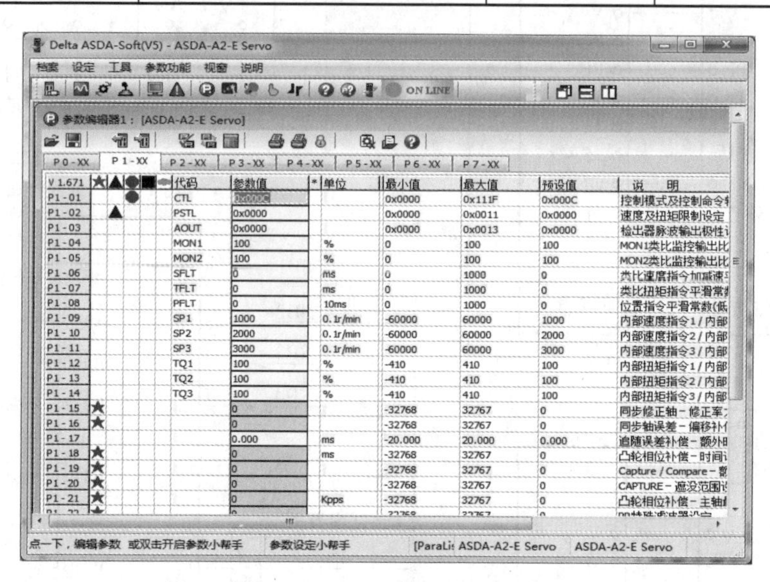

图 7.12　伺服系统设置

2. 计算机 IP 设置

设置计算机以太网端口 IP 为“192.168.0.100”，如图 7.13 所示。

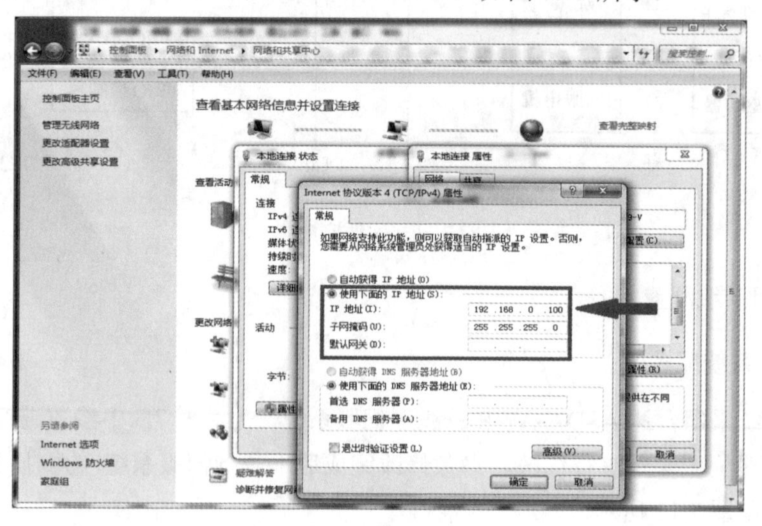

图 7.13　计算机 IP 设置

7.4.3　主体程序设计

基于多轴运动的 XY 机器人项目共包含 3 个 BASIC 程序和一个 MC_CONFIG 文件，如图 7.14 所示，各程序功能为：

（1）STARTUP：上电自动启动程序，执行初始化参数设置并且启动其他程序，仅运行 1 次。

（2）MAIN：逻辑处理程序，执行数字输入逻辑的处理和“TASK_XYROBOT”程序的控制。

（3）TASK_XYROBOT：循环运行程序，执行 XY 机器人的循环运行。

（4）MC_CONFIG：MC_CONFIG 文件，上电自动启动，进行轴偏移及初始化网络的自动启动设置。

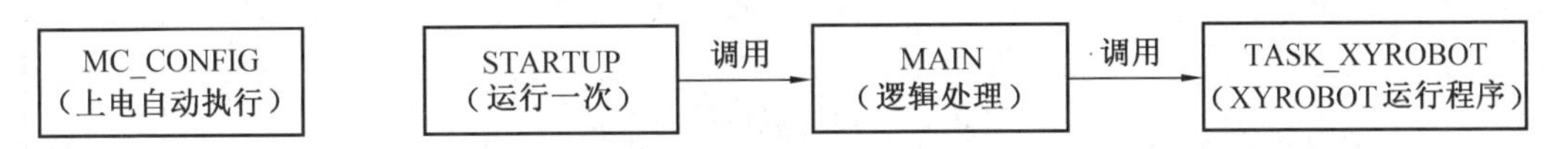

图 7.14　程序运行流程

项目主体程序设计的步骤分为 5 步，如图 7.15 所示。

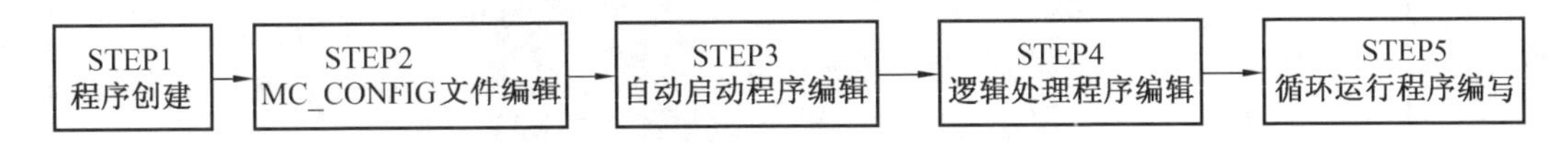

图 7.15　程序运行流程

1. STEP1：程序创建

程序创建的具体步骤见表 7.4。

表 7.4　程序创建

序号	图片示例	操作步骤
1	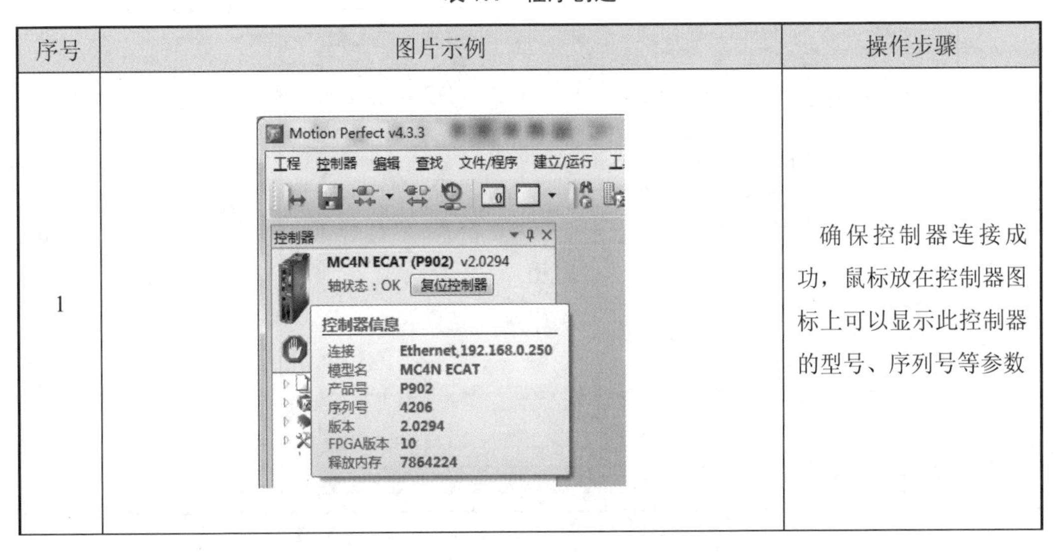	确保控制器连接成功，鼠标放在控制器图标上可以显示此控制器的型号、序列号等参数

续表 7.4

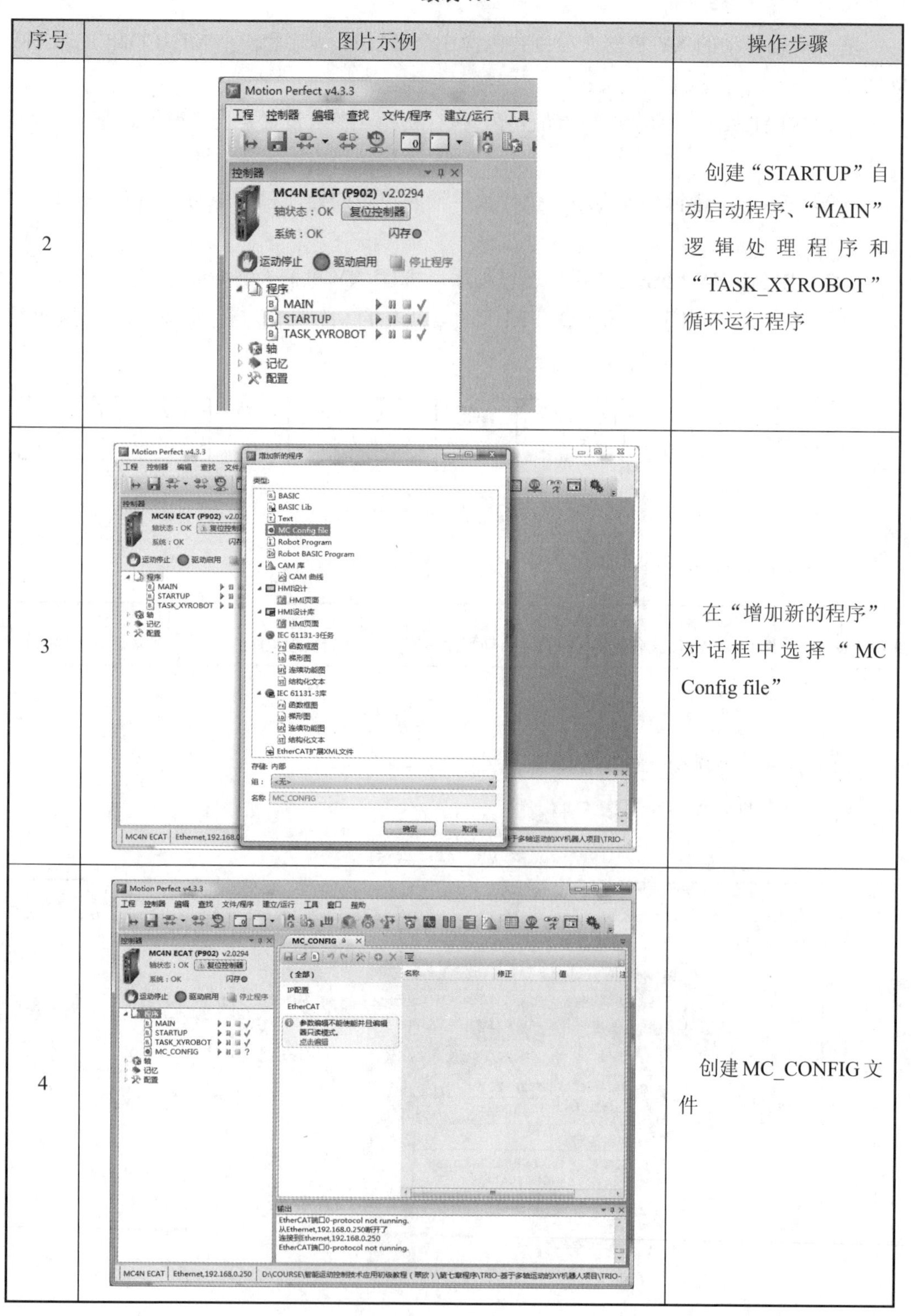

序号	图片示例	操作步骤
2		创建“STARTUP”自动启动程序、“MAIN”逻辑处理程序和“TASK_XYROBOT”循环运行程序
3		在“增加新的程序”对话框中选择“MC Config file”
4		创建MC_CONFIG文件

2. STEP2：MC_CONFIG 文件编辑

程序创建完成后，首先对 MC_CONFIG 文件进行编辑，设置轴偏移和自动初始化网络，具体步骤见表 7.5。

表 7.5　MC_CONFIG 文件编辑

序号	图片示例	操作步骤
1	Motion Perfect v4.3.3 工程 控制器 编辑 查找 文件/程序 建立/运行 工具 窗口 帮助 控制器 MC4N ECAT (P902) v2.0294 轴状态：OK 复位控制器 系统：OK 闪存 运动停止 驱动启用 停止程序 MAIN STARTUP TASK_XYROBOT MC_CONFIG 轴 记忆 配置 MC_CONFIG （全部） IP配置 EtherCAT 参数编辑不能使能并且编辑器只读模式。 点击编辑 名称 修正 值 注释 MC4N ECAT　Ethernet,192.168.0.250　D:\COURSE\智能运动控制技术应用初级教程（摩欧）\第七章程序\TRIO-基于多轴运动的XY机器人项目\TRIO-基于多轴运动的XY机器人项目.	打开 MC_CONFIG 文件，点击“点击编辑”
2	Motion Perfect v4.3.3 工程 控制器 编辑 查找 文件/程序 建立/运行 工具 窗口 帮助 控制器 MC4N ECAT (P902) v2.0294 轴状态：OK 复位控制器 系统：OK 闪存 运动停止 驱动启用 停止程序 程序 MAIN STARTUP TASK_XYROBOT MC_CONFIG 轴 记忆 配置 MC_CONFIG （全部） IP配置 EtherCAT 名称 修正 值 注释 MC4N ECAT　Ethernet,192.168.0.250　D:\COURSE\智能运动控制技术应用初级教程（摩欧）\第七章程序\TRIO-基于多轴运动的XY机器人项目\TRIO-基于多轴运动的XY机器人项目.	显示“MC_CONFIG 文件编辑”界面
3	Motion Perfect v4.3.3 工程 控制器 编辑 查找 文件/程序 建立/运行 工具 窗口 帮助 控制器 MC4N ECAT (P902) v2.0294 轴状态：OK 复位控制器 系统：OK 闪存 运动停止 驱动启用 停止程序 程序 MAIN STARTUP TASK_XYROBOT MC_CONFIG 轴 记忆 配置 MC_CONFIG （全部） IP配置 EtherCAT 名称 修正 值 注释 ATYPE AUTO_ETHERCAT AXIS_ADDRESS AXIS_OFFSET CANIO_ADDRESS CANIO_BASE CANIO_MODE COMPILE_MODE DRIVE_INDEX DRIVE_MODE DRIVE_PROFILE DRIVEIO_BASE ECAT_FRAME_RETRY ECAT_MODE ENCODER_BITS FLASH_DATA HMI_PROC INTERNALIO_BASE IP_ADDRESS IP_GATEWAY IP_MEMORY_CONFIG IP_NETMASK MC4N ECAT　Ethernet,192.168.0.250　D:\COURSE\智能运动控制技术应用初级教程（摩欧）\第七章程序\TRIO-基于多轴运动的XY机器人项目\TRIO-基于多轴运动的XY机器人项目.	点击“名称”下拉列表框，显示可以设置的参数

续表 7.5

序号	图片示例	操作步骤
4	Motion Perfect v4.3.3 工程 控制器 编辑 查找 文件/程序 建立/运行 工具 窗口 帮助 控制器 MC4N ECAT (P902) v2.0294 轴状态：OK 复位控制器 系统：OK 闪存 运动停止 驱动启用 停止程序 程序 MAIN STARTUP TASK_XYROBOT MC_CONFIG 轴 记忆 配置 MC_CONFIG （全部） IP配置 EtherCAT 名称 修正 值 注释 AUTO_ETHERCAT 0 不自动启动 MC4N ECAT Ethernet,192.168.0.250 D:\COURSE\智能运动控制技术应用初级教程（翠欧）\第七章程序\TRIO-基于多轴运动的XY机器人项目\TRIO-基于多轴运动的XY机器人项目.	选择“AUTO_ETHERCAT”，值设置为“0”，不自动启动
5	Motion Perfect v4.3.3 工程 控制器 编辑 查找 文件/程序 建立/运行 工具 窗口 帮助 控制器 MC4N ECAT (P902) v2.0294 轴状态：OK 复位控制器 系统：OK 闪存 运动停止 驱动启用 停止程序 程序 MAIN STARTUP TASK_XYROBOT MC_CONFIG 轴 记忆 配置 MC_CONFIG （全部） IP配置 EtherCAT 名称 修正 值 注释 AUTO_ETHERCAT 0 不自动启动 AXIS_OFFSET SLOT(-1) 10 编码器偏移 MC4N ECAT Ethernet,192.168.0.250 D:\COURSE\智能运动控制技术应用初级教程（翠欧）\第七章程序\TRIO-基于多轴运动的XY机器人项目\TRIO-基于多轴运动的XY机器人项目.	设置控制器内部编码器偏移
6	Motion Perfect v4.3.3 工程 控制器 编辑 查找 文件/程序 建立/运行 工具 窗口 帮助 控制器 MC4N ECAT (P902) v2.0294 轴状态：OK 复位控制器 系统：OK 闪存 运动停止 驱动启用 停止程序 程序 MAIN STARTUP TASK_XYROBOT MC_CONFIG 轴 记忆 配置 MC_CONFIG （全部） IP配置 EtherCAT 名称 修正 值 注释 AUTO_ETHERCAT 0 不自动启动 AXIS_OFFSET SLOT(-1) 10 编码器偏移 AXIS_OFFSET SLOT(0) 1 轴偏移 MC4N ECAT Ethernet,192.168.0.250 D:\COURSE\智能运动控制技术应用初级教程（翠欧）\第七章程序\TRIO-基于多轴运动的XY机器人项目\TRIO-基于多轴运动的XY机器人项目.	设置轴偏移

续表 7.5

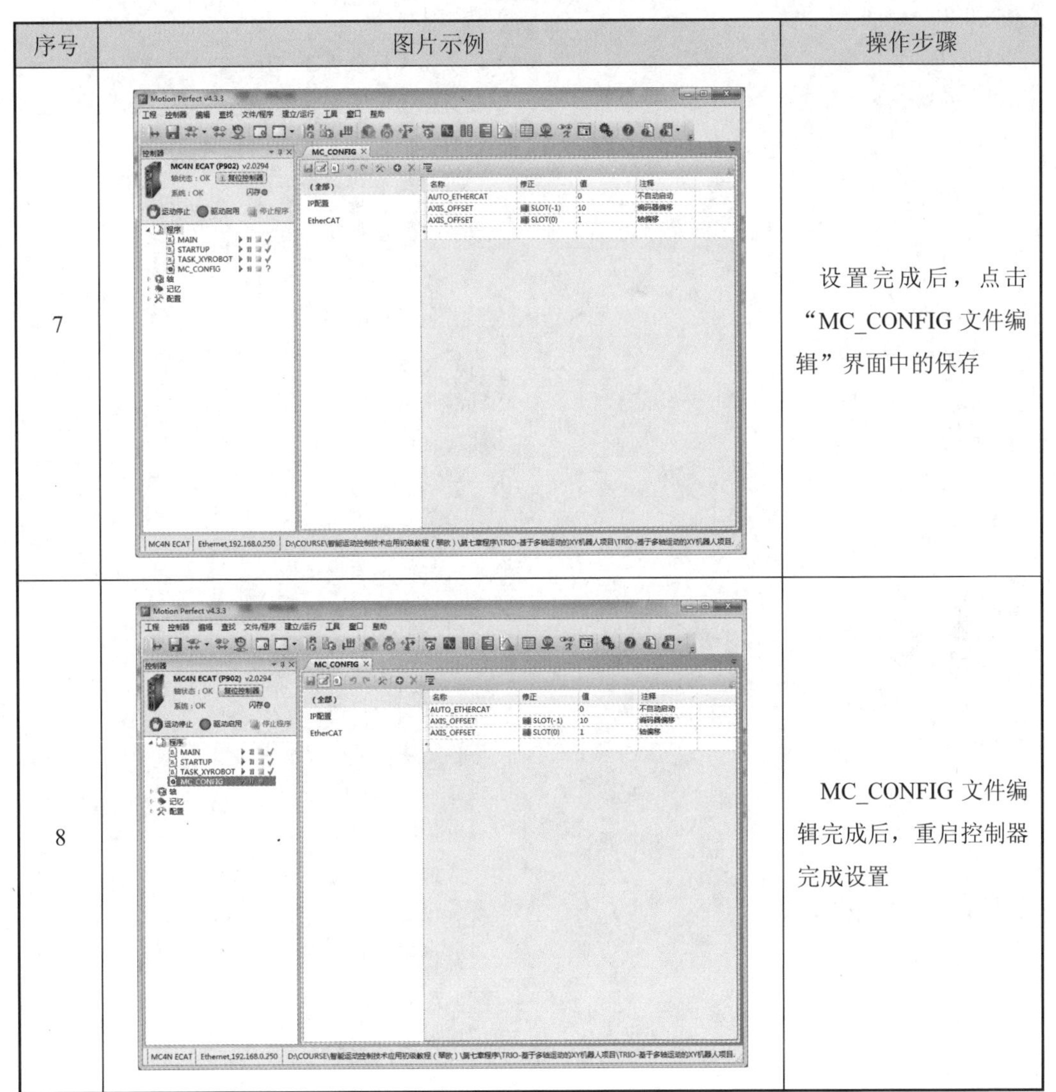

序号	图片示例	操作步骤
7		设置完成后，点击“MC_CONFIG 文件编辑”界面中的保存
8		MC_CONFIG 文件编辑完成后，重启控制器完成设置

3. STEP3：自动启动程序编辑

MC_CONFIG 文件设置完成后，进行自动启动程序“STARTUP”的编辑，在此项目中 XY 机器人移动位置的单位是 mm。设定 X 轴电机轴旋转 1 圈，X 轴移动距离为 314 mm，减速比为 1∶10；Y 轴电机轴旋转 1 圈，Y 轴移动距离为 314 mm，减速比为 1∶10。根据公式

$$\text{UNITS}=\frac{\text{电子齿轮分子}}{\text{电子齿轮分母}}=\frac{\text{编码器分辨率}}{\text{负载轴旋转1圈的移动量(指令单位)}}\times\frac{m}{n}$$

算出 X 轴 UNITS=40 764.331 2，Y 轴 UNITS=40 764.331 2。程序具体代码如下：

```
WA(4000)                              ' 开机等待 4 s 等待控制器上电完成
ETHERCAT(0,0)                         ' 初始化网络
BASE(1)                               ' 基于轴 1 执行以下动作
UNITS=40764.3312                      ' 设置伺服电子齿轮比
SPEED=50                              ' 设置伺服运行速度
ACCEL=5000                            ' 设置伺服运行加速度
DECEL=5000                            ' 设置伺服运行减速度
CREEP=100                             ' 设定伺服搜索原点速度
FE_LIMIT=20                           ' 设置伺服跟随误差
FS_LIMIT=100000                       ' 设置伺服运行正向软限位
RS_LIMIT=-10000                       ' 设置伺服运行反向软限位
DATUM_IN AXIS(1)=5                    ' 设置伺服回零开关
SERVO=ON                              ' 打开伺服使能
BASE(2)                               ' 基于轴 2 执行以下动作
UNITS=40764.3312                      ' 设置伺服电子齿轮比
SPEED=50                              ' 设置伺服运行速度
ACCEL=5000                            ' 设置伺服运行加速度
DECEL=5000                            ' 设置伺服运行减速度
CREEP=100                             ' 设定伺服搜索原点速度
FE_LIMIT=20                           ' 设置伺服跟随误差
FS_LIMIT=1000000                      ' 设置伺服运行正向软限位
RS_LIMIT=-100000                      ' 设置伺服运行反向软限位
DATUM_IN AXIS(2)=6                    ' 设置伺服回零开关
SERVO=ON                              ' 打开伺服使能
WDOG=1                                ' 控制器驱动启动
RUN "MAIN"                            ' 调用逻辑运行程序
```


4. STEP4：逻辑处理程序编辑

逻辑处理程序“MAIN”代码如下：

```
DIM oldin0 AS INTEGER                 ' 声明启动变量
DIM oldin1 AS INTEGER                 ' 声明停止变量
oldin0=0                              ' 初始化启动变量
oldin1=0                              ' 初始化停止变量
VR(0)=0                               ' 初始化循环标志位变量
begin:                                ' 标签
  IF oldin0=0 AND IN(0)=1 THEN        ' 判断启动上升沿信号
```

```
      VR(0)=1                              ' 置位循环标志位
      IF PROC_STATUS PROC(9)=0 THEN        ' 判断循环运行程序状态
        RUN "TASK_XYROBOT",9               ' 运行循环程序
      ENDIF                                'IF 结束标志
    ENDIF                                  'IF 结束标志
    oldin0=IN(0)                           ' 设定启动初始化输入状态到锁存状态
    IF oldin1=0 AND IN(1)=1 THEN           ' 判断停止上升沿信号
      VR(0)=0                              ' 复位循环标志位
    ENDIF                                  '  IF 结束标志
    oldin1=IN(1)                           ' 设定停止初始化输入状态到锁存状态
GOTO begin                                 ' 跳转至标签
```

5. STEP5：循环运行程序编写

在三维可视化工具中，直角坐标机器人的 X 轴的软限位为-10～+10，Y 轴的软限位为-15～+15，对 XYROBOT 机器人进行编程时，要注意对应的限位，具体程序代码如下：


```
BASE(1)                    '基于轴 1 进行之后运动
DATUM(4)                   '轴 1 开始回零
WAIT IDLE                  '轴 1 回零完成
WA(1000)                   '延时 1 s
BASE(2)                    '基于轴 2 进行之后运动
DATUM(4)                   '轴 2 开始回零
WAIT IDLE                  '轴 3 回零完成
WA(1000)                   '延时 1 s
WHILE VR(0)=1              '循环标志位为 1 时进入循环
  BASE(1,2)                '基于轴 1、轴 2 进行之后运动
  MOVEABS(10,8)            '轴 1、轴 2 分别移动到 DPOS10,DPOS8 处
  WAIT IDLE                '完全到位
  MOVEABS(9,4)             '轴 1、轴 2 分别移动到 DPOS9,DPOS4 处
  WAIT IDLE                '完全到位
  MOVEABS(6,-3)            '轴 1、轴 2 分别移动到 DPOS6,DPOS-3 处
  WAIT IDLE                '完全到位
  MOVEABS(-3,-3)           '轴 1、轴 2 分别移动到 DPOS-3,DPOS-3 处
  WAIT IDLE                '完全到位
  MOVEABS(-10,6)           '轴 1、轴 2 分别移动到 DPOS-10,DPOS6 处
  WAIT IDLE                '完全到位
WEND                       '循环结束标志
```

7.4.4 关联程序设计

通过控制器软件中的直角坐标机器人进行 XY 机器人的仿真演示，仿真配置的具体步骤见表 7.6。

表 7.6 XY 机器人仿真设置

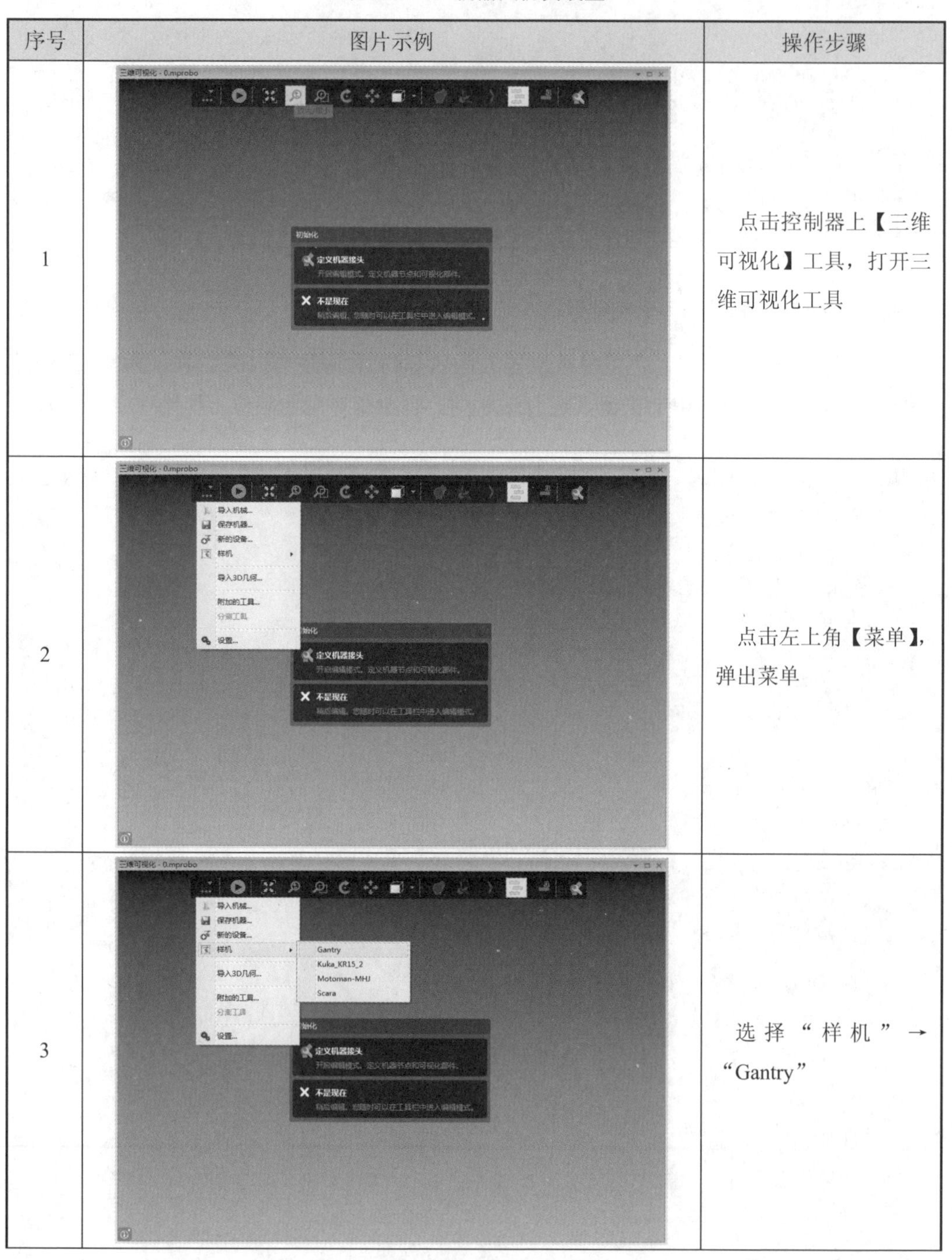

序号	图片示例	操作步骤
1		点击控制器上【三维可视化】工具，打开三维可视化工具
2		点击左上角【菜单】，弹出菜单
3		选择“样机”→“Gantry”

续表 7.6

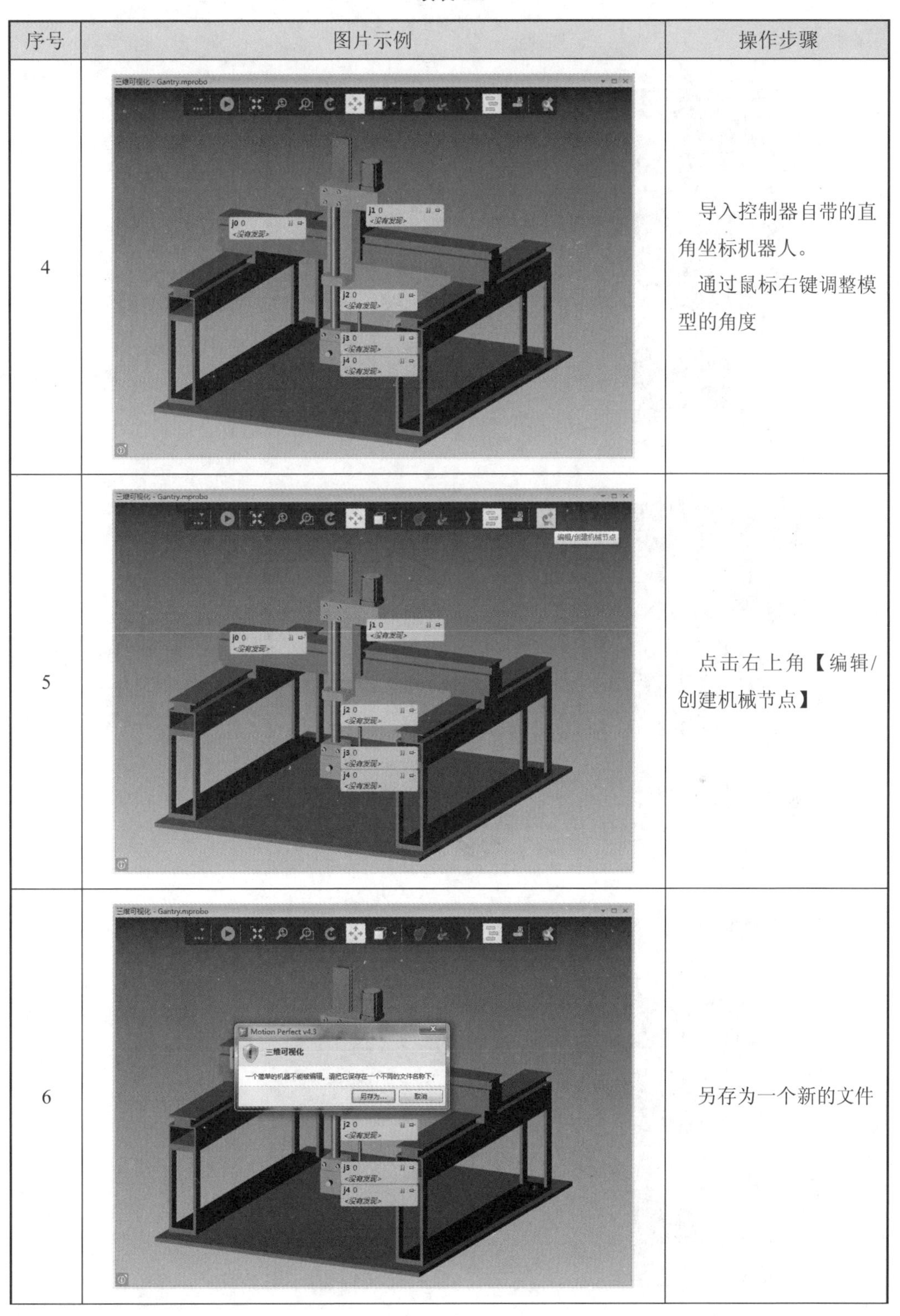

序号	图片示例	操作步骤
4		导入控制器自带的直角坐标机器人。 通过鼠标右键调整模型的角度
5		点击右上角【编辑/创建机械节点】
6		另存为一个新的文件

续表 7.6

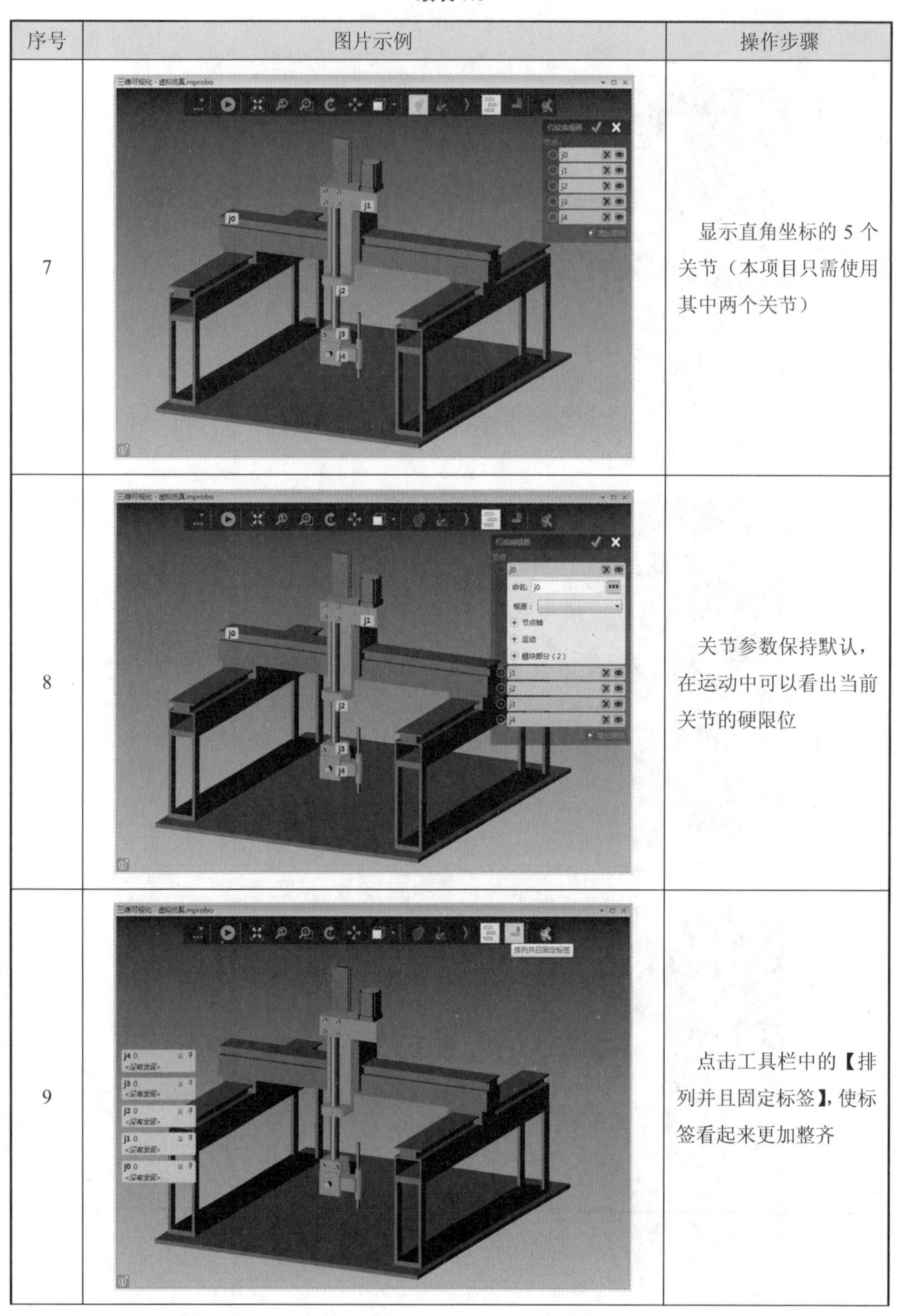

序号	图片示例	操作步骤
7		显示直角坐标的 5 个关节（本项目只需使用其中两个关节）
8		关节参数保持默认，在运动中可以看出当前关节的硬限位
9		点击工具栏中的【排列并且固定标签】，使标签看起来更加整齐

续表 7.6

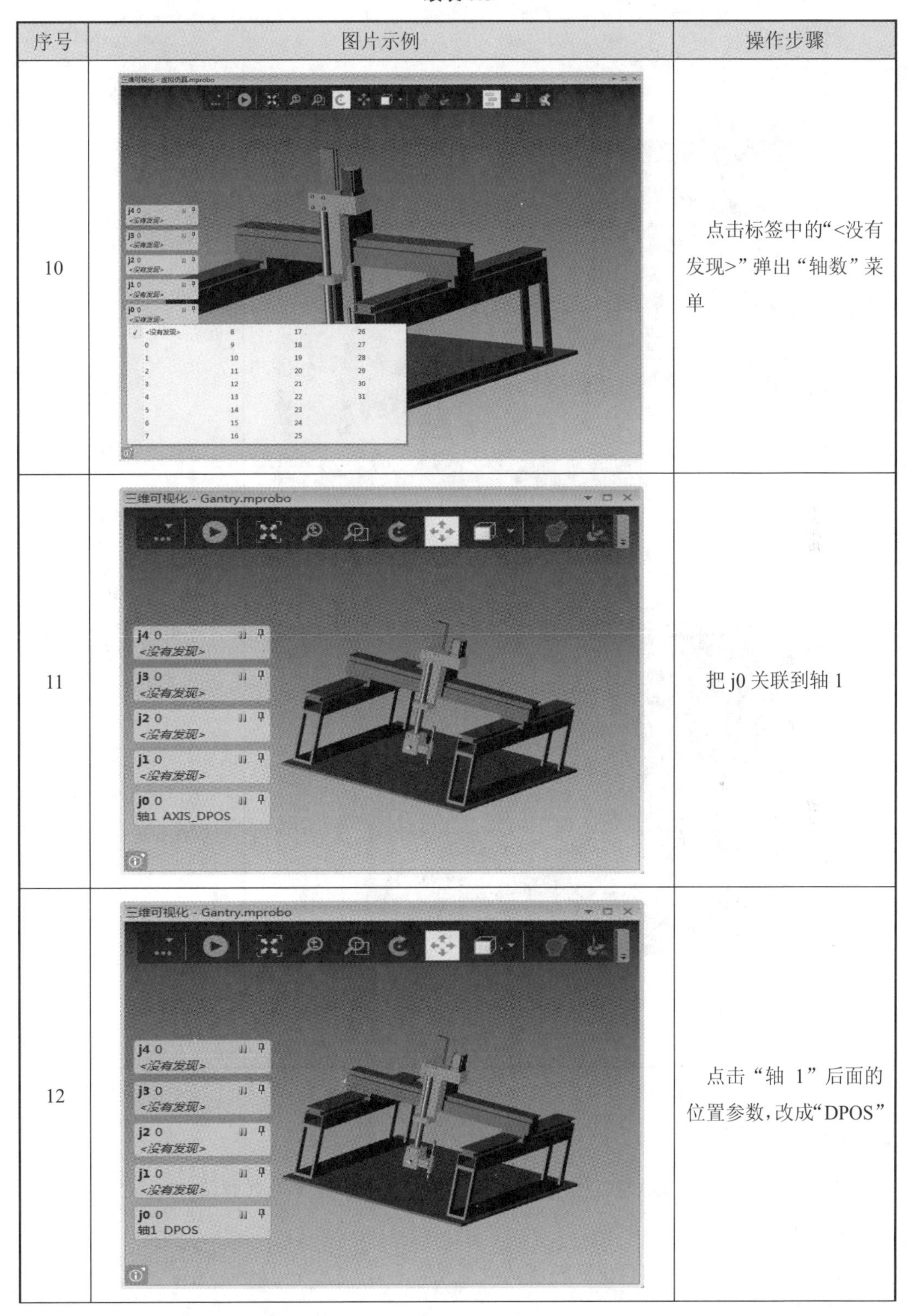

序号	图片示例	操作步骤
10		点击标签中的“<没有发现>”弹出“轴数”菜单
11		把 j0 关联到轴 1
12		点击“轴 1”后面的位置参数，改成“DPOS”

续表 7.6

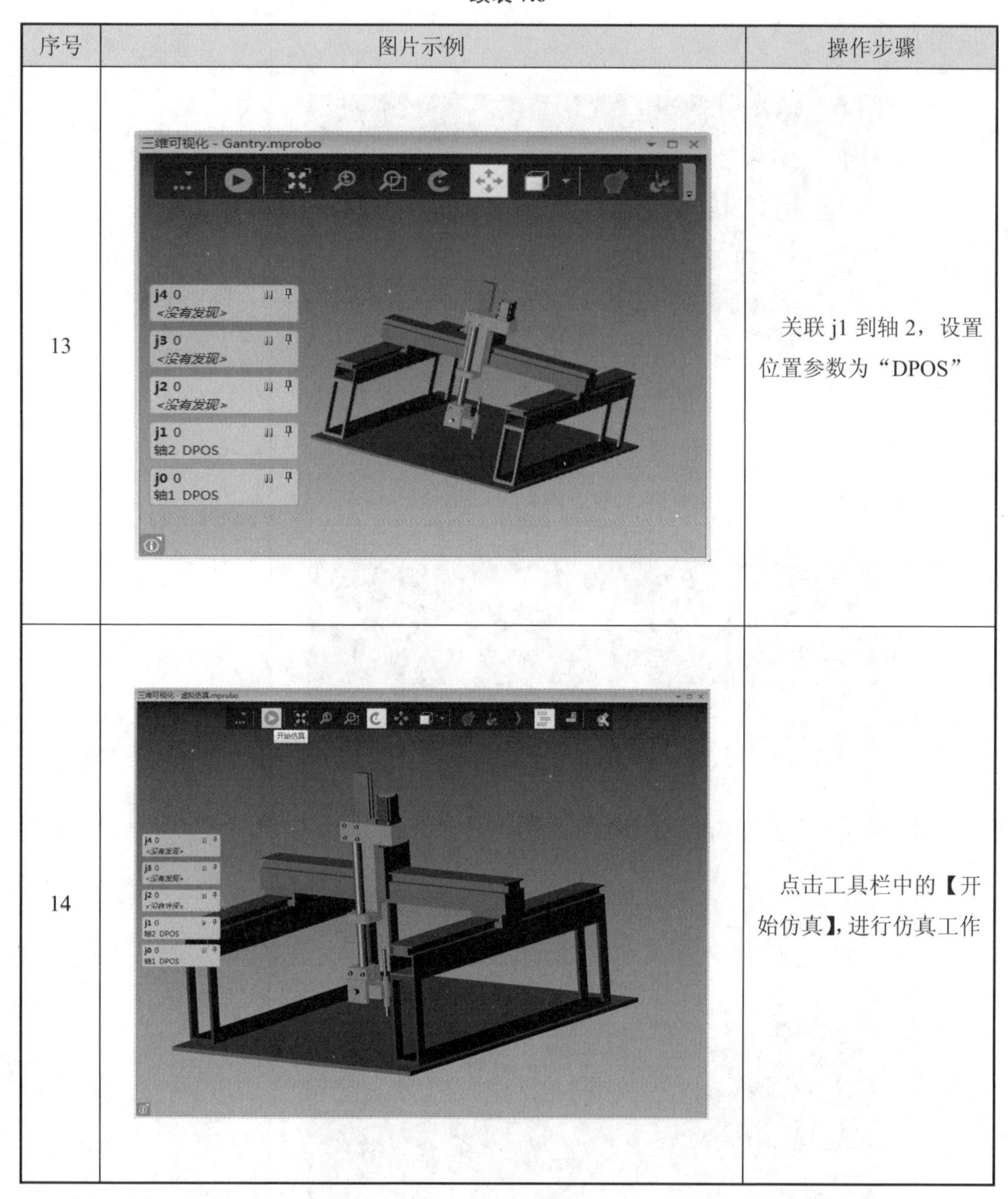

序号	图片示例	操作步骤
13		关联 j1 到轴 2，设置位置参数为“DPOS”
14		点击工具栏中的【开始仿真】，进行仿真工作

7.4.5 项目程序调试

本项目共包含 3 个 BASIC 程序，需要分别对这 3 个程序进行调试。

1. 自动运行程序调试

自动运行程序“STARTUP”的调试步骤见表 7.7。

表 7.7　自动运行程序调试

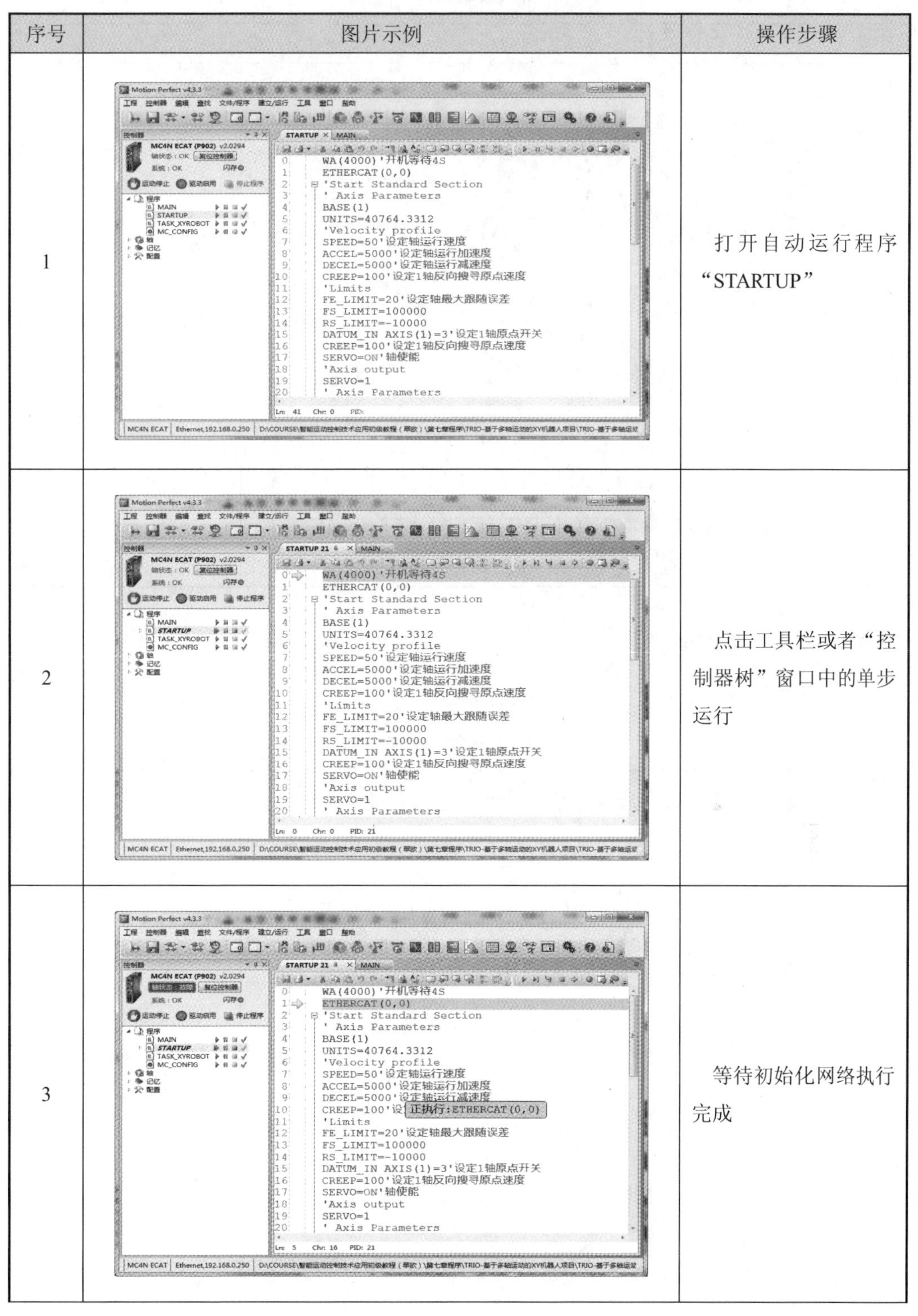

序号	图片示例	操作步骤
1		打开自动运行程序“STARTUP”
2		点击工具栏或者“控制器树”窗口中的单步运行
3		等待初始化网络执行完成

续表 7.7

序号	图片示例	操作步骤
4	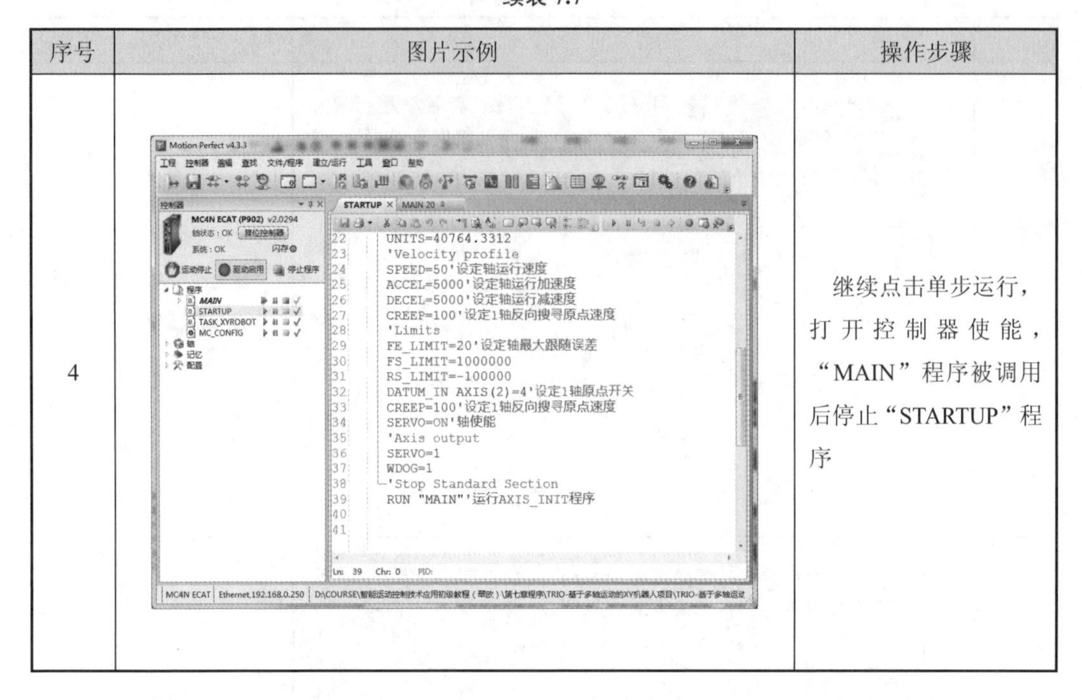	继续点击单步运行，打开控制器使能，“MAIN”程序被调用后停止“STARTUP”程序

2. 逻辑处理程序调试

逻辑处理程序“MAIN”的调试步骤见表 7.8。

表 7.8　逻辑处理程序调试

序号	图片示例	操作步骤
1	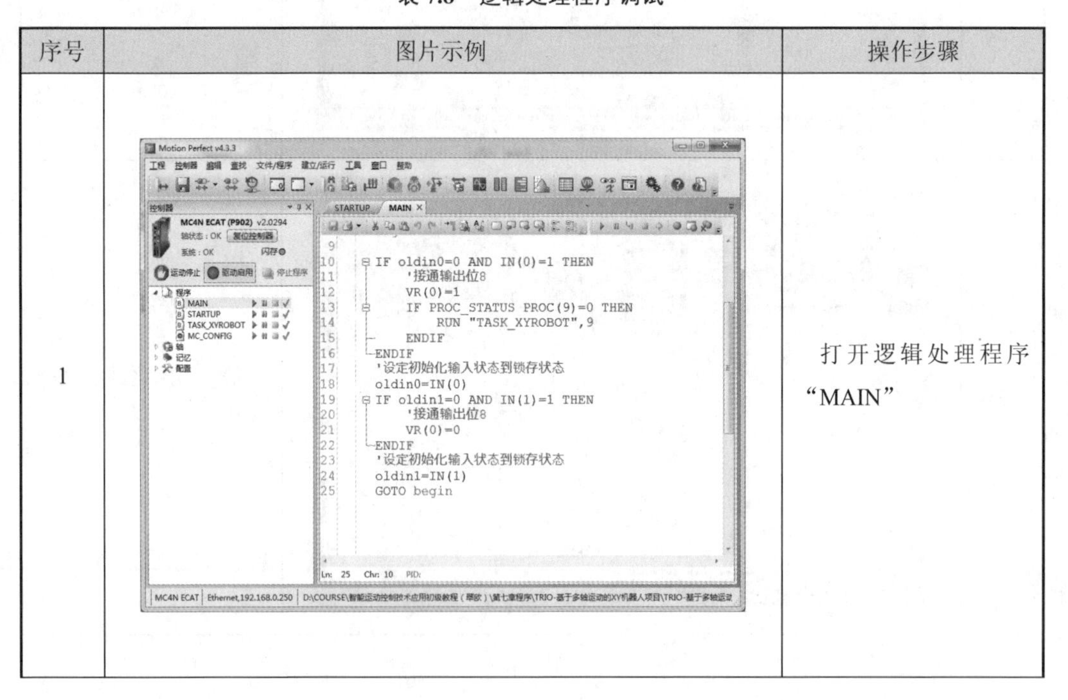	打开逻辑处理程序“MAIN”

续表 7.8

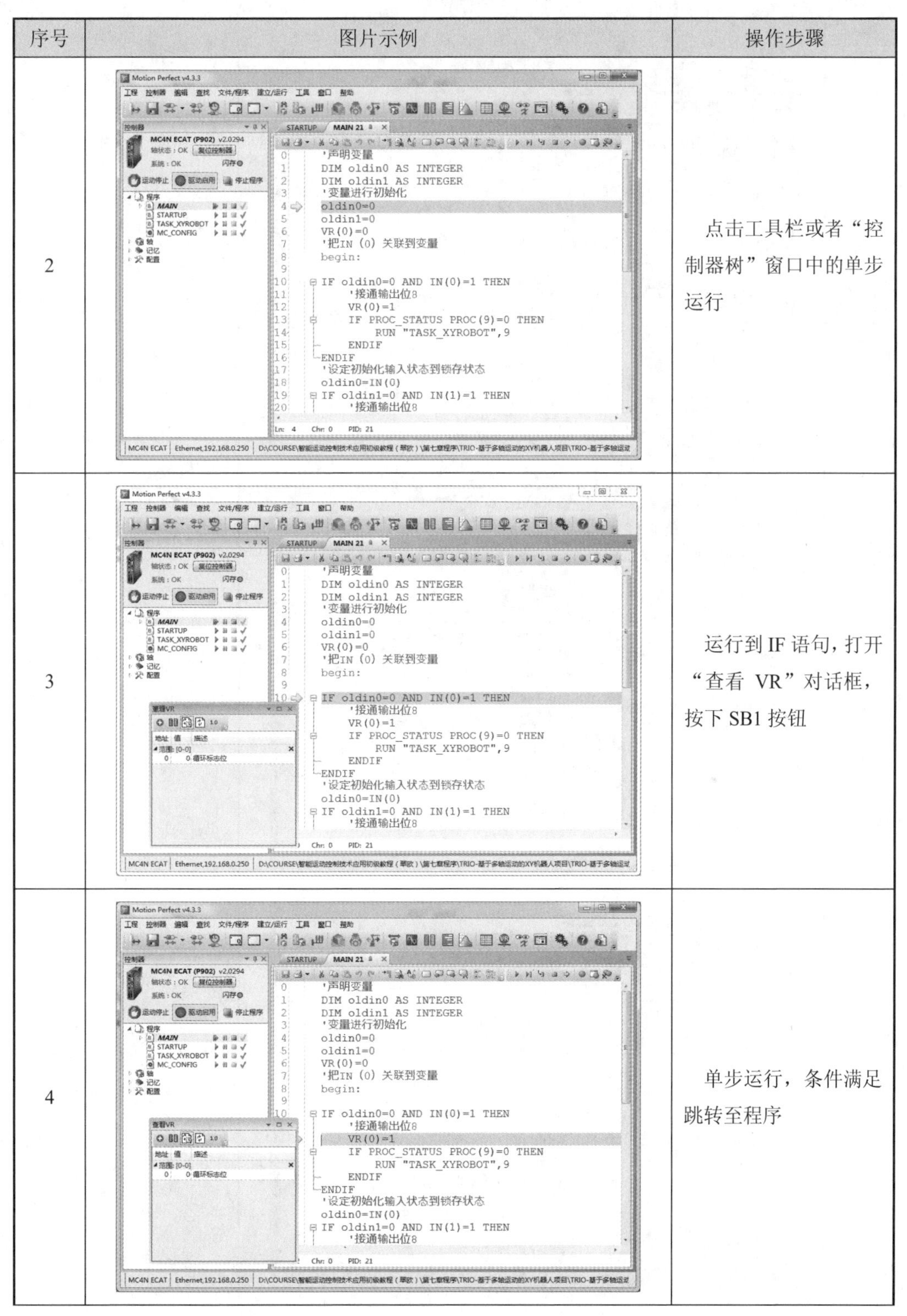

序号	图片示例	操作步骤
2		点击工具栏或者“控制器树”窗口中的单步运行
3		运行到 IF 语句，打开“查看 VR”对话框，按下 SB1 按钮
4		单步运行，条件满足跳转至程序

续表 7.8

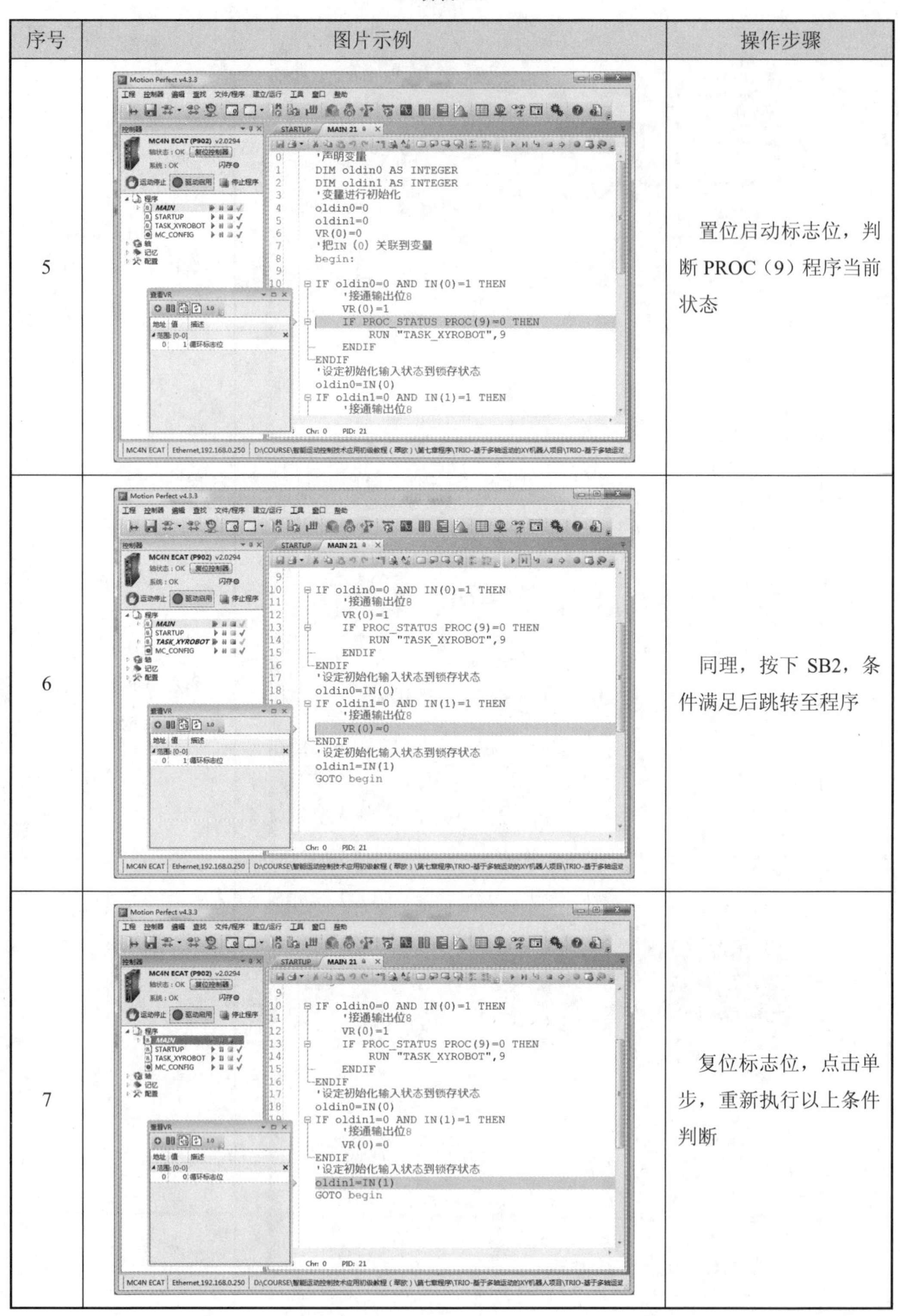

序号	图片示例	操作步骤
5		置位启动标志位，判断 PROC（9）程序当前状态
6		同理，按下 SB2，条件满足后跳转至程序
7		复位标志位，点击单步，重新执行以上条件判断

3. 循环运行程序调试

循环运行程序“TASK_XYROBOT”的调试步骤见表 7.9。

表 7.9　循环运行程序调试

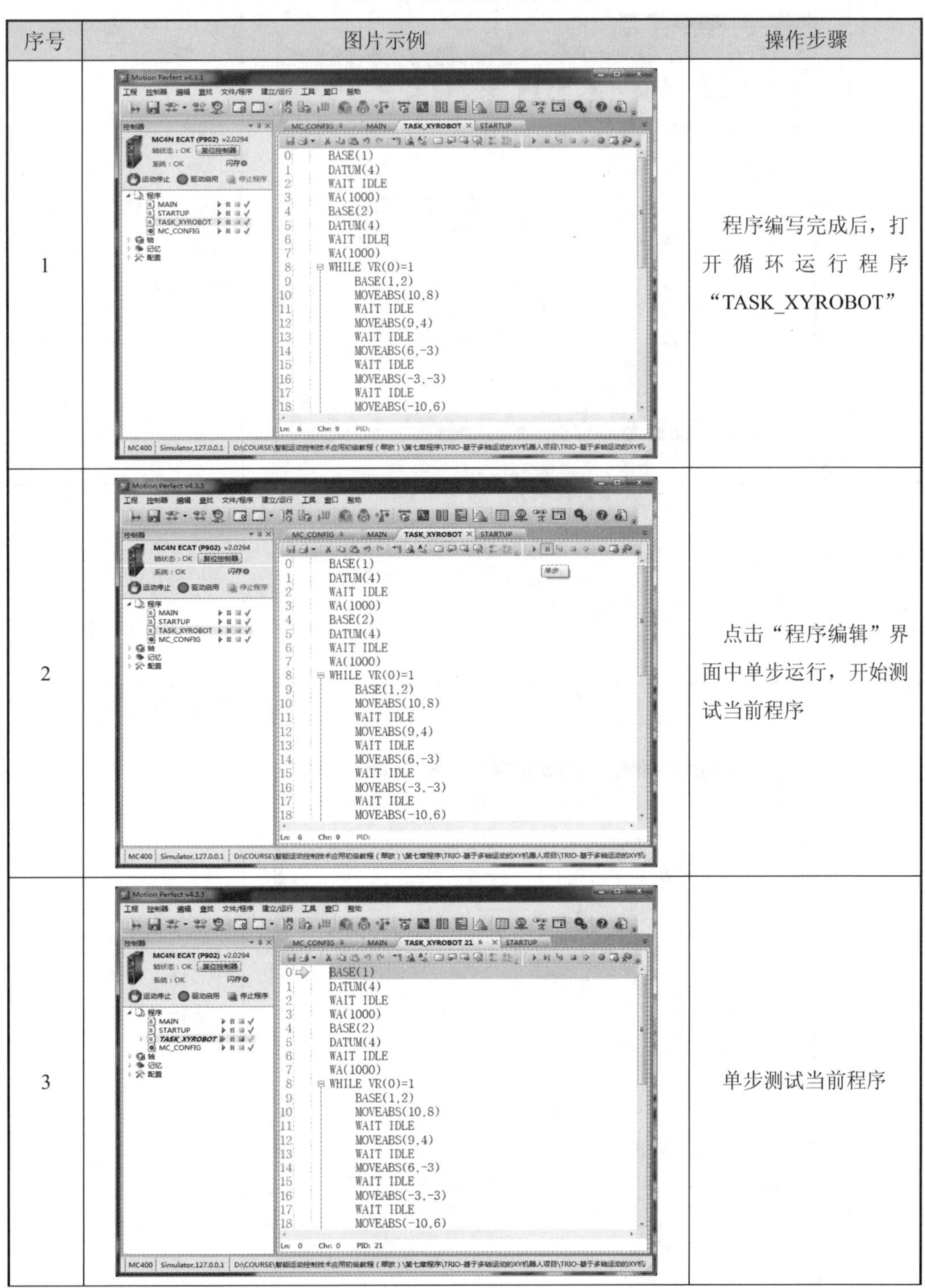

序号	图片示例	操作步骤
1		程序编写完成后，打开循环运行程序“TASK_XYROBOT”
2		点击“程序编辑”界面中单步运行，开始测试当前程序
3		单步测试当前程序

续表 7.9

序号	图片示例	操作步骤
4	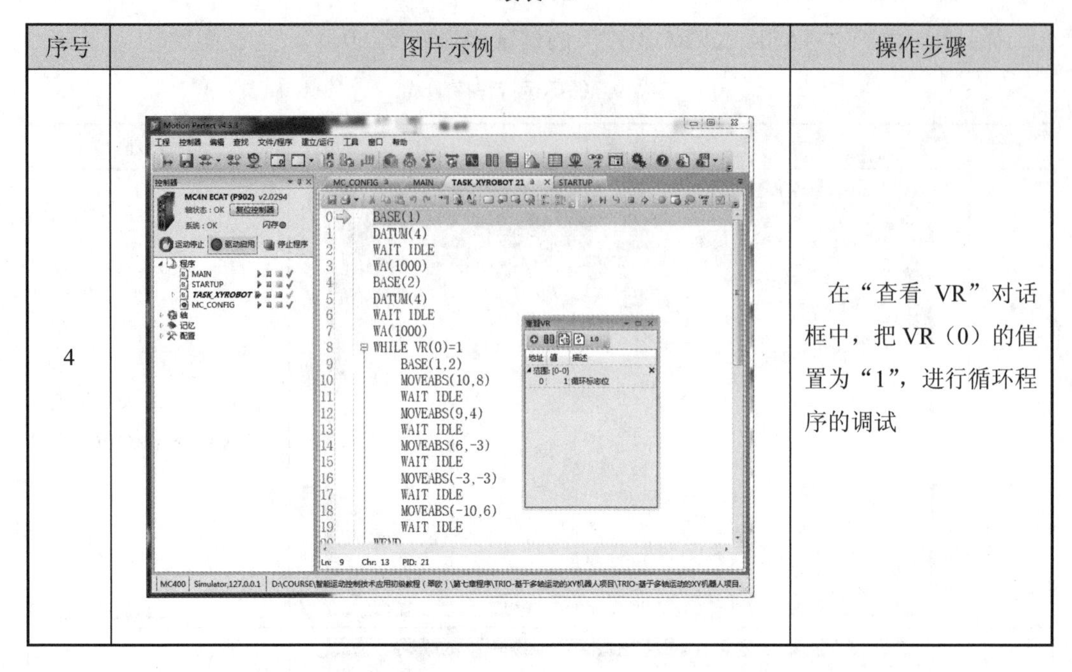	在“查看 VR”对话框中，把 VR（0）的值置为“1”，进行循环程序的调试

7.4.6 项目总体运行

项目总体运行的操作步骤见表 7.10。

表 7.10 项目总体运行

序号	图片示例	操作步骤
1	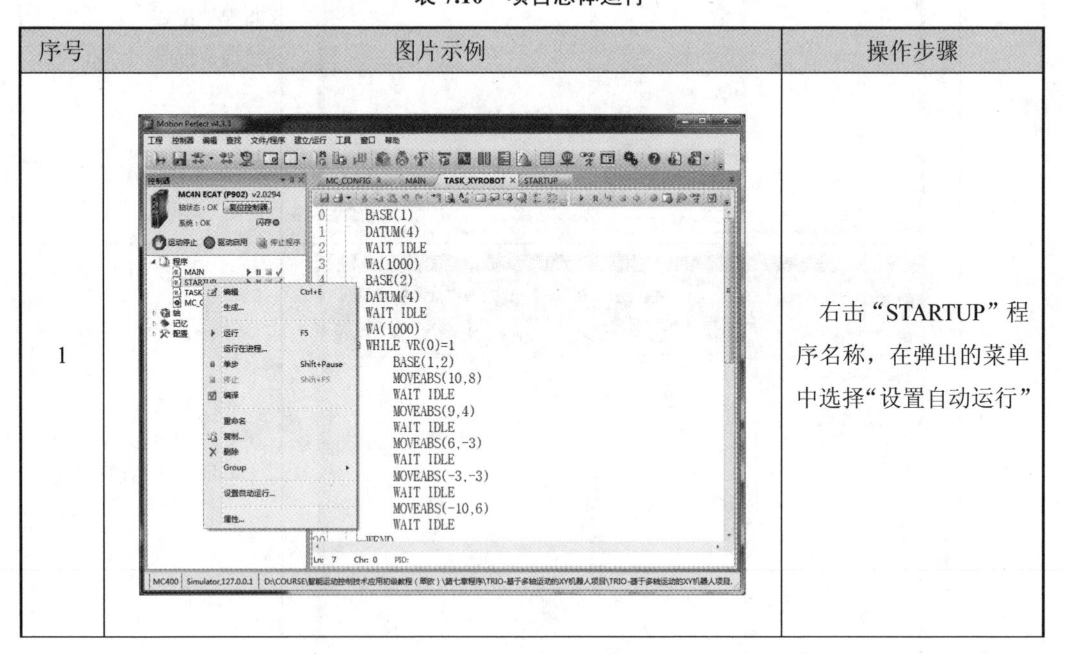	右击“STARTUP”程序名称，在弹出的菜单中选择“设置自动运行”

续表 7.10

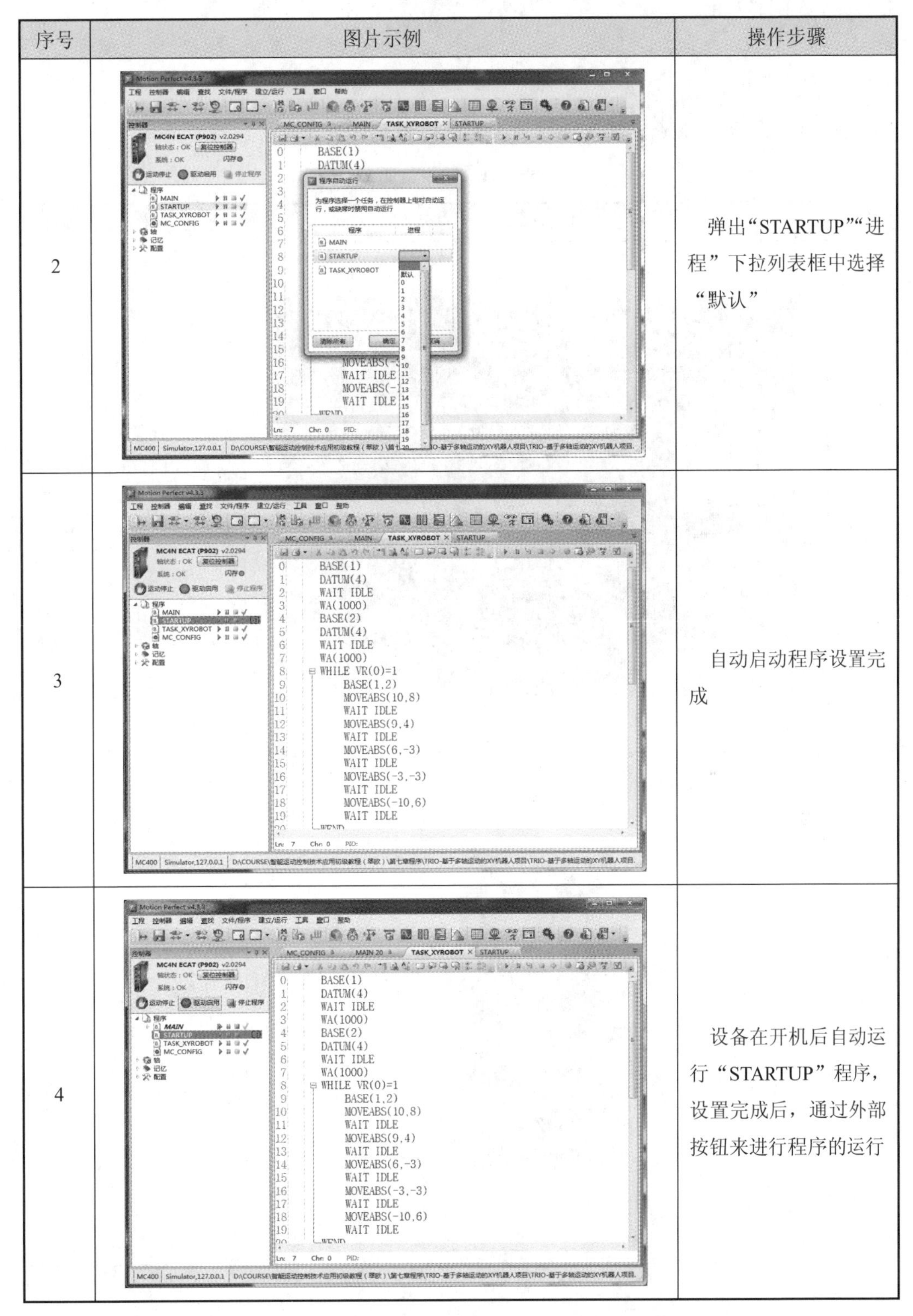

序号	图片示例	操作步骤
2		弹出“STARTUP”“进程”下拉列表框中选择“默认”
3		自动启动程序设置完成
4		设备在开机后自动运行“STARTUP”程序，设置完成后，通过外部按钮来进行程序的运行

7.5 项目验证

7.5.1 效果验证

基于双轴运动的 XY 机器人项目效果验证见表 7.11。

表 7.11 效果验证

序号	图片示例	操作步骤
1	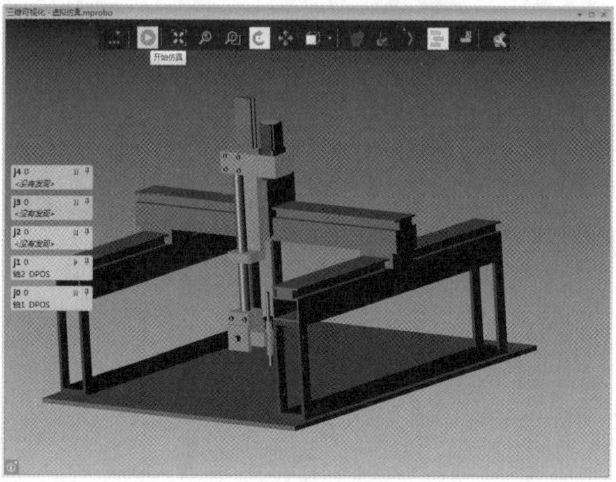	打开 3 维可视化工具，点击工具栏中的开始运行
2	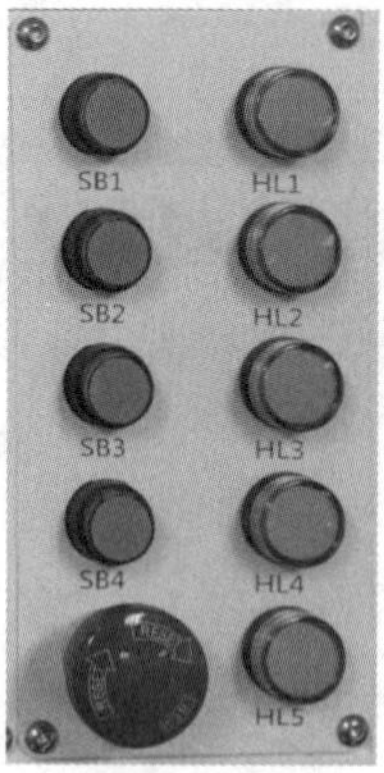	按下启动按钮

续表 7.11

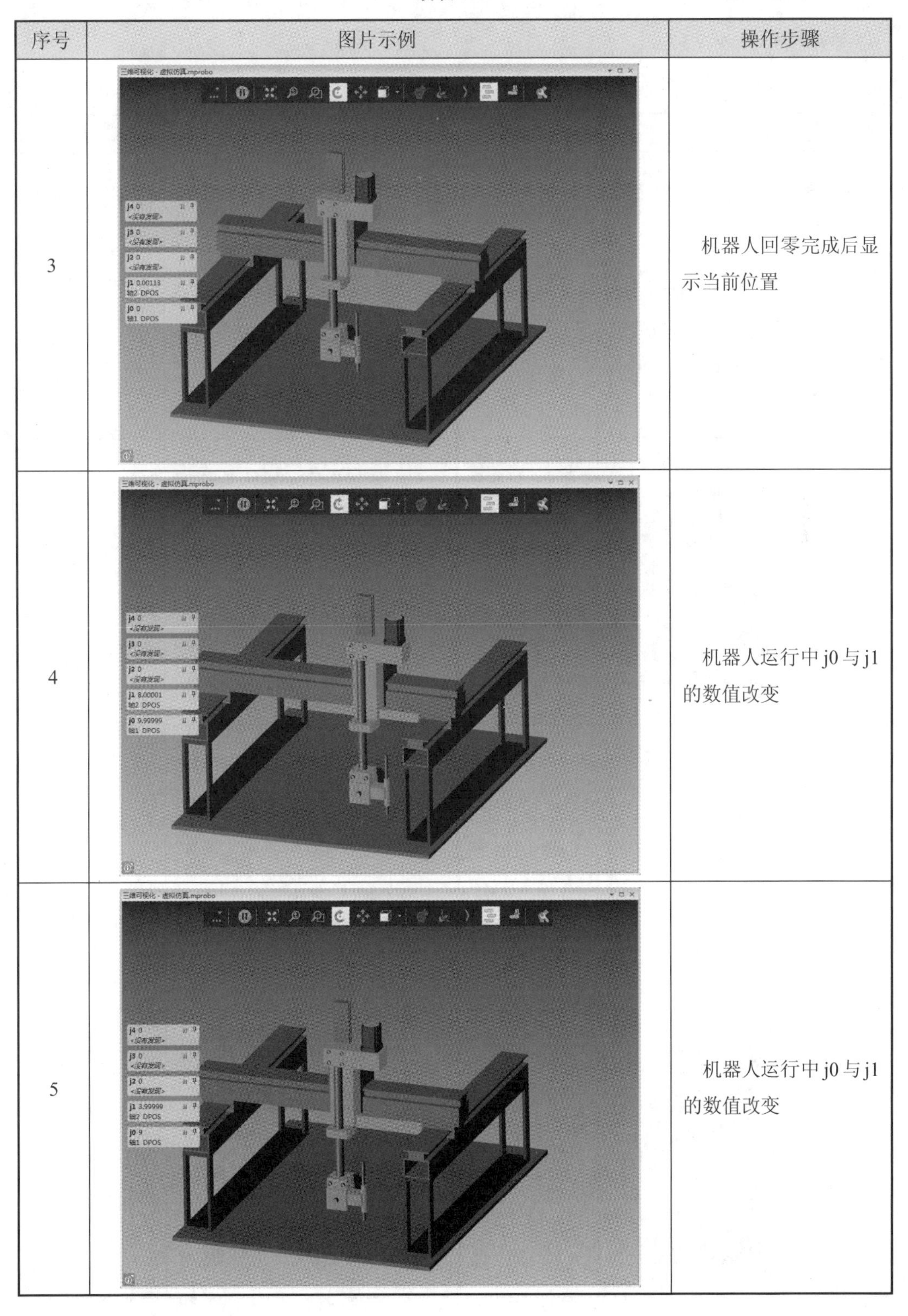

序号	图片示例	操作步骤
3		机器人回零完成后显示当前位置
4		机器人运行中 j0 与 j1 的数值改变
5		机器人运行中 j0 与 j1 的数值改变

7.5.2 数据验证

数据验证见表 7.12。

表 7.12 数据验证

步骤	图示	说明	步骤	图示	说明
1	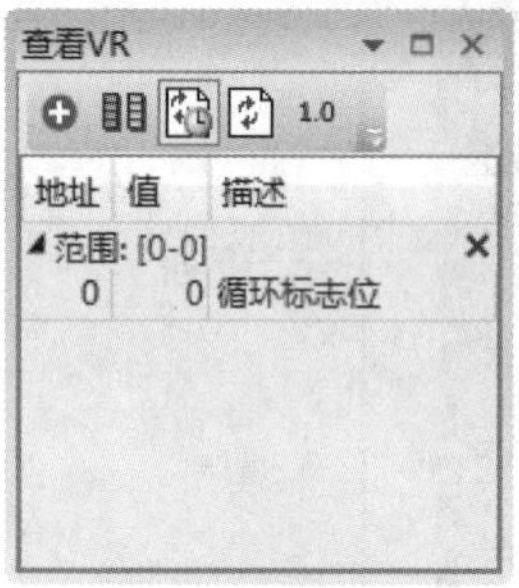 查看VR 地址 值 描述 范围: [0-0] 0 0 循环标志位	控制器创建变量 VR(0)	5	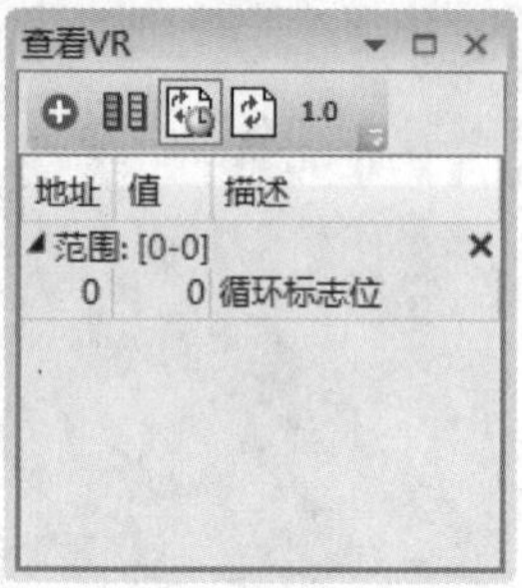 查看VR 地址 值 描述 范围: [0-0] 0 0 循环标志位	VR(0) 值变为“0”
2	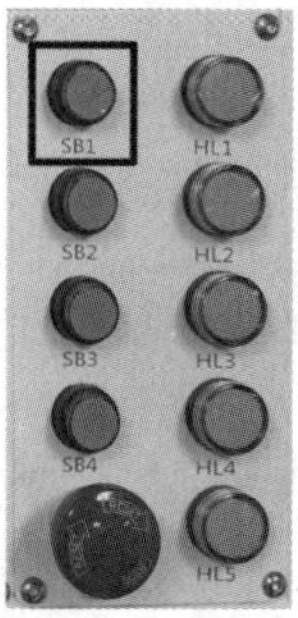 SB1 HL1 SB2 HL2 SB3 HL3 SB4 HL4 HL5	按下 SB1	6	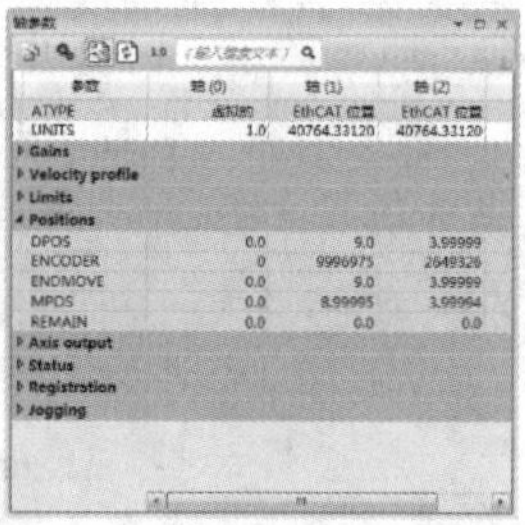	打开轴参数工具
3	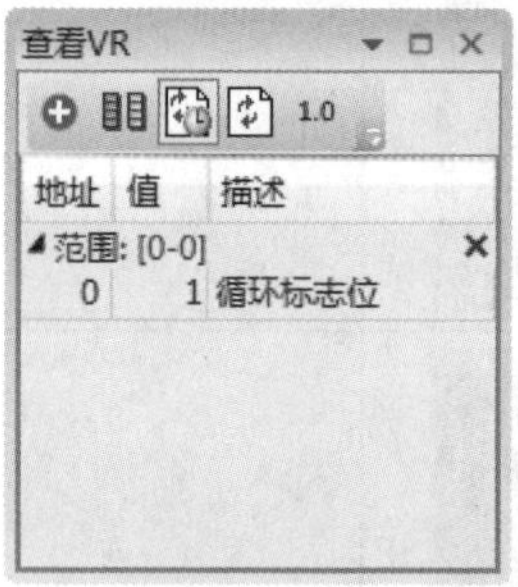 查看VR 地址 值 描述 范围: [0-0] 0 1 循环标志位	VR(0)值变为“1”	7	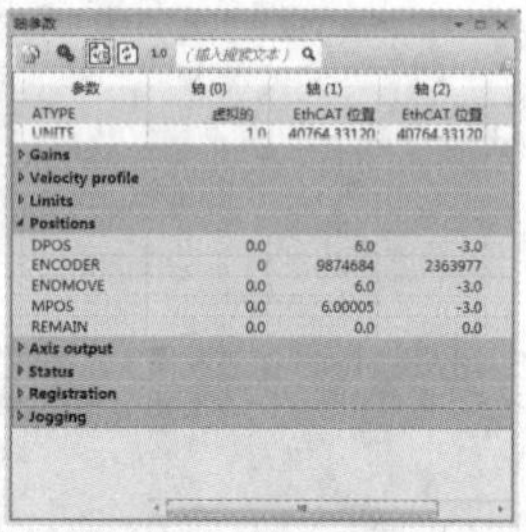	轴参数中 DPOS 值
4	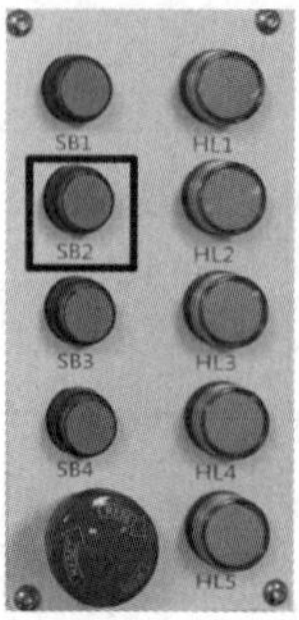 SB1 HL1 SB2 HL2 SB3 HL3 SB4 HL4 HL5	按下 SB2	8	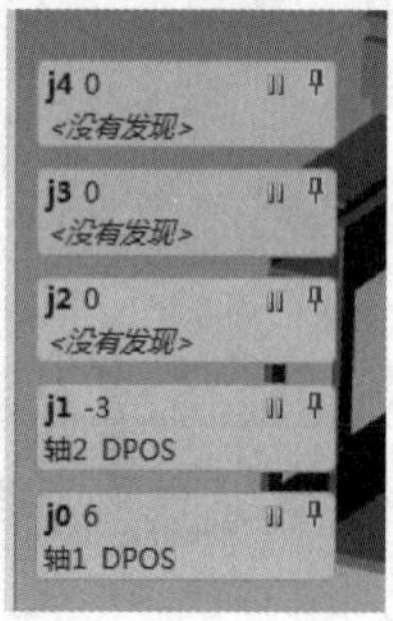 j4 0 <没有发现> j3 0 <没有发现> j2 0 <没有发现> j1 -3 轴2 DPOS j0 6 轴1 DPOS	轴参数中 DPOS 值与仿真中数值一致

7.6　项目总结

7.6.1　项目评价

项目评价见表 7.13。

表 7.13　项目评价表

项目指标		分值	自评	互评	评分说明
项目分析	1. 硬件构架分析	6			
	2. 软件构架分析	6			
	3. 项目流程分析	6			
项目要点	1. 轴地址偏移	6			
	2. 自动初始化网络	6			
	3. MC_CONFIG 文件	6			
	4. 虚拟仿真功能	6			
项目步骤	1. 应用系统连接	8			
	2. 应用系统配置	8			
	3. 主体程序设计	8			
	4. 关联程序设计	8			
	5. 项目程序调试	8			
	6. 项目运行调试	8			
项目验证	1. 效果验证	5			
	2. 数据验证	5			
合计		100			

7.6.2　项目拓展

（1）使用控制器仿真软件，把实训系统 2 个轴分别关联至直角坐标机器人的 J2 与 J3 轴，利用 J2、J3 轴进行仿真测试。

（2）使用控制器仿真软件，设计一款五轴直角坐标机器人，并对五轴坐标机器人进行联调工作，如图 7.16 所示。

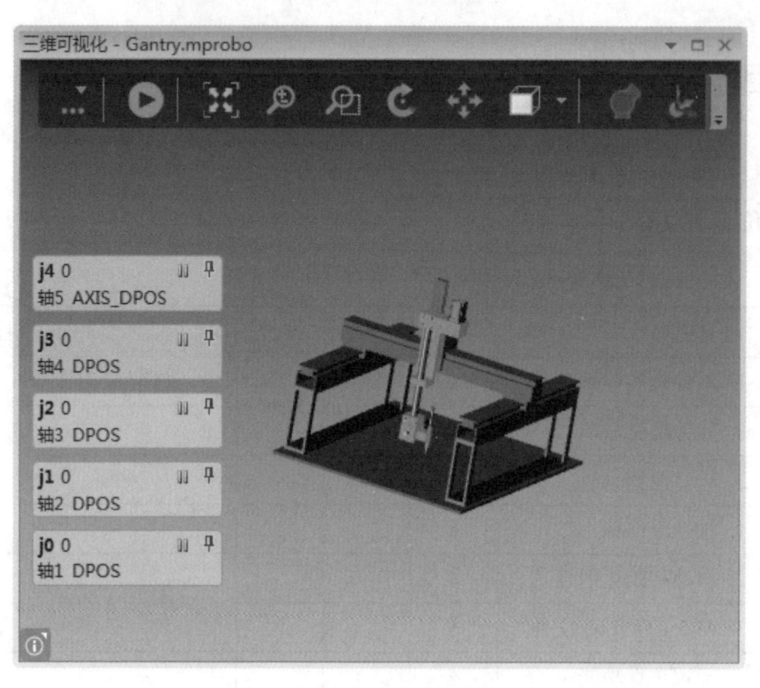

图 7.16　五轴直角坐标机器人仿真

第8章 基于电子齿轮的飞剪项目

8.1 项目目的

※ 飞剪项目的目的

8.1.1 项目背景

飞剪系统的旋转刀刃对运动的进给材料按照设定的长度进行剪切，为了提高设备的加工效率，要求被剪切材料保持连续进给，不能在剪切时停顿。飞剪系统是工业生产领域一种常见的控制系统。在实施定长切断的过程中，通过位置随动跟踪控制刀尖与物料的相对位置，使得伺服电机的编码器脉冲与速度/长度测量辊的编码器脉冲成固定的比例。如图 8.1 所示为飞剪设备示意图，图 8.2 为飞剪应用设置。

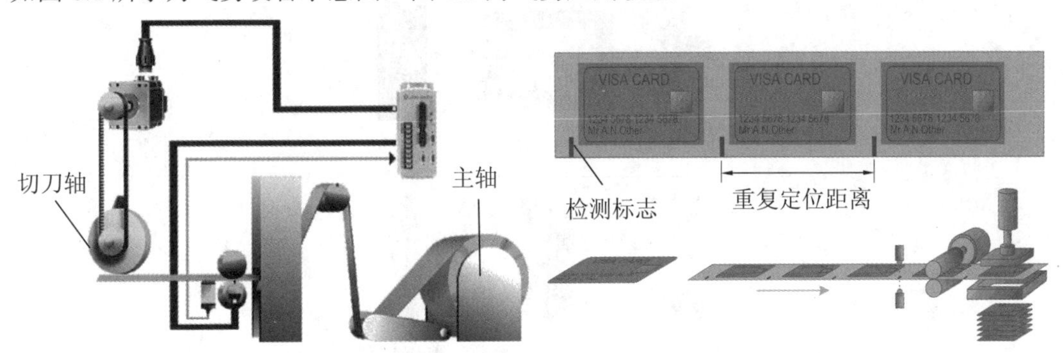

图 8.1　飞剪设备　　　　图 8.2　信用卡印刷裁剪设备

8.1.2 项目需求

轴 2 需要以设定比率跟随轴 1，使用 2 个伺服电机来演示此运动，轴 1 每旋转 1°，轴 2 就旋转 2°，如图 8.3 所示，轴 1 旋转 90°，轴 2 跟随着旋转了 180°。

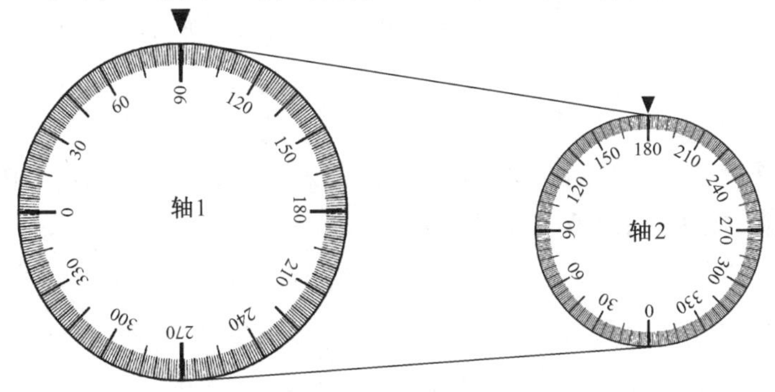

图 8.3　基于电子齿轮的飞剪设备项目需求

8.1.3 项目目的

（1）了解飞剪设备的工作原理。

（2）熟悉控制器通道工具的使用方法。

（3）掌握同步控制指令。

（4）掌握电子齿轮的使用方法。

（5）掌握电机多段速的控制方法。

（6）掌握控制器的示波器功能。

8.2 项目分析

8.2.1 项目构架

本项目为基于电子齿轮的飞剪项目，需使用实训系统上的开关电源模块、运动控制器模块、触摸屏模块、输入输出模块，项目结构图如图 8.4 所示。

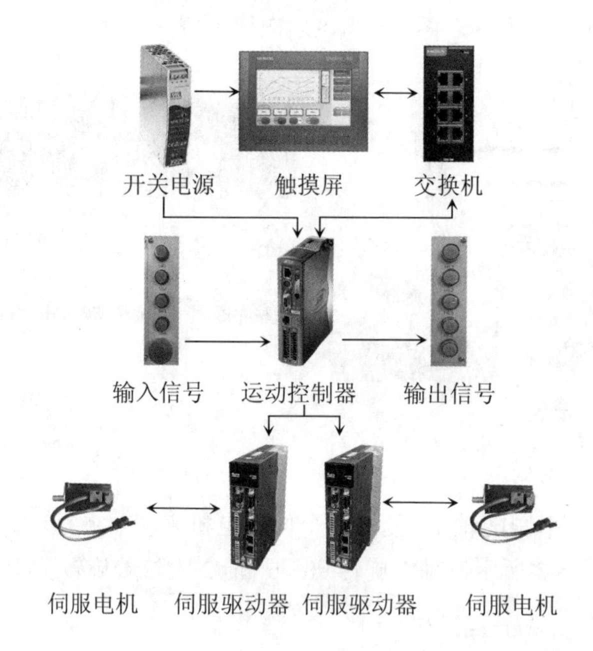

图 8.4 项目构架图

图 8.5 所示为本项目所使用的输入输出模块的名称定义，其中 SB1～SB4 为常开按钮，SB5 为常闭按钮，HL1～HL5 为 5 个指示灯。

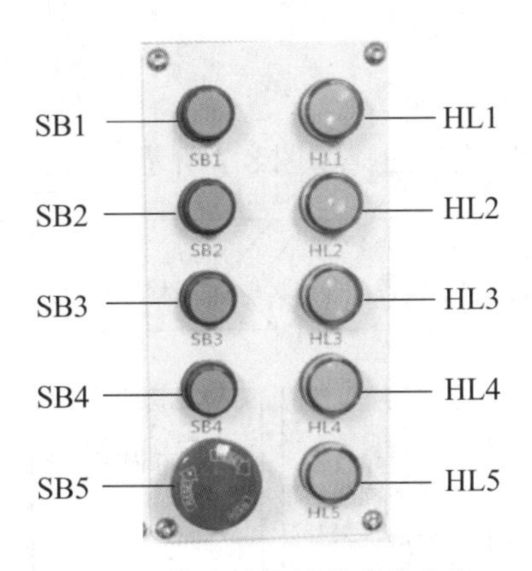

图 8.5 输入输出模块名称定义

按下启动按钮 SB1，伺服轴 1 先进行回零工作，回零完成后，伺服轴 2 开始回零，回零完成后进行 TASK_FLYCUT 程序的运行。按下停止按钮 SB2，程序在运行完当前循环任务后跳出循环。各任务程序流程图如图 8.6 所示。

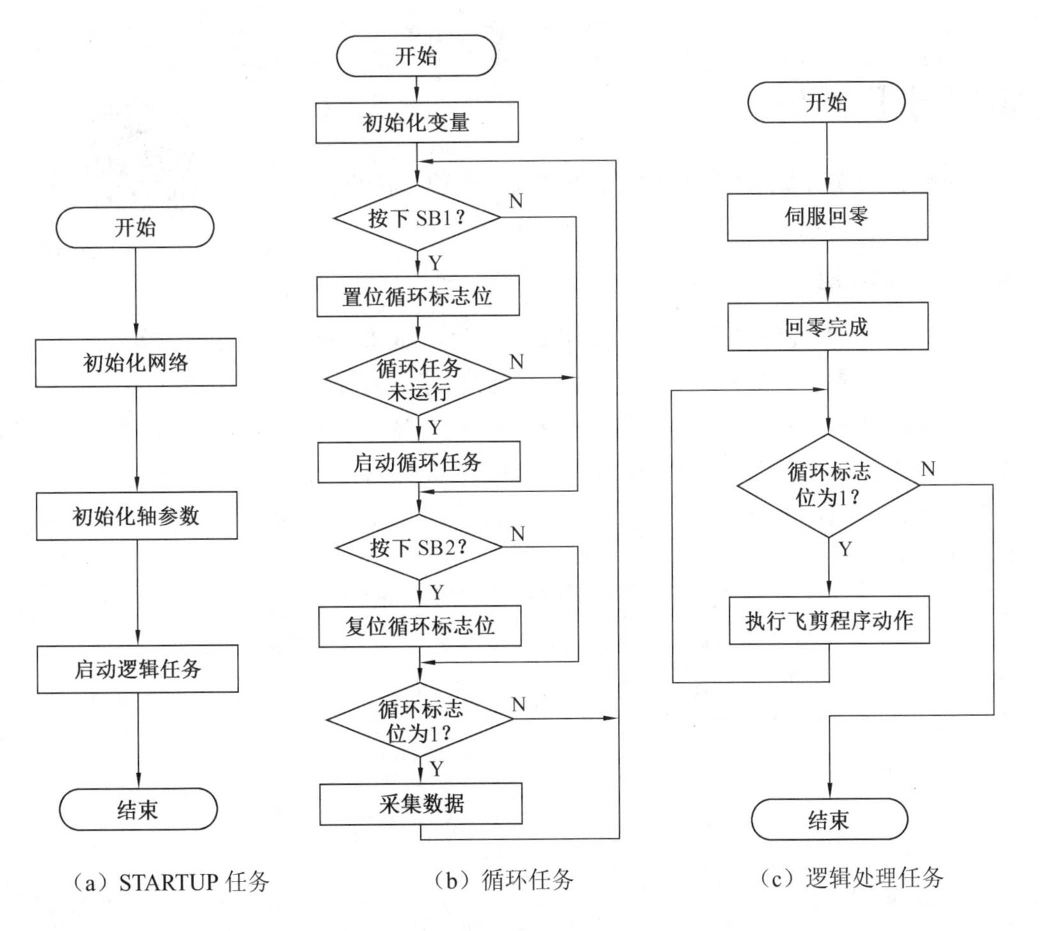

（a）STARTUP 任务　（b）循环任务　（c）逻辑处理任务

图 8.6 各任务程序流程图

8.2.2 项目流程

基于电子齿轮的飞剪项目流程图，如图 8.7 所示。

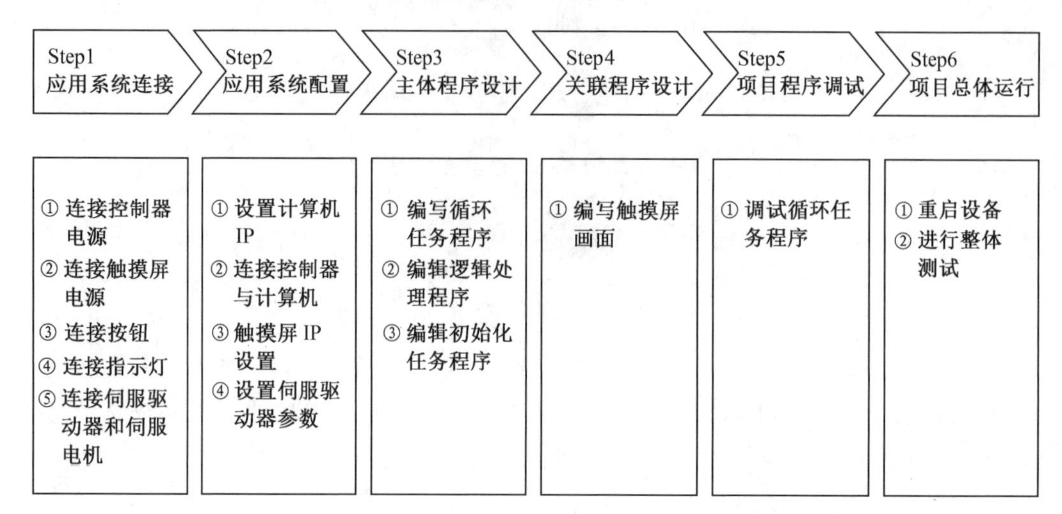

图 8.7 项目流程图

8.3 项目要点

※ 飞剪项目的要点

本项目的项目要点有终端功能、电子齿轮运动、多段速控制、示波器功能这几部分。

8.3.1 终端功能

“终端”工具允许用户直接与控制器进行交互，通过命令行（直接或通道 0）或用户程序（通道 5、6 或 7），键盘键入的字符可发送到控制器，控制器的输出字符显示在终端窗口。

Motion Perfect 软件内置了对简单终端脚本的支持，这允许用户编写命令文件，然后在单个操作中将文件内容发送给控制器。除了要发送给控制器的命令之外，还有一些额外的命令，Motion Perfect 使用这些命令来控制脚本的运行。图 8.8 所示为终端简单指令的使用示例。

```
ethercat(0,0)
EtherCAT State: Init (0)
EtherCAT State: Pre-Operational (0)
EtherCAT State: Safe-Operational (0)
EtherCAT State: Operational (0)
EtherCAT Configuration (0):
  ASDA-A2-E CoE Drive:  0 : 0 : 1 (1:0:0)
  ASDA-A2-E CoE Drive:  1 : 0 : 2 (2:0:0)
>>base(1)
>>re
>>ca
>>fo
>>ca
>>speed=100
>>accel=2000
>>
```

图 8.8 终端简单指令的使用示例

8.3.2　电子齿轮运动

1. 电子齿轮运动简介

电子齿轮运动是指一个坐标的运动指令能够驱动两个电动机同时运行，通过对这两个电动机轴移动量的检测，将位移偏差反馈到数控系统且获得同步误差补偿。其目的是将主、从两个电动机轴之间的位移偏差量控制在一个允许的范围内。

2. 电子齿轮指令

通过 CONNECT 指令将基础轴的需求位置与驱动轴的测量运动联系起来，从而产生一个电子齿轮箱，可以使用 CANCEL 或 RAPIDSTOP 命令取消该命令，CONNECT 指令用法及示例见表 8.1。

表 8.1　CONNECT 指令用法及示例

<table>
<tr><td>格式</td><td colspan="3">CONNECT(ratio, driving_axis)</td></tr>
<tr><td rowspan="2">参数</td><td>ratio</td><td colspan="2">这个参数保存了驱动轴每增加一个单位需要移动的基轴的边数。比值可以是正的，也可以是负的。该比率总是指定为编码器的边缘比率</td></tr>
<tr><td>driving_axis</td><td colspan="2">此参数指定要链接到的轴</td></tr>
<tr><td rowspan="2">示例</td><td>轴1　轴2</td><td>轴1　轴2</td><td>轴1　轴2</td></tr>
<tr><td>Base(1)
CONNECT(0.5,2)</td><td>Base(1)
CONNECT(2,2)</td><td>Base(1)
CONNECT(1,2)</td></tr>
<tr><td>说明</td><td colspan="3">电子齿轮的 3 种设置方式</td></tr>
</table>

8.3.3　多段速控制

1. 多段速简介

多段速是指伺服电机在工作中以不同速度运行，电机速度的改变就是控制器速度参数的改变。因此，在控制器内部可以设定多种速度，改变其控制速度参数就可以改变伺服电机速度。

2. 多段速指令介绍

多段速指令包括速度参数（VPSPEED、STARTMOVE_SPEED、FORCE_SPEED、ENDMOVE_SPEED）和运行指令（MERGE、MOVEABSSP、MOVESP），下面通过一个实例来讲解几者之间的关系，具体程序代码如下：

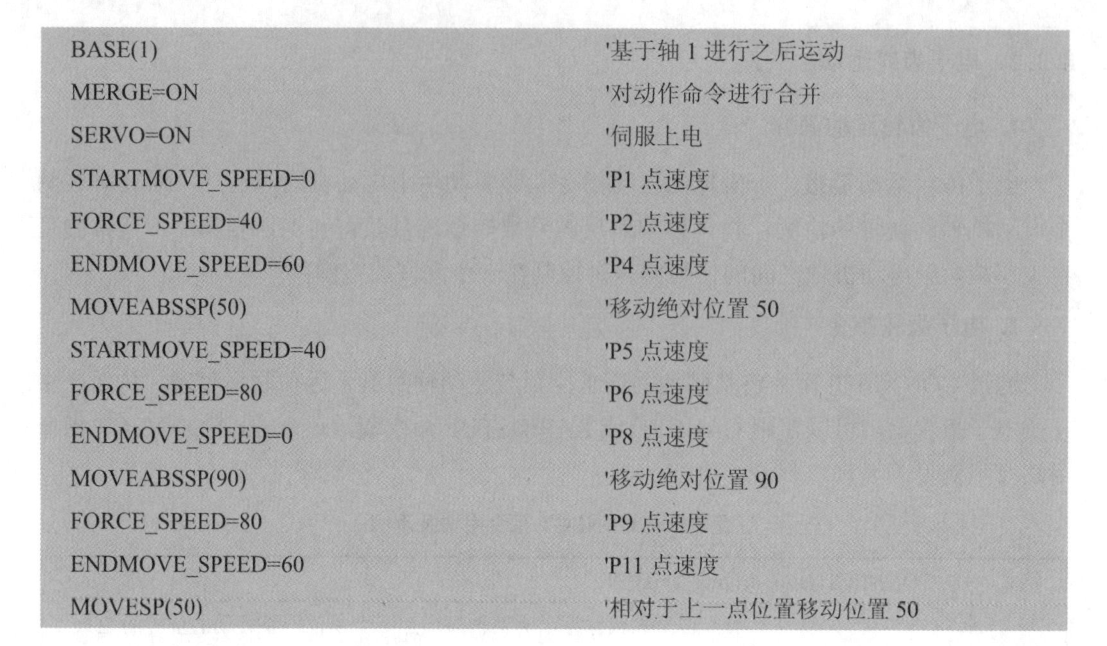

```
BASE(1)                              '基于轴 1 进行之后运动
MERGE=ON                             '对动作命令进行合并
SERVO=ON                             '伺服上电
STARTMOVE_SPEED=0                    'P1 点速度
FORCE_SPEED=40                       'P2 点速度
ENDMOVE_SPEED=60                     'P4 点速度
MOVEABSSP(50)                        '移动绝对位置 50
STARTMOVE_SPEED=40                   'P5 点速度
FORCE_SPEED=80                       'P6 点速度
ENDMOVE_SPEED=0                      'P8 点速度
MOVEABSSP(90)                        '移动绝对位置 90
FORCE_SPEED=80                       'P9 点速度
ENDMOVE_SPEED=60                     'P11 点速度
MOVESP(50)                           '相对于上一点位置移动位置 50
```

STARTMOVE_SPEED、FORCE_SPEED、ENDMOVE_SPEED、VPSPEED 几者之间的关系如图 8.9 所示，具体介绍见表 8.2。

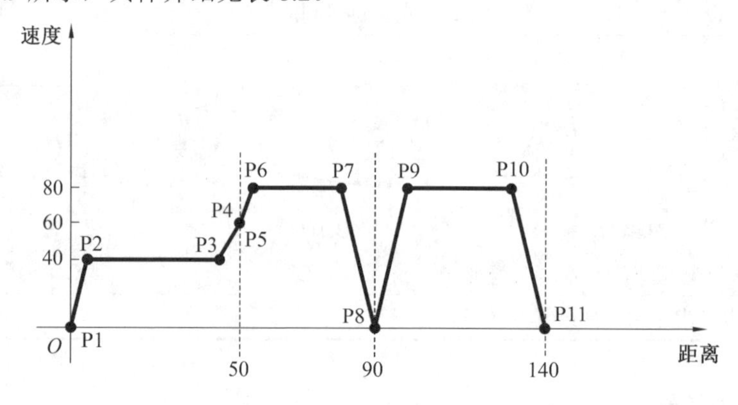

图 8.9　多段速图示

表 8.2　多段速参数之间具体关系介绍

速度参数	STARTMOVE_SPEED	FORCE_SPEED	ENDMOVE_SPEED	VPSPEED
参数含义	启动速度	主速度	结束速度	反映轴实时速度
速度点位	P1 点、P5 点	P2～P3 点、P6～P7 点、P9～P10 点	P4 点、P8 点、P11 点	全部速度曲线

（1）VPSPEED。

VPSPEED 参数是一种控制器内部用于监视速度的参数，它随着运动的速度曲线变化而实时更新，反映了当前运动的实时速度。

（2）STARTMOVE_SPEED。

STARTMOVE_SPEED 参数为支持高级速度控制的运动命令（以 SP 结尾的命令），用于设置启动速度。

（3）FORCE_SPEED。

FORCE_SPEED 参数为支持高级速度控制（以 SP 结尾的命令）的运动命令，用于设置主速度。FORCE_SPEED 参数可在移动的同时被加载到缓冲区中，可以为后续的移动设置不同的速度。

（4）ENDMOVE_SPEED。

ENDMOVE_SPEED 参数支持高级速度控制的运动命令（以 SP 结尾的命令），用于设置结束速度。指令有效后，VP_SPEED 将减速，直到在程序末尾达到 ENDMOVE_SPEED。

在构成多段运动轨迹时，在速度控制方面，控制器将根据相邻两个轨迹的 ENDMOVE_SPEED、FORCE_SPEED 或 STARTMOVE_SPEED 参数进行判断，最小值优先。

ENDMOVE_SPEED 参数在移动的同时被加载到缓冲区中，因此可以为后续移动设置不同的速度。如果缓冲区中没有进一步的移动命令，当前的移动将减速直到停止。

（5）MERGE。

MERGE 指令可以将轴的速度轮廓轨迹合并在一起，一个运动指令结束后，在过渡到下一个指令时，速度将不会下降到零，而是下降至当前移动速度和缓冲移动速度之间，MERGE 指令用法及示例见表 8.3。

表 8.3　MERGE 指令用法及示例

<table>
<tr><td>格式</td><td colspan="3">MERGE(Value)</td></tr>
<tr><td rowspan="2">参数</td><td rowspan="2">Value</td><td>ON</td><td>对动作命令进行合并</td></tr>
<tr><td>OFF</td><td>关闭运动指令，减速到零速度</td></tr>
<tr><td>示例</td><td colspan="3">BASE(0,1)
MERGE=ON
MOVEABS(0,50)
MOVE(0,100)
MOVECIRC(50,50,50,0,1)
MOVE(100,0)
WAIT IDLE
MERGE=OFF</td></tr>
<tr><td>说明</td><td colspan="3">在移动序列之前打开 MERGE，然后在末尾禁用</td></tr>
</table>

（6）MOVEABSSP。

MOVEABSSP 是绝对位置移动指令，用于将一个轴或多个轴移动到相对于原点位置的位置。列表中的第一个参数被发送到 AXIS 命令指定的轴或当前基轴，第二个参数被发送到下一个轴，以此类推。

作为绝对运动指令，运行过程中允许矢量速度改变。当指令中有多个移动点位时，若令MERGE=ON，则可使用FORCE_SPEED，ENDMOVE_SPEED和STARTMOVE_SPEED参数进行速度控制，MOVEABSSP指令用法及示例见表8.4。

表8.4　MOVEABSSP指令用法及示例

格式	MOVEABSSP(position1[, position2[, position3[, position4…]]])	
参数	position1	基本轴从当前零点开始运动的距离
	position2	基本轴队列中第二轴从零点位置开始运动的距离
	position3	基本轴队列中第三轴从零点位置开始运动的距离
	position4	基本轴队列中第四轴从零点位置开始运动的距离
	参数的最大数目是控制器上可用的轴数	
示例	BASE(1)	'基于轴1进行之后运动
	SERVO=ON	'伺服上电
	STARTMOVE_SPEED=0	'P1点速度
	FORCE_SPEED=40	'P2点速度
	ENDMOVE_SPEED=60	'P4点速度
	MOVEABSSP(50)	'移动绝对位置50
说明	设置轴1的起始速度为0、运行速度为40、结束速度为60，绝对移动为50	

（7）MOVESP。

MOVESP是相对位置移动指令。使用该指令，在运行过程中允许矢量速度改变。当指令中有多个移动点位时，若令MERGE=ON，则可使用FORCE_SPEED，ENDMOVE_SPEED和STARTMOVE_SPEED参数进行速度控制，MOVESP指令用法及示例见表8.5。

表8.5　MOVESP指令用法及示例

格式	MOVESP(distance1 [,distance2 [,distance3 [,distance4...]]])	
参数	distance1	基本轴从当前位置开始运动的距离
	distance2	基本轴队列中第二轴从当前位置开始运动的距离
	distance3	基本轴队列中第三轴从当前位置开始运动的距离
	distance4	基本轴队列中第四轴从当前位置开始运动的距离
	参数的最大数目是控制器上可用的轴数	
示例	BASE(1)	'基于轴1进行之后运动
	SERVO=ON	'伺服上电
	STARTMOVE_SPEED=0	'P1点起始速度
	FORCE_SPEED=40	'P1点平滑运行速度
	ENDMOVE_SPEED=60	'P1点结束时速度
	MOVESP(50)	'移动到相对于P1点距离50处
说明	设置轴1的起始速度为0、运行速度为40、结束速度为60，相对移动为50	

8.3.4　示波器功能

1. 示波器简介

示波器可以跟踪运动控制器上的许多变量和参数，辅助程序开发和机器调试。示波器有多达 8 个通道可用，每一个可以记录多达 1 000 个数据，有手动循环和程序链接触发两种工作方式。控制器以选定的频率记录数据，然后将数据上传到待显示的示波器上。控制器何时开始记录所需的数据取决于它是处于手动模式还是程序链接触发模式。在程序链接触发模式下，当它在控制器运行的程序中遇到触发指令时，就开始记录数据；在手动模式下，它立即开始记录数据。

2. 示波器工具

示波器界面主要分为 4 部分，即主菜单、通道设置、水平控制、波形显示区，如图 8.10 所示。

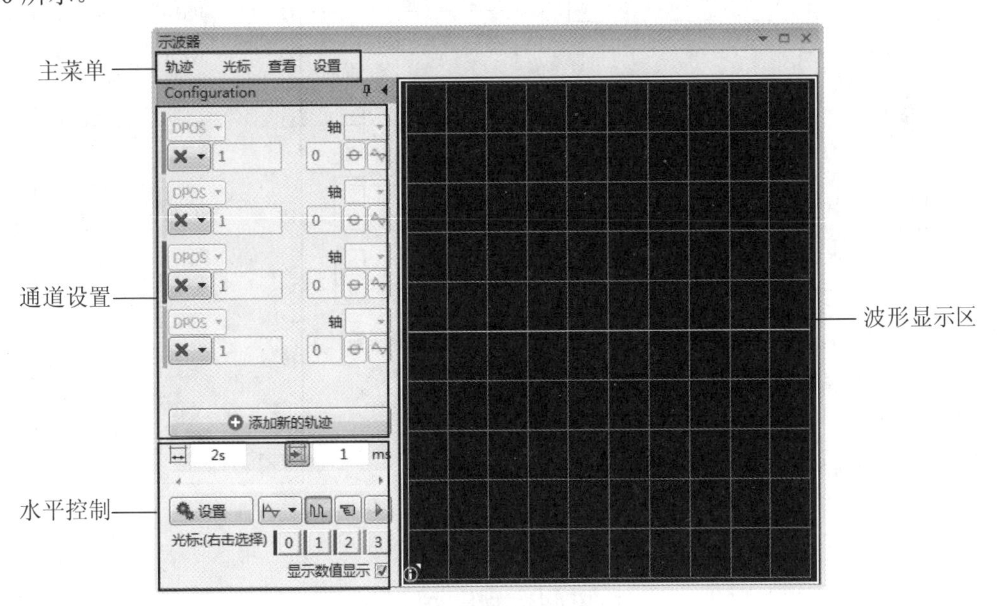

图 8.10　示波器界面

8.4　项目步骤

※ 飞剪项目的步骤

8.4.1　应用系统连接

本项目为基于电子齿轮的飞剪项目，需使用实训系统上的开关电源模块、运动控制器模块、触摸屏模块、输入输出模块、两组增量式伺服系统。对于增量式伺服系统需要增加回零开关，进行伺服电机零点的标定，具体的硬件连接图如图 8.11 所示，根据硬件连接图进行线路的装配。

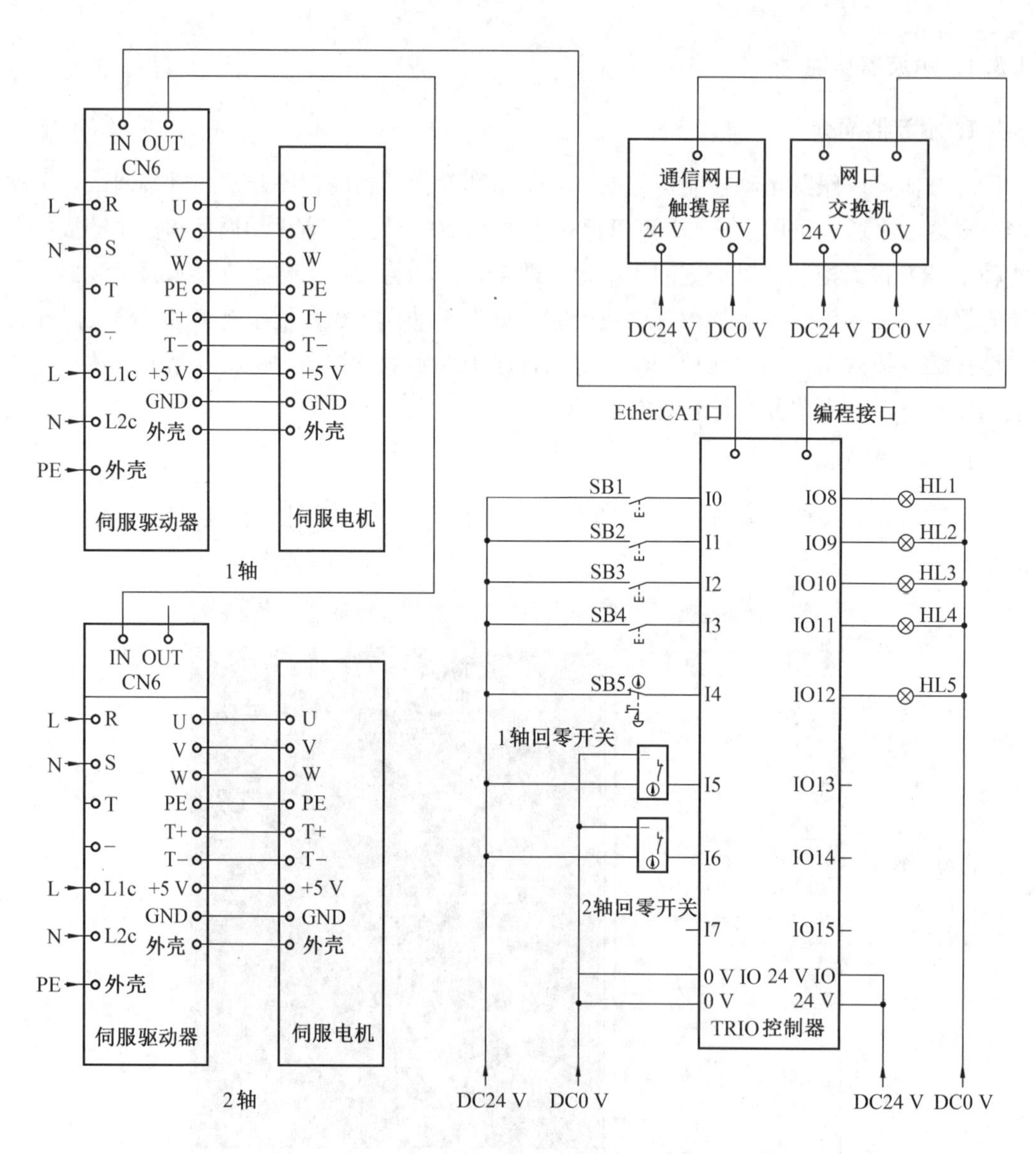

图 8.11　硬件接线图

8.4.2　应用系统配置

1. 伺服参数配置

实训系统采用台达 ASDA-A2-E 总线型伺服系统，需对表 8.6 中参数进行设定。使用参数编辑器对伺服参数进行修改，参数修改完成后下载到伺服系统，并对伺服系统进行断电重启，如图 8.12 所示。

表 8.6　伺服系统参数设置

序号	参数名称	功能	设定值	说明
1	P1-00	外部脉波列输入型式	0x0002	设置成脉冲列+符号
2	P1-01	控制模式及控制命令输入源	0x000C	设置成总线模式
3	P2-14	数位输入接脚 DI5	0x0100	设置为不作用
4	P2-15	数位输入接脚 DI6	0x0100	设置为不作用
5	P2-16	数位输入接脚 DI7	0x0100	设置为不作用

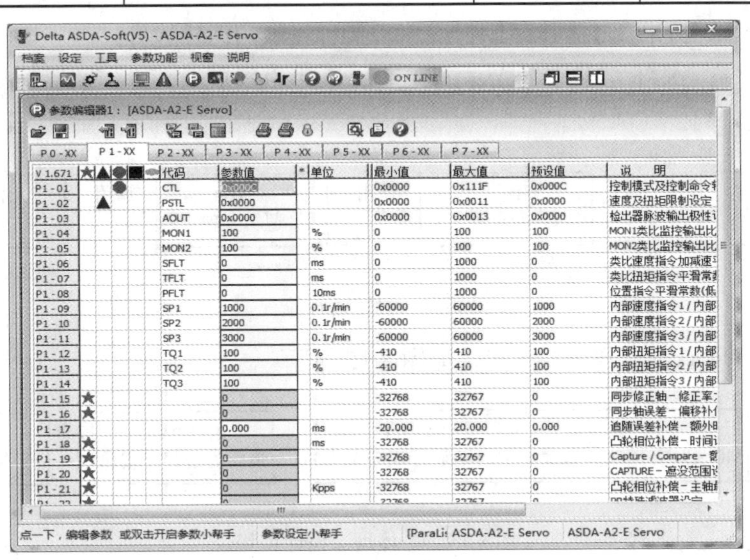

图 8.12　伺服参数设置

2. 计算机 IP 设置

设置计算机以太网端口 IP 为“192.168.0.100”，如图 8.13 所示。

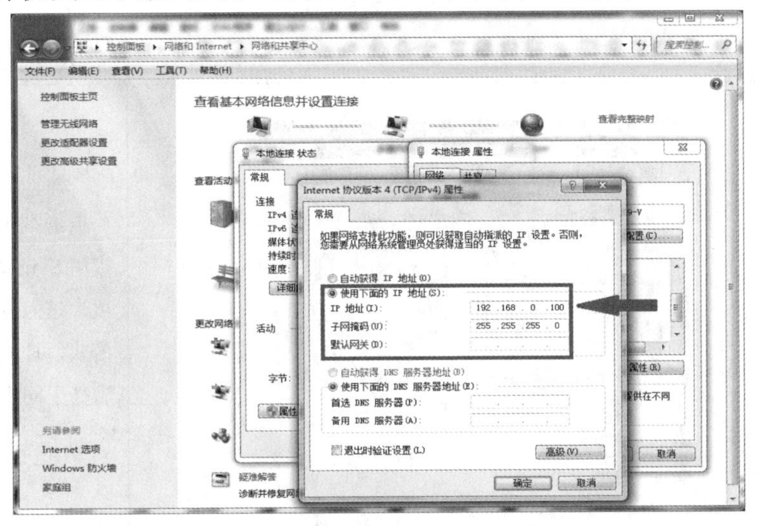

图 8.13　计算机 IP 设置

8.4.3 主体程序设计

基于电子齿轮的飞剪项目共包含 3 个 BASIC 程序，1 个 MC_CONFIG 文件，如图 8.14 所示，各程序功能为：

（1）STARTUP：上电自动启动程序，执行初始化参数设置并且启动其他程序，仅运行 1 次。

（2）MAIN：逻辑处理程序，执行数字输入逻辑的处理和“TASK_FLYCUT”程序的控制。

（3）TASK_FLYCUT：循环运行程序，执行飞剪的循环运行。

（4）MC_CONFIG：MC_CONFIG 文件，上电自动启动，进行轴偏移及初始化网络的自动启动设置。

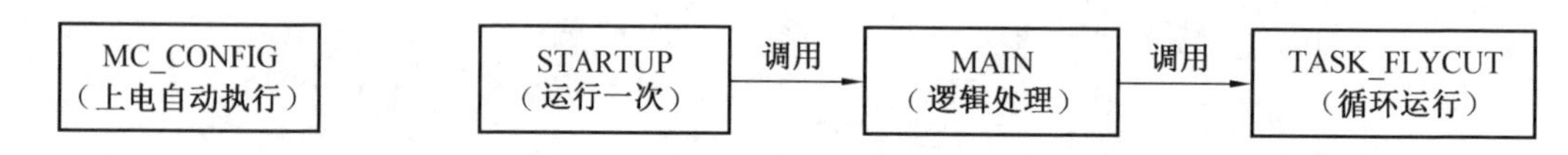

图 8.14　程序运行流程

主体程序设计的步骤分为 5 步，如图 8.15 所示

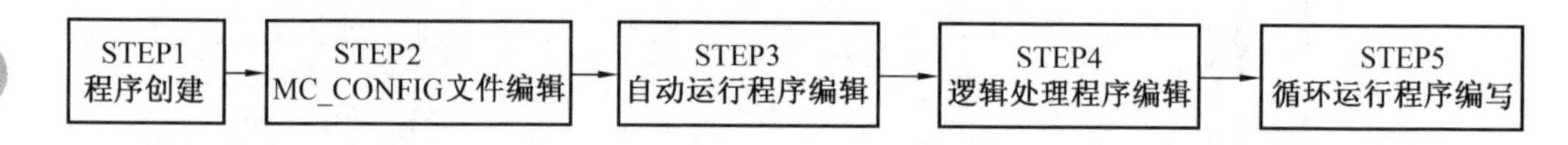

图 8.15　主体程序设计步骤

1. STEP1：程序创建

程序创建的具体步骤见表 8.7。

表 8.7　程序创建

序号	图片示例	操作步骤
1		点击“控制器”→“连接用 Sync 模式”菜单选项，进入程序在线编辑模式，控制器连接成功后处于同步模式

续表 8.7

序号	图片示例	操作步骤
2	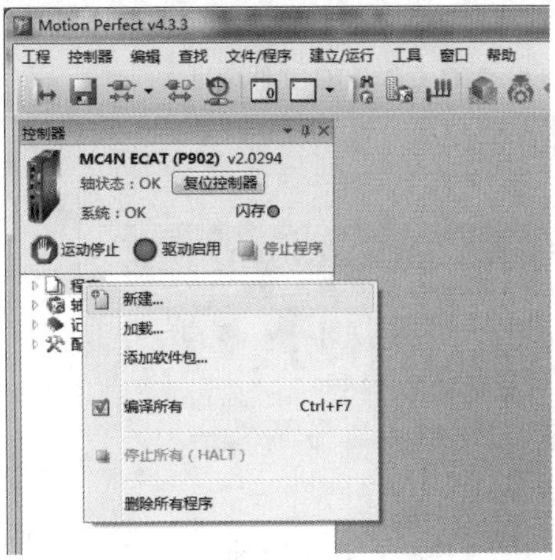	在“控制器树”窗口中，右击“程序”
3	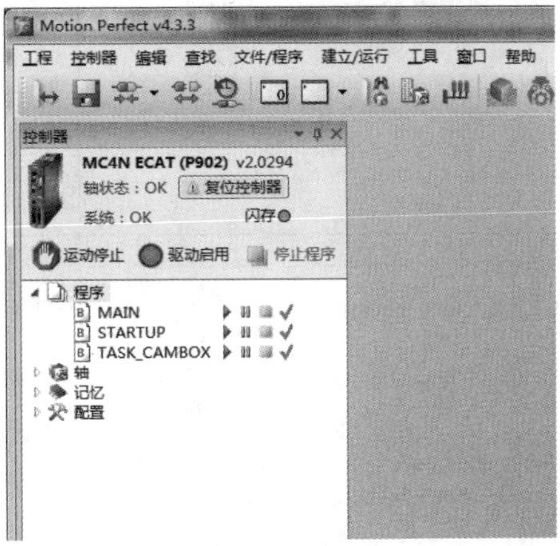	新建一个“STARTUP”、“MAIN”和“TASK_FLYCUT”程序
4	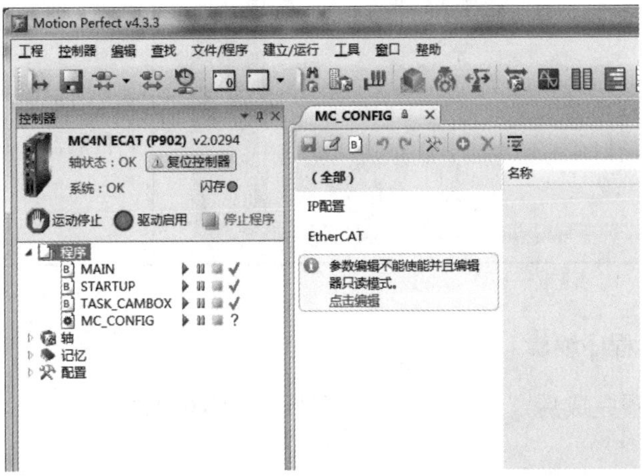	创建 MC_CONFIG 文件

2. STEP2： MC_CONFIG 文件编辑

程序创建完成后，对 MC_CONFIG 文件进行编辑，设置轴偏移和自动初始化网络参数，具体步骤见表 8.8。

表 8.8 MC_CONFIG 文件编辑

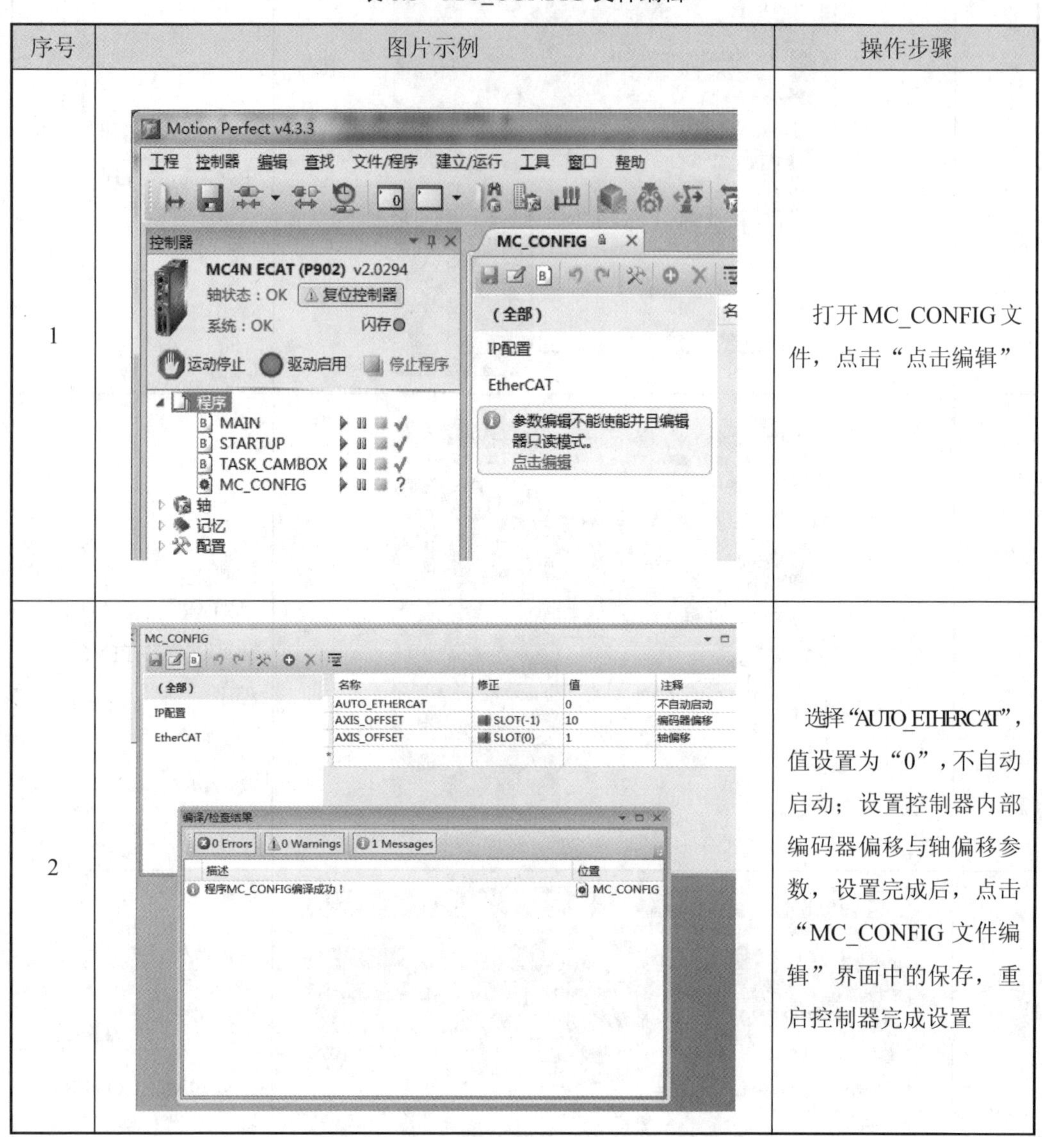

序号	图片示例	操作步骤
1		打开 MC_CONFIG 文件，点击“点击编辑”
2		选择“AUTO_ETHERCAT”，值设置为“0”，不自动启动；设置控制器内部编码器偏移与轴偏移参数，设置完成后，点击“MC_CONFIG 文件编辑”界面中的保存，重启控制器完成设置

3. STEP3：自动运行程序编辑

MC_CONFIG 文件设置完成后，进行自动运行程序“STARTUP”的编辑，程序具体代码如下：

```
WA(4000)                    ' 开机等待 4 s，等待控制器上电完成
ETHERCAT(0,0)               ' 初始化网络
BASE(1)                     ' 基于轴 1 执行以下动作
UNITS=3555.5556             ' 设置伺服电子齿轮比
SPEED=50                    ' 设置伺服运行速度
ACCEL=5000                  ' 设置伺服运行加速度
DECEL=5000                  ' 设置伺服运行减速度
CREEP=100                   ' 设定伺服搜索原点的速度
FE_LIMIT=20                 ' 设置伺服跟随误差
FS_LIMIT=10000000           ' 设置伺服运行正向软限位
RS_LIMIT=-10000000          ' 设置伺服运行反向软限位
DATUM_IN AXIS(1)=5          ' 设置伺服回零开关
SERVO=1                     ' 打开伺服使能
BASE(2)                     ' 基于轴 2 执行以下动作
UNITS=3555.5556             ' 设置伺服电子齿轮比
SPEED=50                    ' 设置伺服运行速度
ACCEL=5000                  ' 设置伺服运行加速度
DECEL=5000                  ' 设置伺服运行减速度
CREEP=100                   ' 设定伺服搜索原点的速度
FE_LIMIT=20                 ' 设置伺服跟随误差
FS_LIMIT=100000000          ' 设置伺服运行正向软限位
RS_LIMIT=-100000000         ' 设置伺服运行反向软限位
DATUM_IN AXIS(2)=6          ' 设置伺服回零开关
SERVO=1                     ' 打开伺服使能
WDOG=1                      ' 控制器驱动启动
RUN "MAIN"                  ' 调用逻辑处理程序
```

4. STEP4：逻辑处理程序编辑

逻辑处理程序“MAIN”的具体代码如下：

```
DIM oldin0 AS INTEGER                   ' 声明启动变量
DIM oldin1 AS INTEGER                   ' 声明停止变量
oldin0=0                                ' 初始化启动变量
oldin1=0                                ' 初始化停止变量
VR(0)=0                                 ' 初始化循环标志位变量
begin:                                  ' 标签
  IF oldin0=0 AND IN(0)=1 THEN          ' 判断启动上升沿信号
    VR(0)=1                             ' 置位循环标志位
    IF PROC_STATUS PROC(9)=0 THEN       ' 判断循环运行程序状态
      RUN "TASK_FLYCUT",9               ' 运行循环程序
```

```
    ENDIF                                  ' IF 结束标志
  ENDIF                                    ' IF 结束标志
  oldin0=IN(0)                             ' 设定启动初始化输入状态到锁存状态
  IF oldin1=0 AND IN(1)=1 THEN             ' 判断停止上升沿信号
    VR(0)=0                                ' 复位循环标志位
  ENDIF                                    ' IF 结束标志
  oldin1=IN(1)                             ' 设定停止初始化输入状态到锁存状态
GOTO begin                                 ' 跳转至标签
```

5. STEP5：循环运行程序编写

循环运行程序的具体代码如下：

```
BASE(1)                                    '基于轴 1 进行之后运动
DATUM(3)                                   '轴 1 开始回零
WAIT IDLE                                  '轴 1 回零完成
DEFPOS(-110)                               '反向偏移 110°
MOVEABS(0)                                 '移动到零点位置
WAIT IDLE                                  '完全到达位置
BASE(2)                                    '基于轴 2 进行之后运动
DATUM(3)                                   '轴 2 开始回零
WAIT IDLE                                  '轴 2 回零完成
DEFPOS(21)                                 '正向偏移 21°
MOVEABS(0)                                 '移动到零点位置
WAIT IDLE                                  '完全到达位置
BASE(1)                                    '基于轴 1 进行之后运动
CONNECT(-2,2)                              '把轴 1 关联到轴 2 上，进行同步运动
WHILE VR(0)=1                              '进入循环标志位
  BASE(2)                                  '基于轴 2 进行之后运动
  STARTMOVE_SPEED=0                        'P1 点开始速度
  FORCE_SPEED=40                           'P1 点运行速度
  ENDMOVE_SPEED=60                         'P1 点结束速度
  MOVESP(300)                              'P1 点
  STARTMOVE_SPEED=40                       'P2 点开始速度
  FORCE_SPEED=80                           'P2 点运行速度
  ENDMOVE_SPEED=0                          'P2 点结束速度
  MOVESP(290)                              'P2 点
  FORCE_SPEED=80                           'P3 点运行速度
  ENDMOVE_SPEED=60                         'P3 点结束速度
  MOVEABSSP(150)                           'P3 点
WEND                                       '循环结束标志
RAPIDSTOP                                  '当前程序停止
```

8.4.4　关联程序设计

通过控制器自带的示波器，设置轴 1 的速度曲线，观察曲线运动的轨迹可以清晰地了解多段速运动的速度变化，示波器的轨迹创建步骤见表 8.9。

表 8.9　示波器的轨迹创建

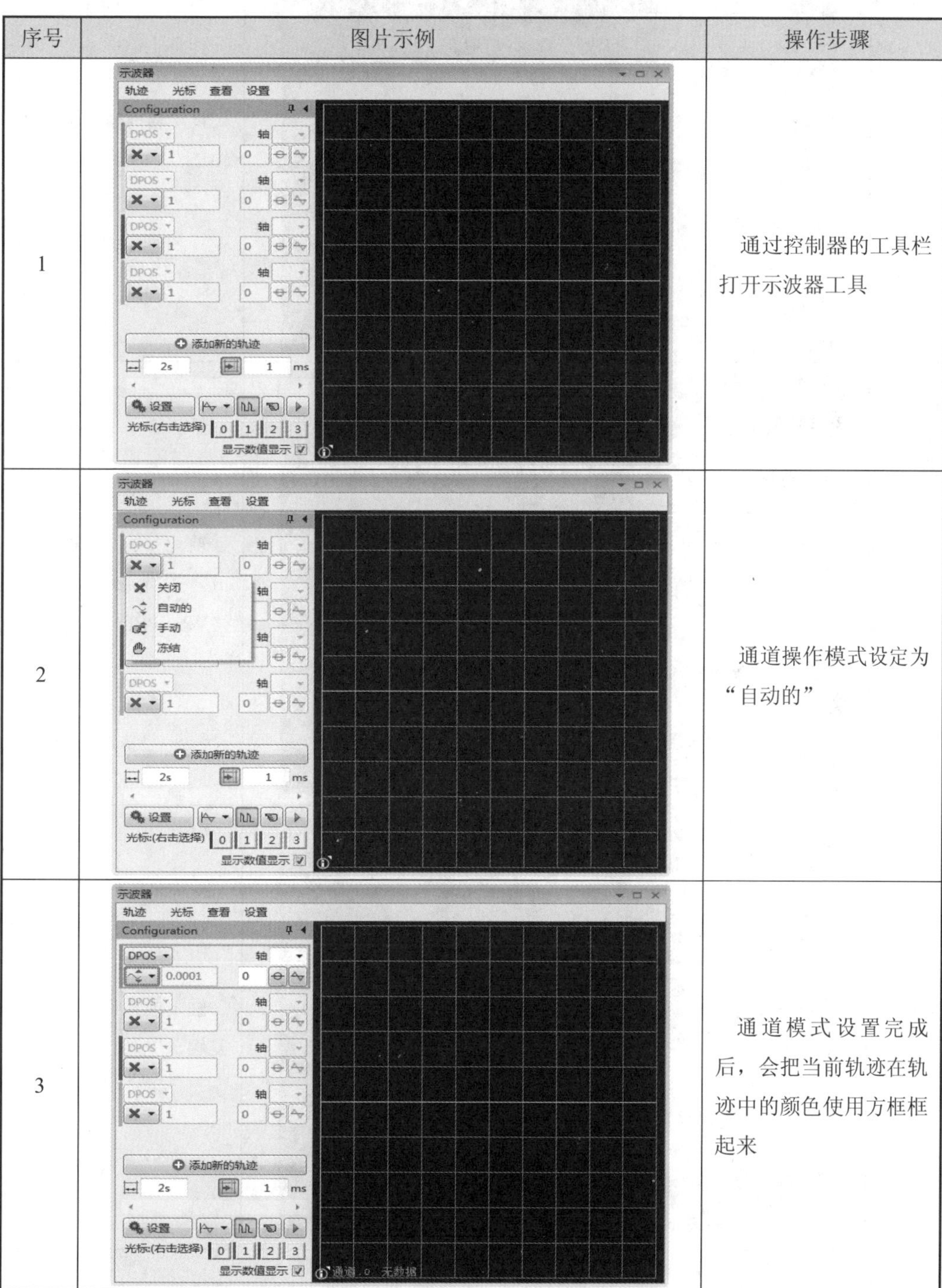

序号	图片示例	操作步骤
1		通过控制器的工具栏打开示波器工具
2		通道操作模式设定为“自动的”
3		通道模式设置完成后，会把当前轨迹在轨迹中的颜色使用方框框起来

续表 8.9

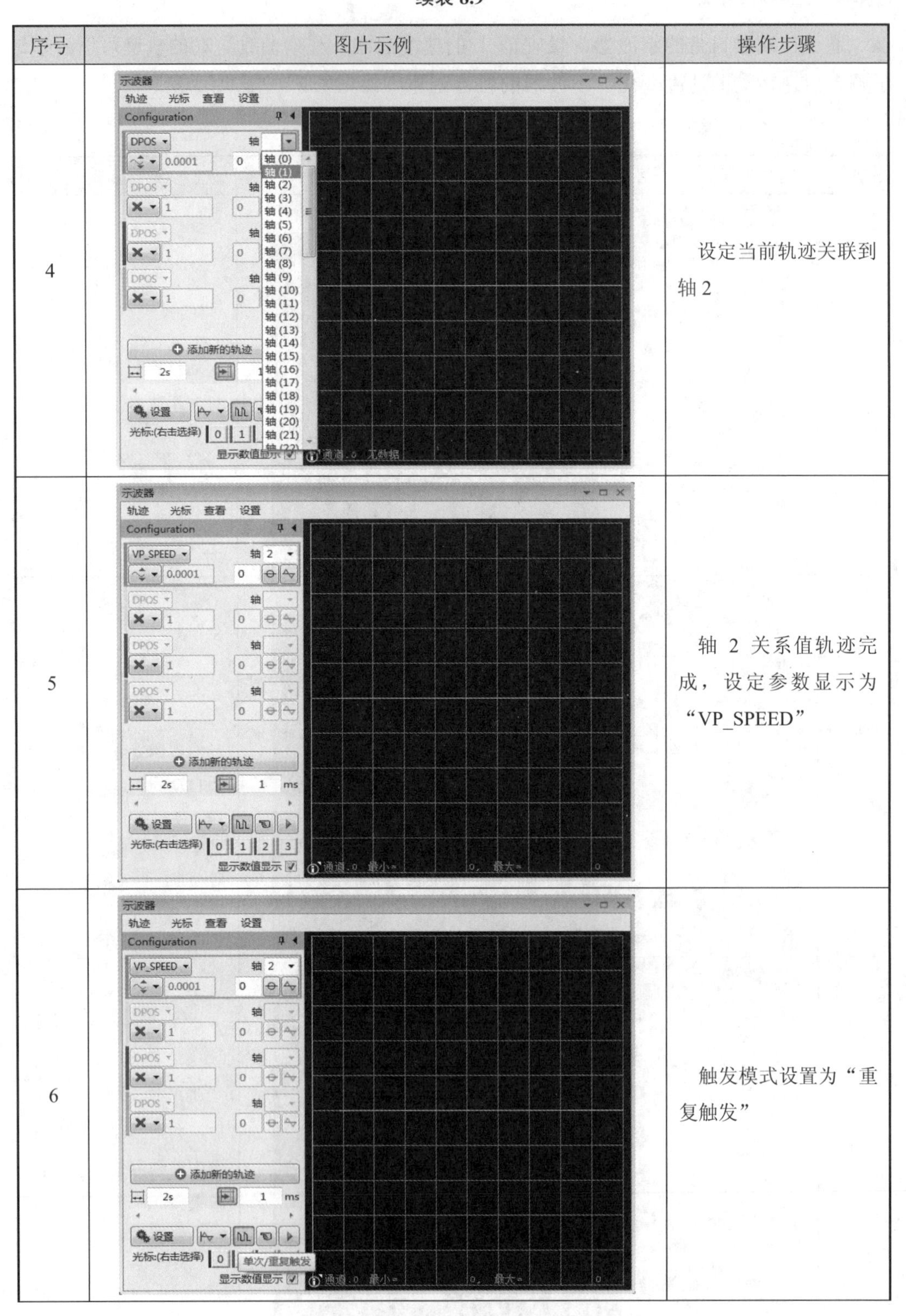

序号	图片示例	操作步骤
4		设定当前轨迹关联到轴 2
5		轴 2 关系值轨迹完成，设定参数显示为“VP_SPEED”
6		触发模式设置为“重复触发”

续表 8.9

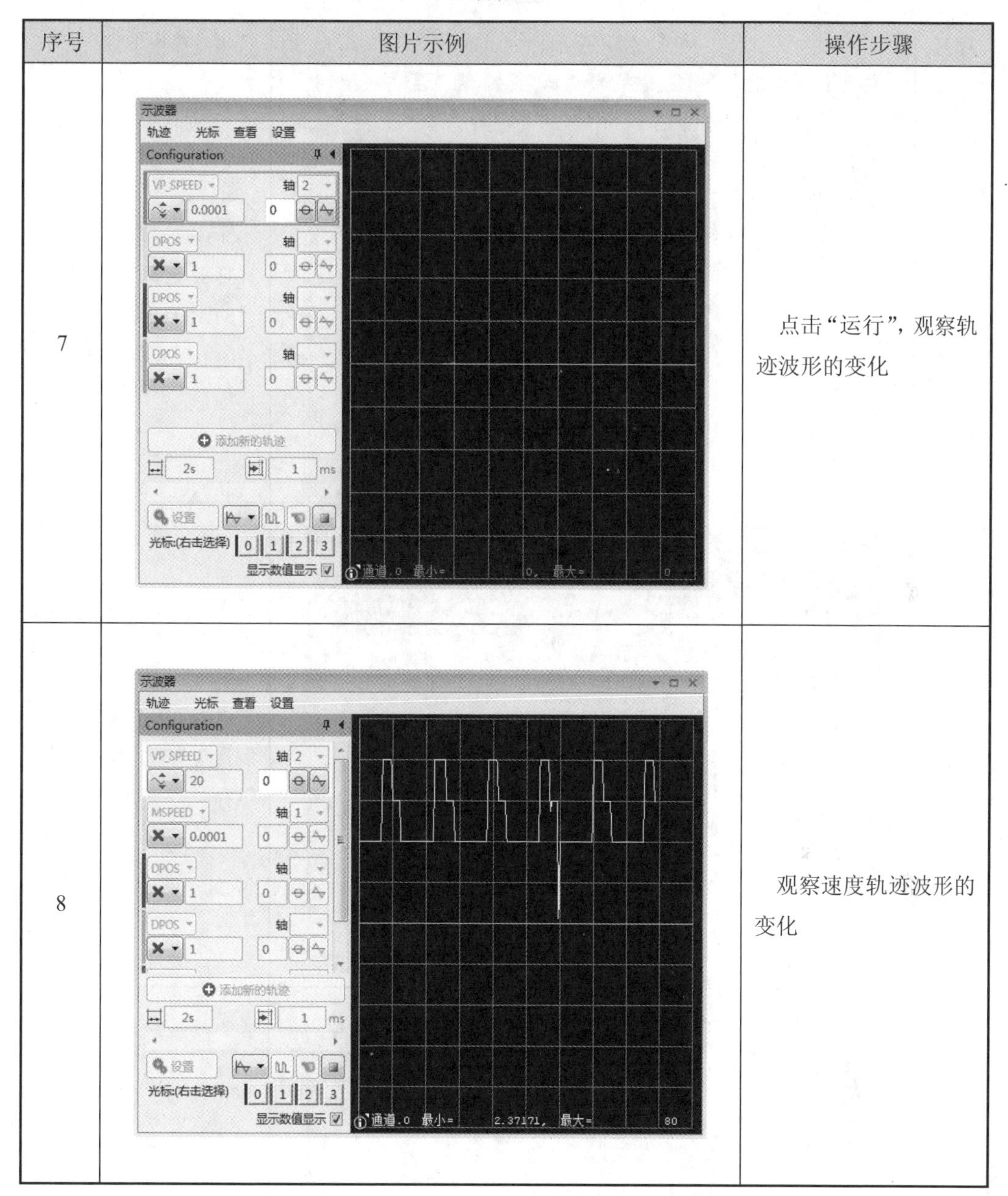

序号	图片示例	操作步骤
7		点击“运行”，观察轨迹波形的变化
8		观察速度轨迹波形的变化

8. 4. 5　项目程序调试

本项目共包含 3 个 BASIC 程序，需要分别对这 3 个程序进行调试。

1. 自动运行程序调试

自动运行程序“STARTUP”的调试步骤见表 8.10。

表 8.10　自动运行程序调试

序号	图片示例	操作步骤
1	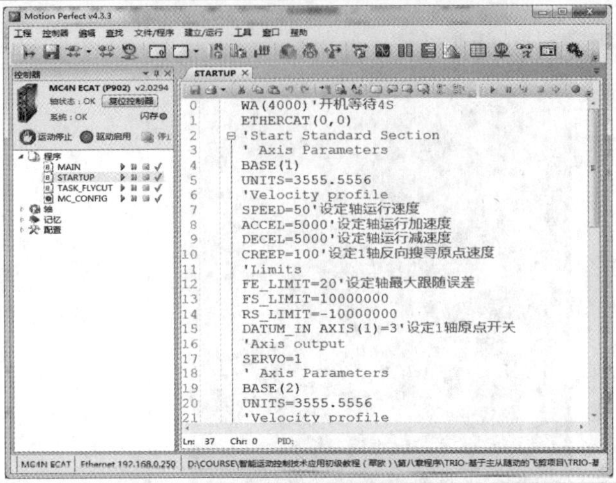 Motion Perfect v4.3.3 工程 控制器 编辑 查找 文件/程序 建立/运行 工具 窗口 帮助 控制器 MC4N ECAT (P902) v2.0294 轴状态：OK 复位控制器 系统：OK 闪存 运动停止 驱动启用 程序 MAIN STARTUP TASK_FLYCUT MC_CONFIG 轴 记忆 配置 STARTUP 0 WA(4000)'开机等待4S 1 ETHERCAT(0,0) 2 'Start Standard Section 3 ' Axis Parameters 4 BASE(1) 5 UNITS=3555.5556 6 'Velocity profile 7 SPEED=50'设定轴运行速度 8 ACCEL=5000'设定轴运行加速度 9 DECEL=5000'设定轴运行减速度 10 CREEP=100'设定1轴反向搜寻原点速度 11 'Limits 12 FE_LIMIT=20'设定轴最大跟随误差 13 FS_LIMIT=10000000 14 RS_LIMIT=-10000000 15 DATUM_IN AXIS(1)=3'设定1轴原点开关 16 'Axis output 17 SERVO=1 18 ' Axis Parameters 19 BASE(2) 20 UNITS=3555.5556 21 'Velocity profile Ln: 37 Chr: 0 PID: MC4N ECAT Ethernet 192.168.0.250 D:\COURSE\智能运动控制技术应用初级教程（翠欧）\第八章程序\TRIO-基于主从随动的飞剪项目\TRIO-基	打开自动启动程序“STARTUP”
2	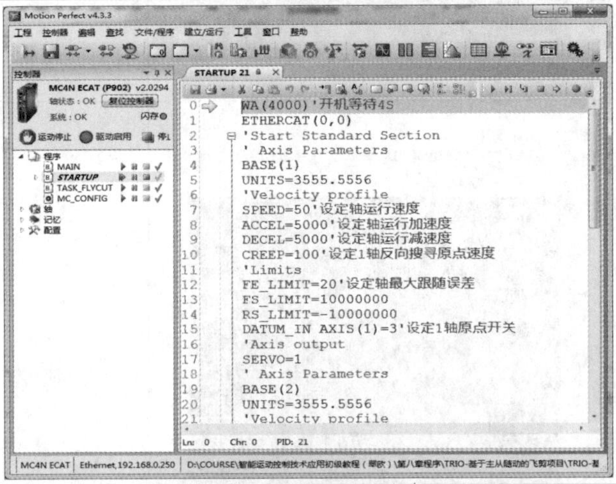 Motion Perfect v4.3.3 工程 控制器 编辑 查找 文件/程序 建立/运行 工具 窗口 帮助 控制器 MC4N ECAT (P902) v2.0294 轴状态：OK 复位控制器 系统：OK 闪存 运动停止 驱动启用 程序 MAIN STARTUP TASK_FLYCUT MC_CONFIG 轴 记忆 配置 STARTUP 21 0 WA(4000)'开机等待4S 1 ETHERCAT(0,0) 2 'Start Standard Section 3 ' Axis Parameters 4 BASE(1) 5 UNITS=3555.5556 6 'Velocity profile 7 SPEED=50'设定轴运行速度 8 ACCEL=5000'设定轴运行加速度 9 DECEL=5000'设定轴运行减速度 10 CREEP=100'设定1轴反向搜寻原点速度 11 'Limits 12 FE_LIMIT=20'设定轴最大跟随误差 13 FS_LIMIT=10000000 14 RS_LIMIT=-10000000 15 DATUM_IN AXIS(1)=3'设定1轴原点开关 16 'Axis output 17 SERVO=1 18 ' Axis Parameters 19 BASE(2) 20 UNITS=3555.5556 21 'Velocity profile Ln: 0 Chr: 0 PID: 21 MC4N ECAT Ethernet 192.168.0.250 D:\COURSE\智能运动控制技术应用初级教程（翠欧）\第八章程序\TRIO-基于主从随动的飞剪项目\TRIO-基	点击工具栏或者“控制器树”窗口中的单步运行
3	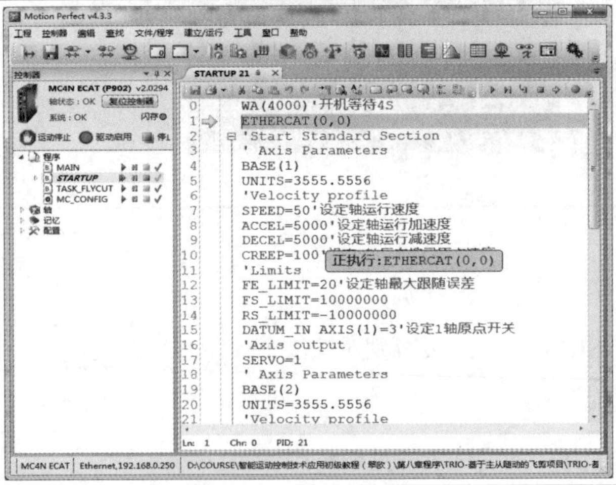 Motion Perfect v4.3.3 工程 控制器 编辑 查找 文件/程序 建立/运行 工具 窗口 帮助 控制器 MC4N ECAT (P902) v2.0294 轴状态：OK 复位控制器 系统：OK 闪存 运动停止 驱动启用 程序 MAIN STARTUP TASK_FLYCUT MC_CONFIG 轴 记忆 配置 STARTUP 21 0 WA(4000)'开机等待4S 1 ETHERCAT(0,0) 2 'Start Standard Section 3 ' Axis Parameters 4 BASE(1) 5 UNITS=3555.5556 6 'Velocity profile 7 SPEED=50'设定轴运行速度 8 ACCEL=5000'设定轴运行加速度 9 DECEL=5000'设定轴运行减速度 10 CREEP=100' 正执行：ETHERCAT(0,0) 11 'Limits 12 FE_LIMIT=20'设定轴最大跟随误差 13 FS_LIMIT=10000000 14 RS_LIMIT=-10000000 15 DATUM_IN AXIS(1)=3'设定1轴原点开关 16 'Axis output 17 SERVO=1 18 ' Axis Parameters 19 BASE(2) 20 UNITS=3555.5556 21 'Velocity profile Ln: 1 Chr: 0 PID: 21 MC4N ECAT Ethernet 192.168.0.250 D:\COURSE\智能运动控制技术应用初级教程（翠欧）\第八章程序\TRIO-基于主从随动的飞剪项目\TRIO-基	等待初始化网络执行完成

续表 8.9

序号	图片示例	操作步骤
4	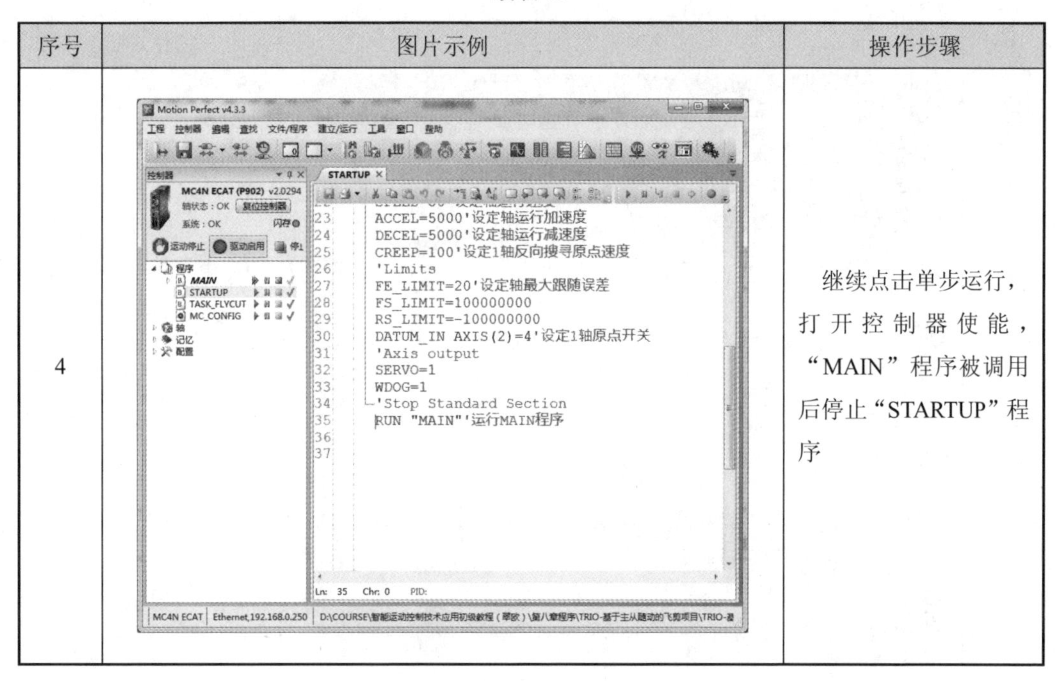	继续点击单步运行，打开控制器使能，“MAIN”程序被调用后停止“STARTUP”程序

2. 逻辑处理程序调试

逻辑处理程序“MAIN”的调试步骤见表 8.11

表 8.11　逻辑处理程序调试步骤

序号	图片示例	操作步骤

1	Motion Perfect v4.3.3
	'声明变量
	DIM oldin0 AS INTEGER
	DIM oldin1 AS INTEGER
	'变量进行初始化
	oldin0=0
	oldin1=0
	VR(0)=0
	'把IN (0) 关联到变量
	begin:
	IF oldin0=0 AND IN(0)=1 THEN
	'接通输出位8
	VR(0)=1
	IF PROC_STATUS PROC(9)=0 THEN
	RUN "TASK_FLYCUT",9
	ENDIF
	ENDIF
	'设定初始化输入状态到锁存状态
	oldin0=IN(0)
		打开逻辑处理程序“MAIN”

续表 8.11

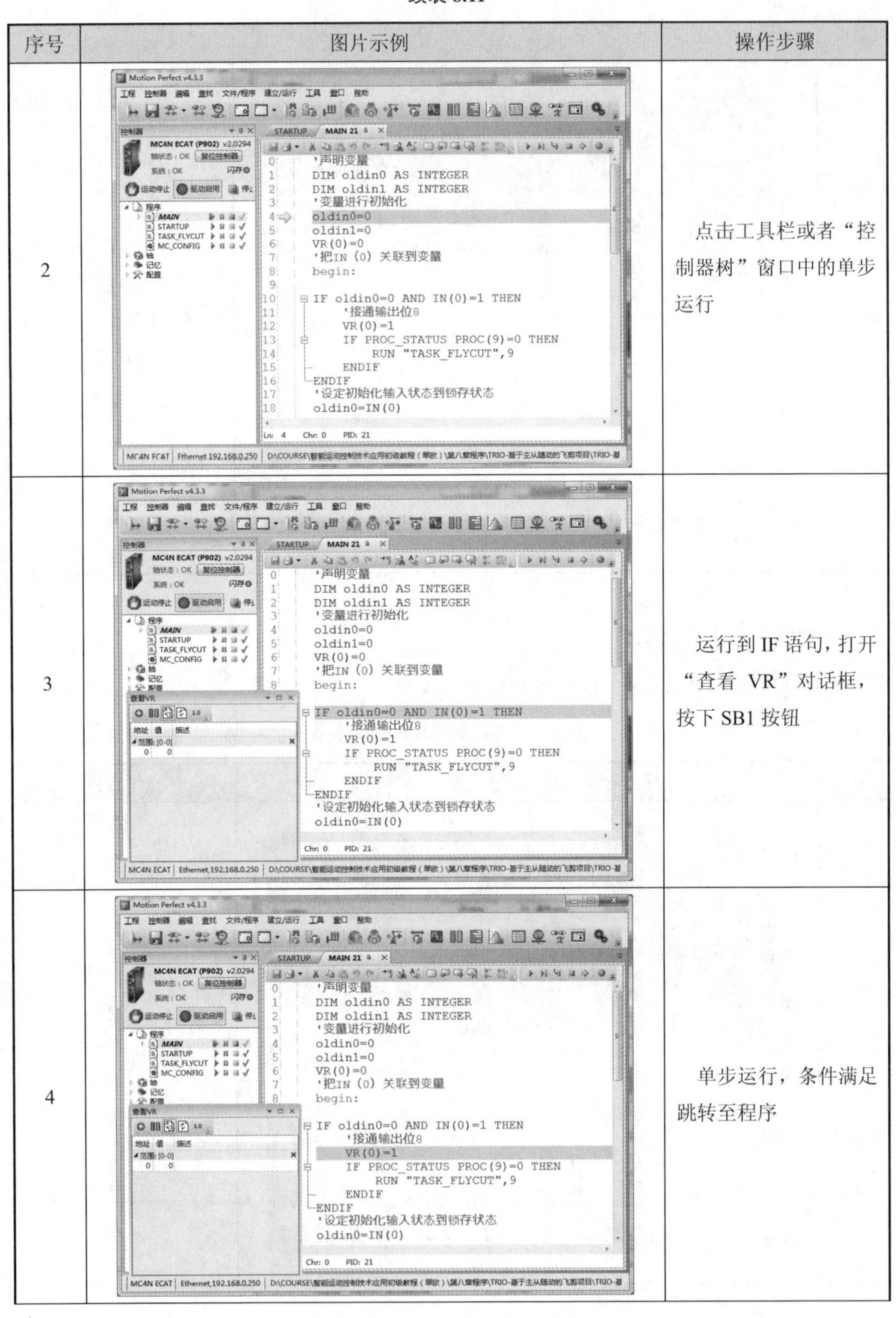

序号	图片示例	操作步骤
2		点击工具栏或者“控制器树”窗口中的单步运行
3		运行到 IF 语句，打开“查看 VR”对话框，按下 SB1 按钮
4		单步运行，条件满足跳转至程序

续表 8.11

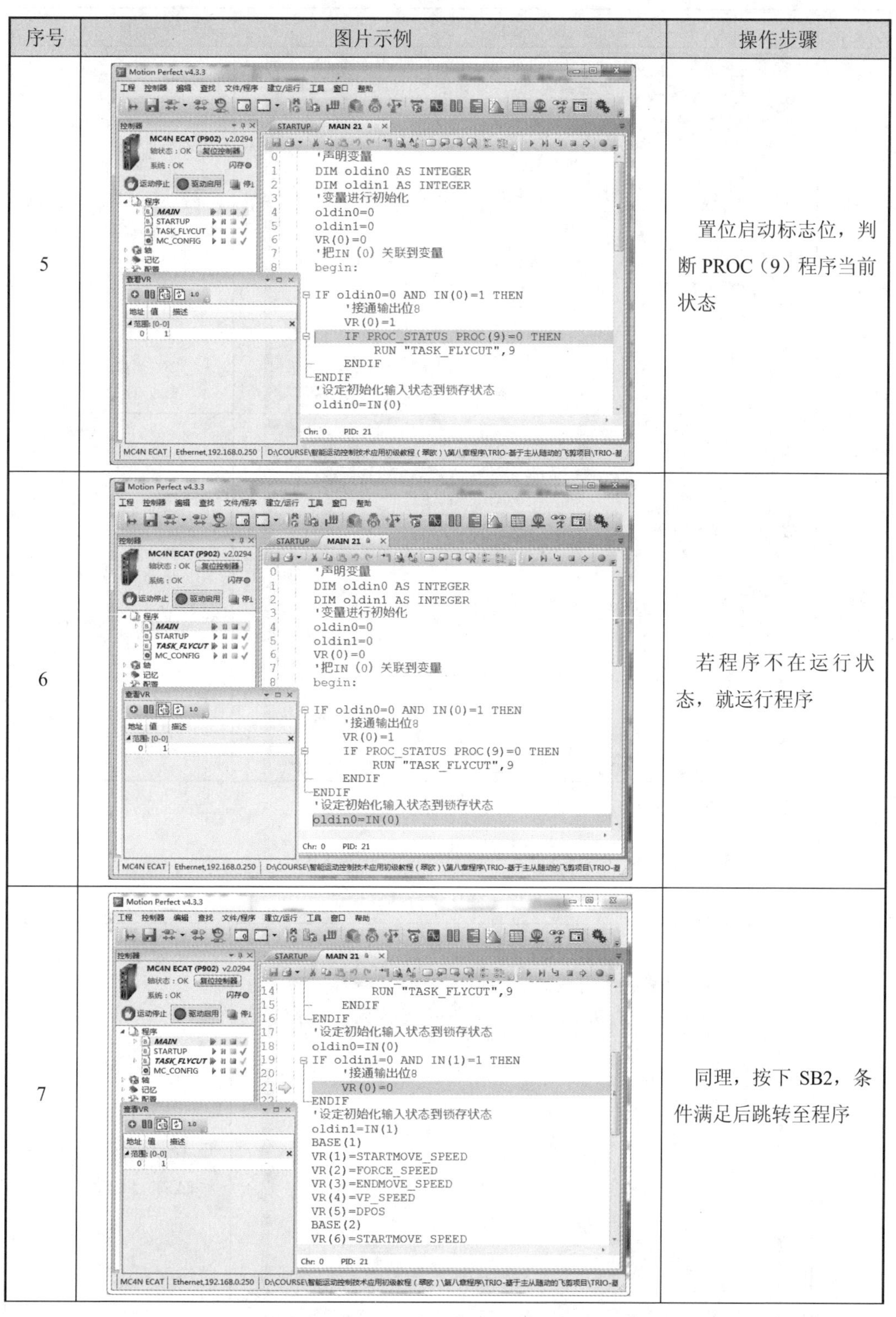

序号	图片示例	操作步骤
5		置位启动标志位，判断 PROC（9）程序当前状态
6		若程序不在运行状态，就运行程序
7		同理，按下 SB2，条件满足后跳转至程序

续表 8.11

序号	图片示例	操作步骤
8	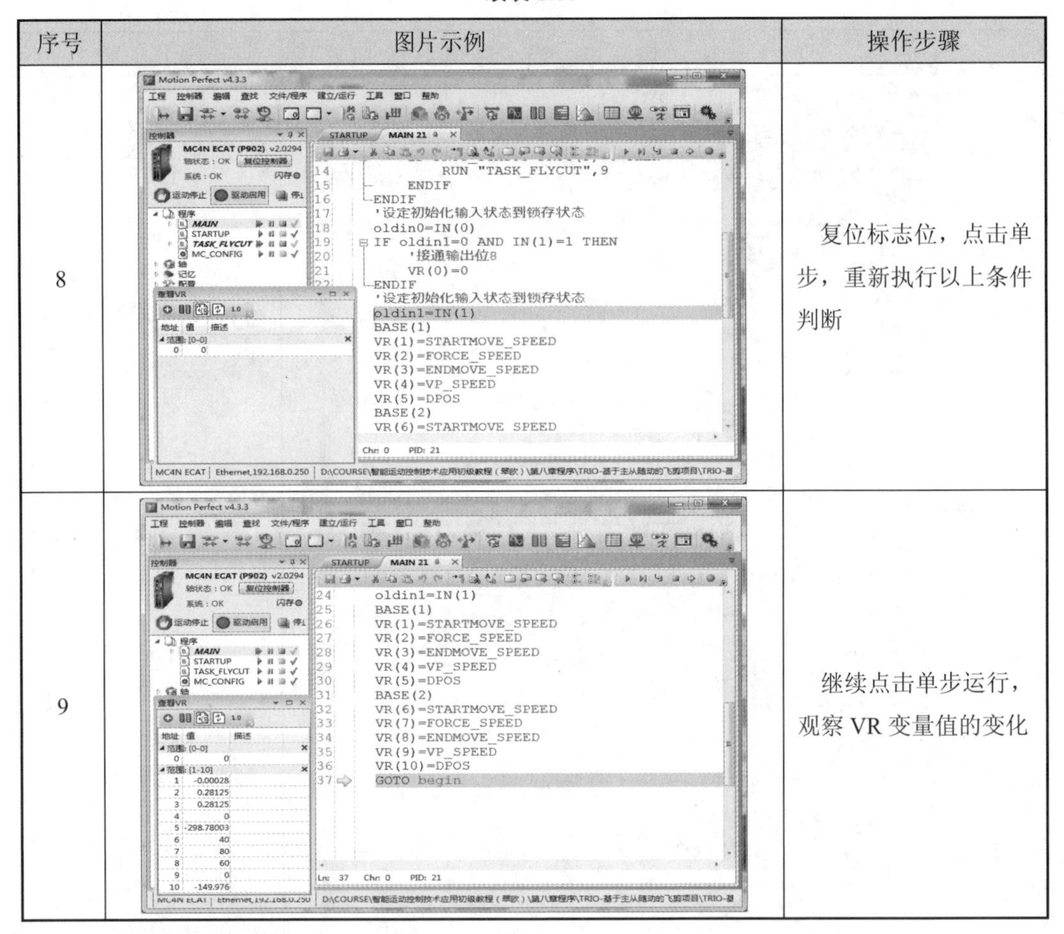	复位标志位，点击单步，重新执行以上条件判断
9		继续点击单步运行，观察 VR 变量值的变化

3. 循环运行程序调试

循环运行程序“TASK_FLYCUT”的调试步骤见表 8.12。

表 8.12　循环运行程序调试

序号	图片示例	操作步骤
1	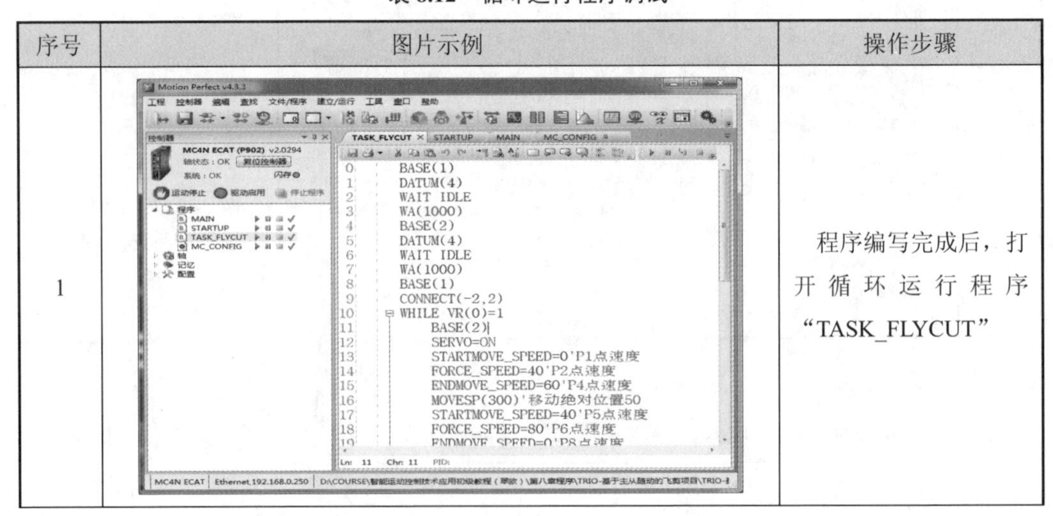	程序编写完成后，打开循环运行程序“TASK_FLYCUT”

续表 8.12

序号	图片示例	操作步骤
2	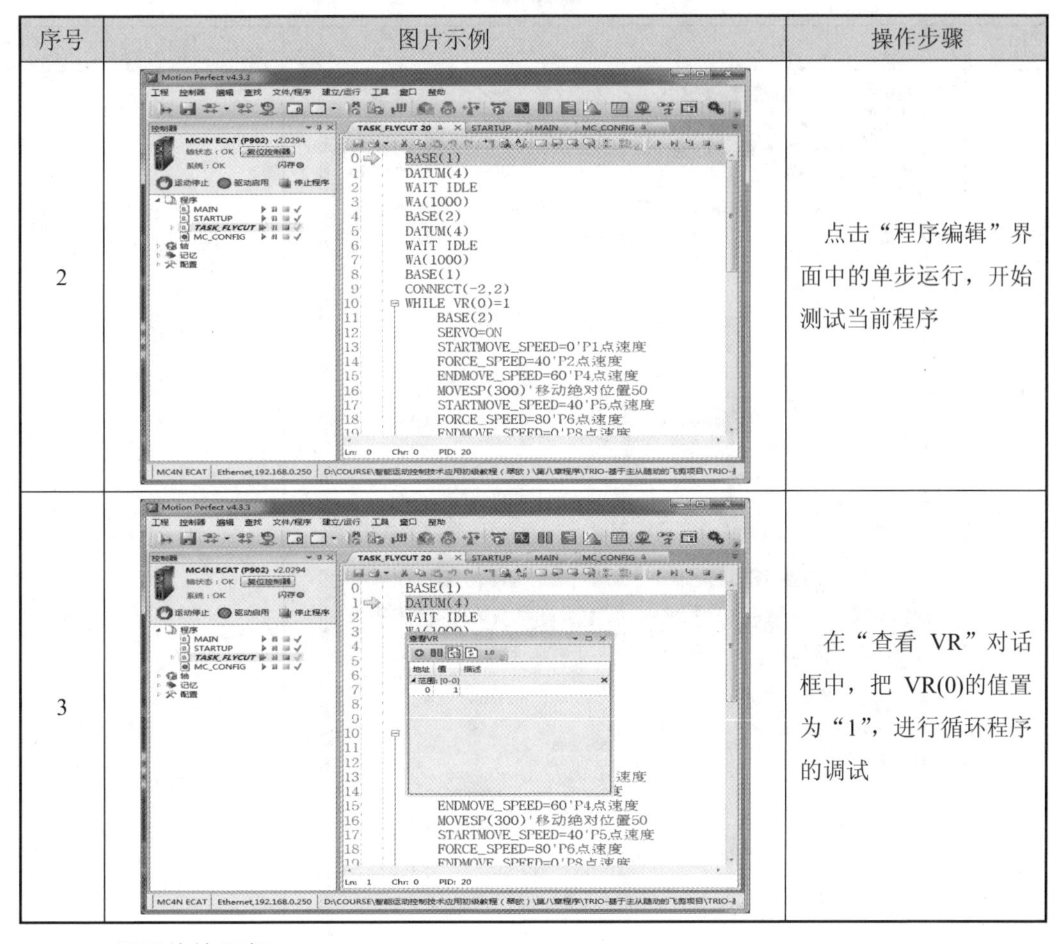	点击“程序编辑”界面中的单步运行，开始测试当前程序
3		在“查看 VR”对话框中，把 VR(0)的值置为“1”，进行循环程序的调试

8. 4. 6　项目总体运行

项目总体运行的具体步骤见表 8.13。

表 8.13　项目总体运行

序号	图片示例	操作步骤
1	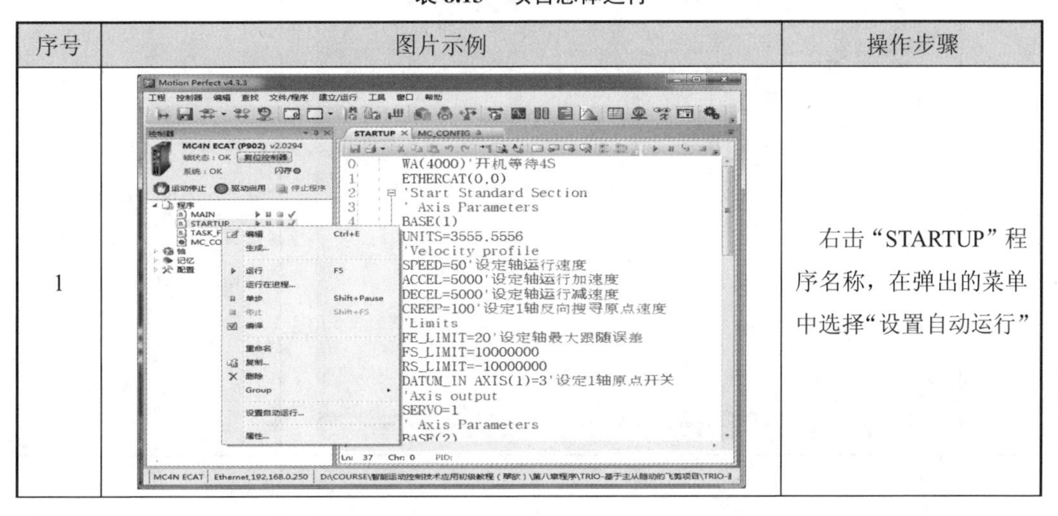	右击“STARTUP”程序名称，在弹出的菜单中选择“设置自动运行”

续表 8.13

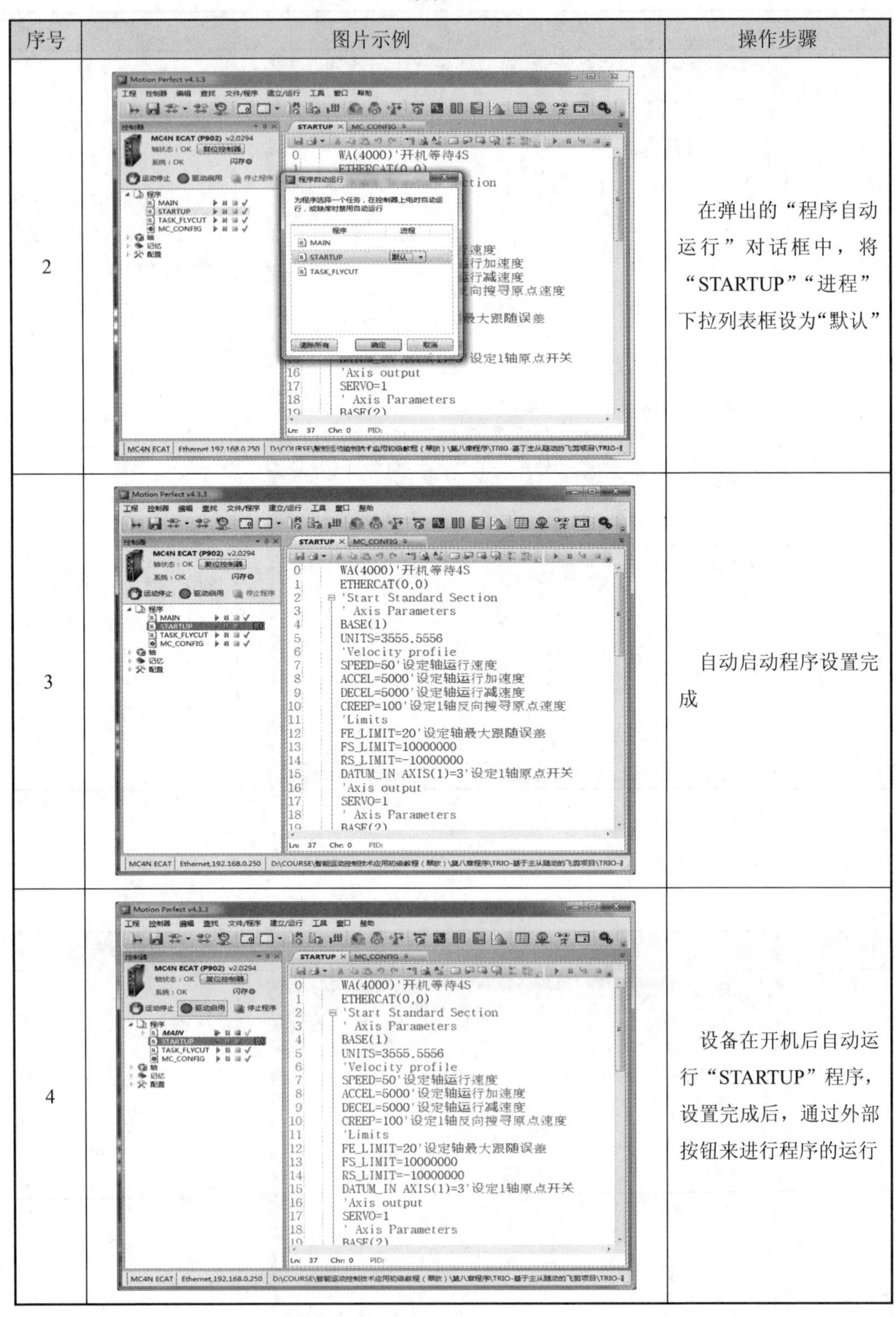

序号	图片示例	操作步骤
2		在弹出的“程序自动运行”对话框中，将“STARTUP”“进程”下拉列表框设为“默认”
3		自动启动程序设置完成
4		设备在开机后自动运行“STARTUP”程序，设置完成后，通过外部按钮来进行程序的运行

8.5　项目验证

8.5.1　效果验证

效果验证见表 8.14。

表 8.14　效果验证

步骤	图示	说明	步骤	图示	说明
1	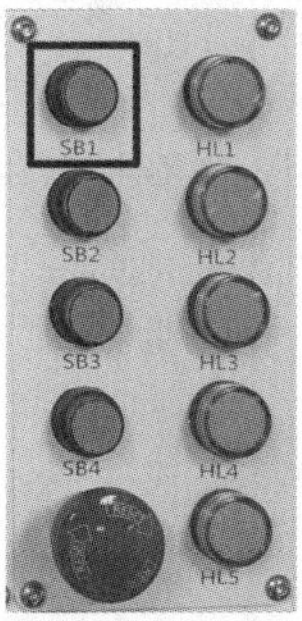 SB1 HL1 SB2 HL2 SB3 HL3 SB4 HL4 HL5	按下 SB1，进入循环运行	5	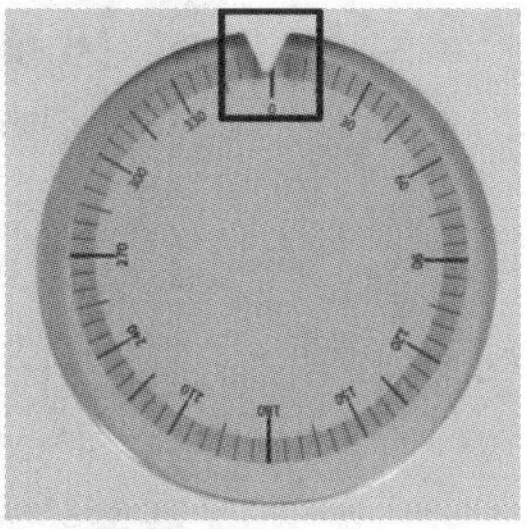	伺服 2 回零完成
2	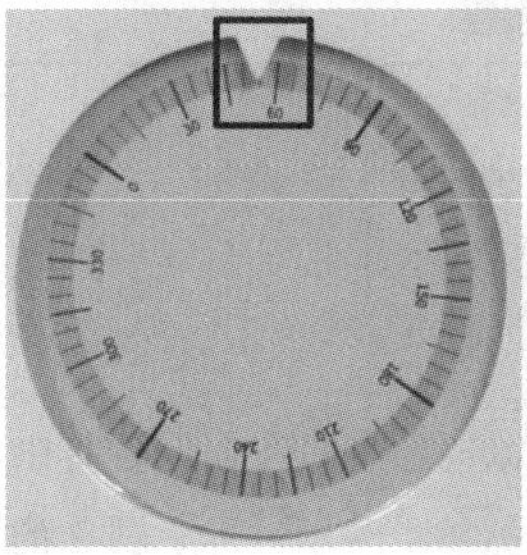	伺服 1 开始回零	6	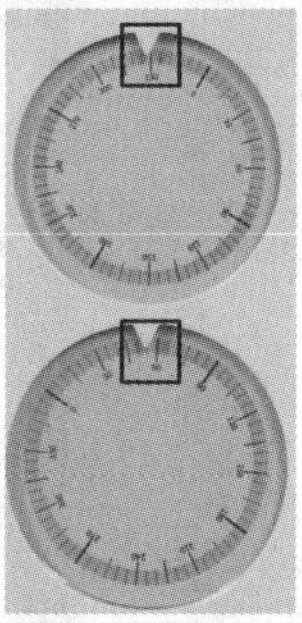	轴 2 开始运动，轴 1 跟随着轴 2 进行运动
3	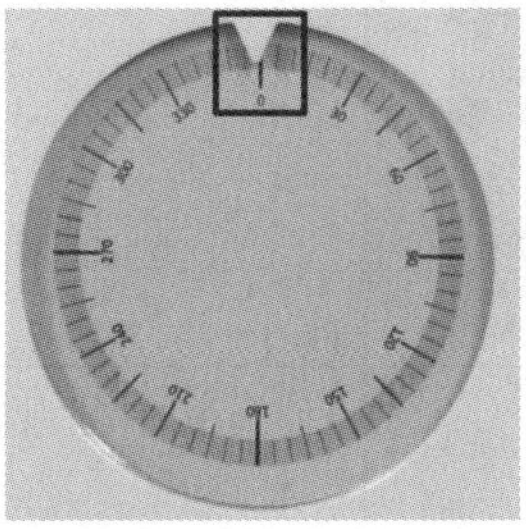	伺服 1 回零完成	7	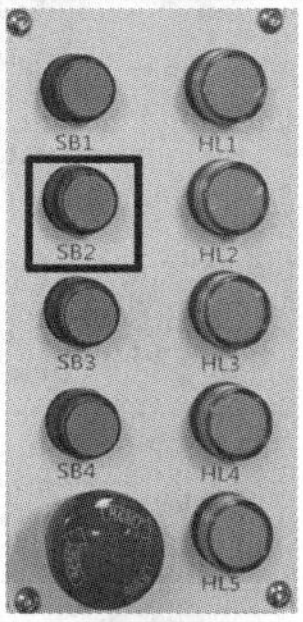 SB1 HL1 SB2 HL2 SB3 HL3 SB4 HL4 HL5	按下 SB2，退出循环运行
4	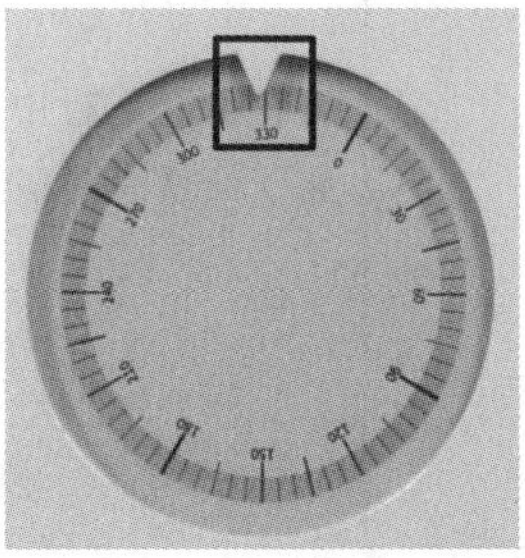	伺服 2 开始回零	8	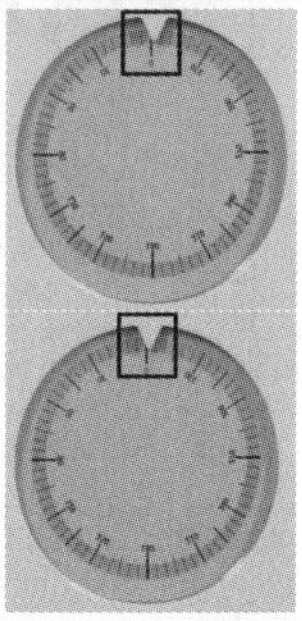	2 个伺服停在零点位置

8.5.2 数据验证

数据验证见表 8.15。

表 8.15 数据验证

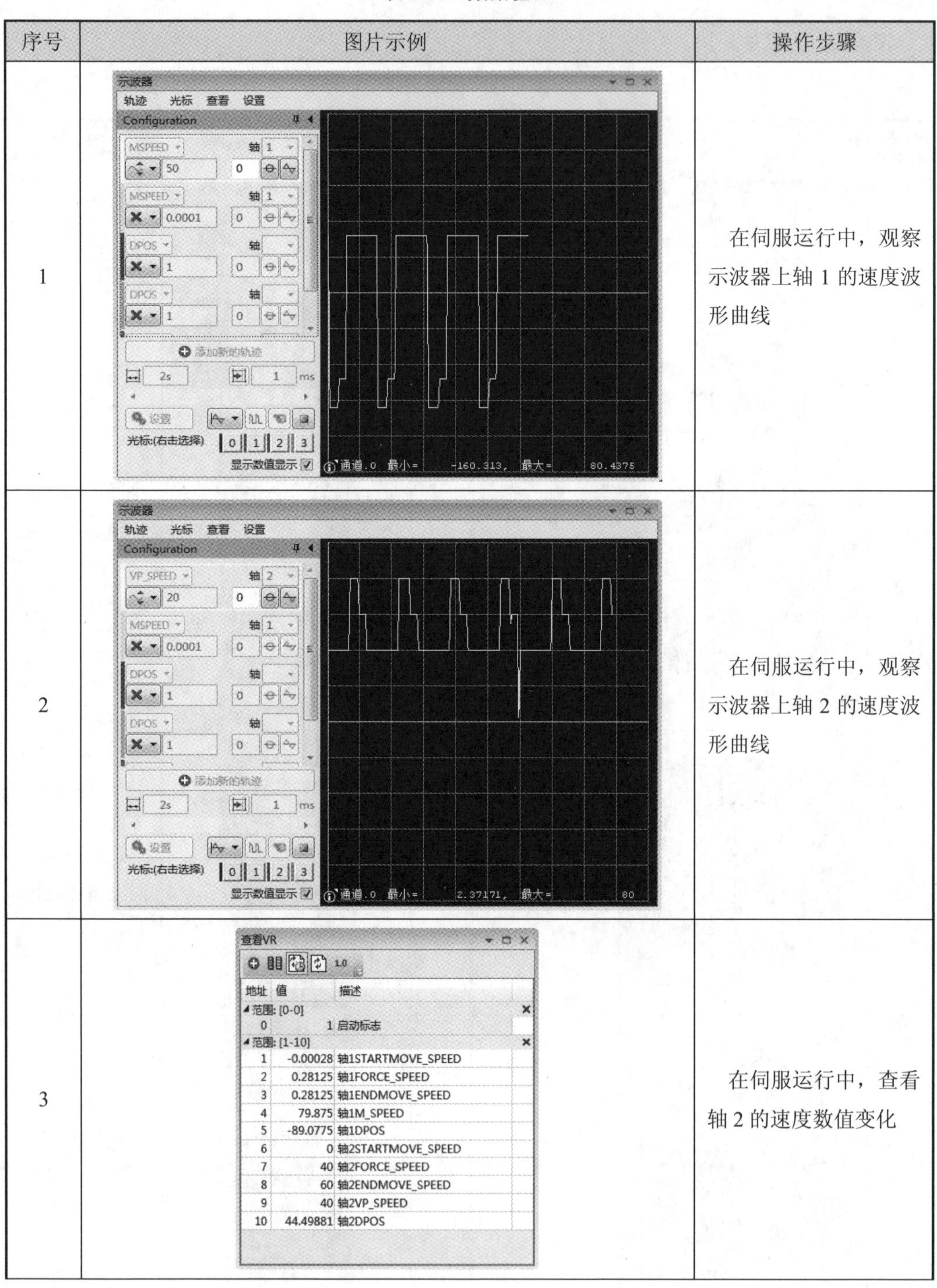

序号	图片示例	操作步骤
1		在伺服运行中，观察示波器上轴 1 的速度波形曲线
2		在伺服运行中，观察示波器上轴 2 的速度波形曲线
3		在伺服运行中，查看轴 2 的速度数值变化

续表 8.15

序号	图片示例	操作步骤
4	 查看VR 地址 值 描述 范围: [0-0] 0 1 启动标志 范围: [1-10] 1 -0.00028 轴1STARTMOVE_SPEED 2 0.28125 轴1FORCE_SPEED 3 0.28125 轴1ENDMOVE_SPEED 4 79.875 轴1M_SPEED 5 -97.67981 轴1DPOS 6 0 轴2STARTMOVE_SPEED 7 40 轴2FORCE_SPEED 8 60 轴2ENDMOVE_SPEED 9 40 轴2VP_SPEED 10 48.79997 轴2DPOS	在伺服运行中，查看轴 1 的速度数值变化

8.6　项目总结

8.6.1　项目评价

项目评价见表 8.16。

表 8.16　项目评价表

项目指标		分值	自评	互评	评分说明
项目分析	1. 硬件构架分析	6			
	2. 软件构架分析	6			
	3. 项目流程分析	6			
项目要点	1. 通道功能使用	8			
	2. 电子齿轮功能	8			
	3. 多段速控制	8			
项目步骤	1. 应用系统连接	8			
	2. 应用系统配置	8			
	3. 主体程序设计	8			
	4. 关联程序设计	8			
	5. 项目程序调试	8			
	6. 项目运行调试	8			
项目验证	1. 效果验证	5			
	2. 数据验证	5			
合计		100			

8.6.2 项目拓展

（1）使用 CONNECT 指令把轴 2 关联至轴 1，使得轴 2 伴随着轴 1 按照 1∶1 的比例进行运动，如图 8.16 所示。

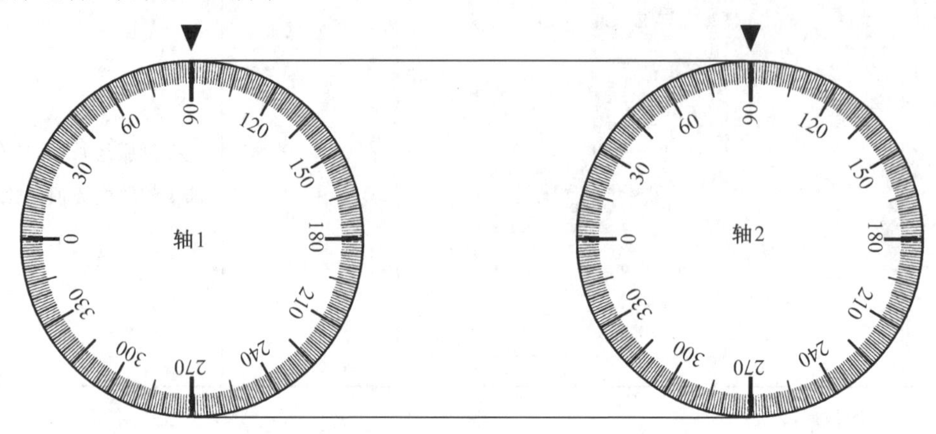

图 8.16 电子齿轮运动示例

（2）使用控制器的示波器功能，添加轴 1 的速度轨迹，监控轴 1 当前速度的变化，如图 8.17 所示。

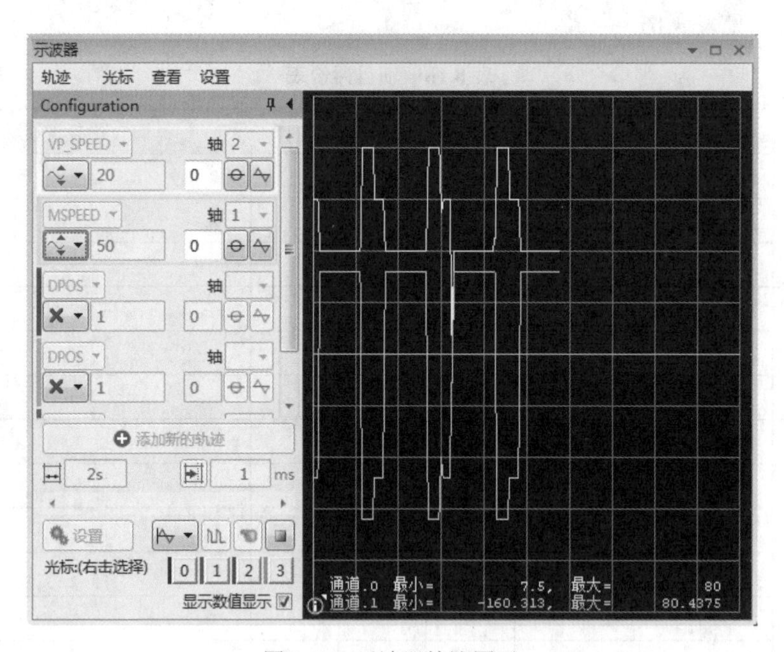

图 8.17 示波器轨迹图示

第 9 章　基于多轴运动的 SCARA 机器人项目

9.1　项目目的

※ SCARA 机器人项目目的

9.1.1　项目背景

SCARA（Selective Compliance Assembly Robot Arm）机器人具有选择顺应性装配机器人手臂，它是一种平面多关节型工业机器人，也是应用比较广泛的一种机器人。

在结构上，SCARA 机器人具有由 2 个能够在水平面内旋转的串联装置组成的机械臂，其作业空间为圆柱体。它依靠 2 个旋转关节实现 *XY* 平面内的快速定位和定向，依靠 1 个移动关节和 1 个旋转关节在 *Z* 方向上做伸缩和旋转运动，如图 9.1 所示。这种结构特性使得 SCARA 机器人擅长从一点抓取物体，然后快速地放到另一点。

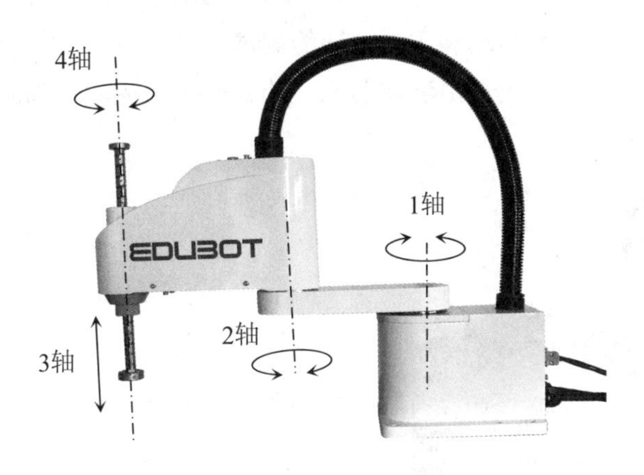

图 9.1　SCARA 机器人

目前，SCARA 机器人广泛应用于塑料、汽车、电子产品、药品和食品等工业领域，其主要作用是进行物件搬运和装配。

1. 搬运

SCARA 机器人的特点是其串接的两杆结构类似人的手臂，可以伸进有限空间中作业然后收回，适合于搬动和取放物件，如集成电路板等，如图 9.2 所示。

2. 装配

SCARA 机器人在 *X*、*Y* 轴方向上具有顺从性，而在 *Z* 轴方向上具有良好的刚度，此特性特别适合于装配工作。SCARA 机器人最先大量用于装配印刷电路板和电子零部件，如图 9.3 所示。

图 9.2　SCARA 机器人搬运作业

图 9.3　SCARA 机器人进行装配作业

9.1.2　项目需求

运用控制器的机器人编程系统，设计一款四轴 SCARA 机器人的框架参数并使用仿真软件正确地对机器人进行线性运动和关节运动的调试，图 9.4（a）所示为 SCARA 机器人仿真模型，利用该机器人仿真模型沿着如图 9.4（b）所示的运动轨迹循环运行。

（a）SCARA 机器人仿真模型

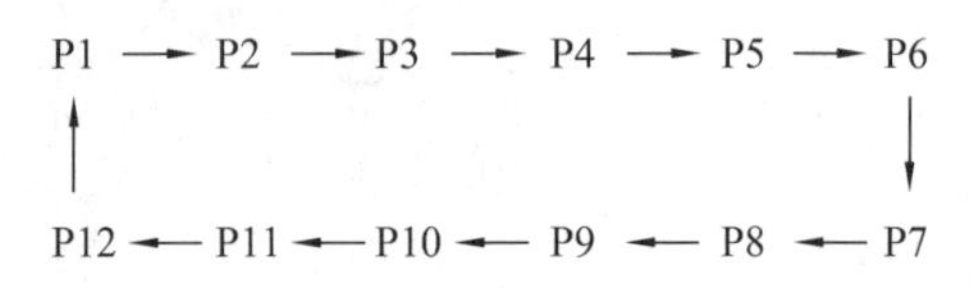

（b）机器人运行轨迹

图 9.4　项目需求示意图

9.1.3　项目目的

（1）了解机器人运动学。

（2）熟悉 SCARA 机器人运动学参数。

（3）掌握直角坐标系与关节坐标系的切换方法。

（4）掌握工件工具坐标系的创建方法。

9.2　项目分析

9.2.1　项目构架

本项目为基于多轴运动的 SCARA 机器人项目，需使用控制器的虚拟仿真工具，图 9.5 所示为项目整体构架图。

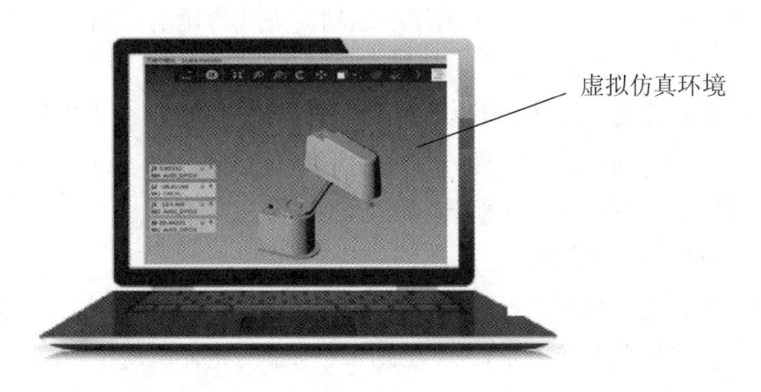

图 9.5　项目整体构架图

9.2.2　项目流程

基于多轴运动的 SCARA 机器人项目流程如图 9.6 所示，由于使用虚拟仿真功能，故应用系统连接与应用系统配置为空。

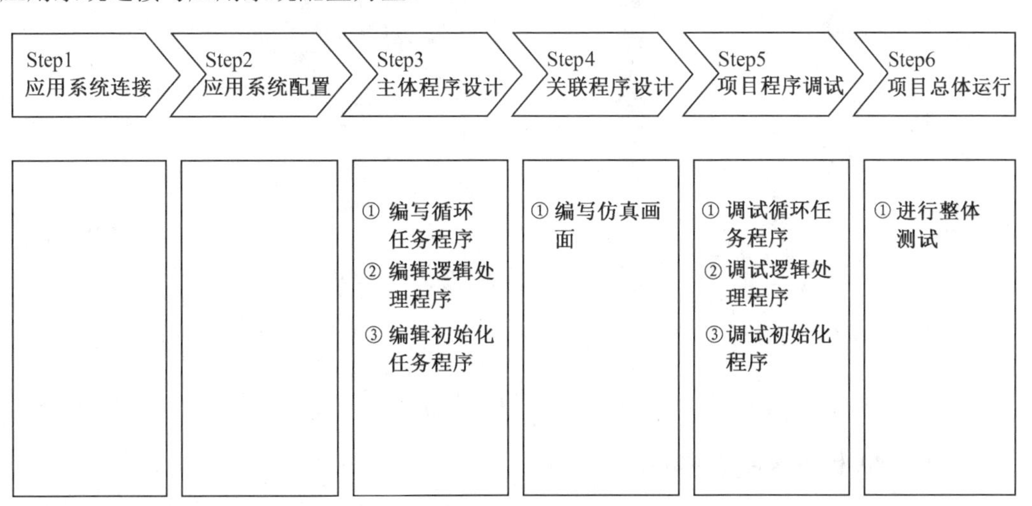

图 9.6　项目流程图

9.3 项目要点

※ SCARA 机器人项目要点

本项目要点有机器人运动学、运动学参数、坐标系功能等几部分。

9.3.1 机器人运动学

1. 机器人运动学简介

机器人运动学包括正向运动学和逆向运动学，是从几何或机构的角度描述和研究机器人的运动特性，而不考虑引起这些运动的力或力矩的作用，这其中有两个问题：

（1）正向运动学问题。

对一个给定的机器人操作机，已知各关节角矢量，求末端执行器相对于参考坐标系的位姿，称为正向运动学问题（运动学正解），如图 9.7（a）所示。机器人示教时，运动控制器即逐点进行运动学正解计算。

（2）逆向运动学问题。

对一个给定的机器人操作机，已知末端执行器在参考坐标系中的初始位姿和目标（期望）位姿，求各关节角矢量，称为逆向运动学问题（运动学逆解），如图 9.7（b）所示。机器人运动再现时，机器人控制器即逐点进行运动学逆解运算，并将角矢量分解到操作机各关节。

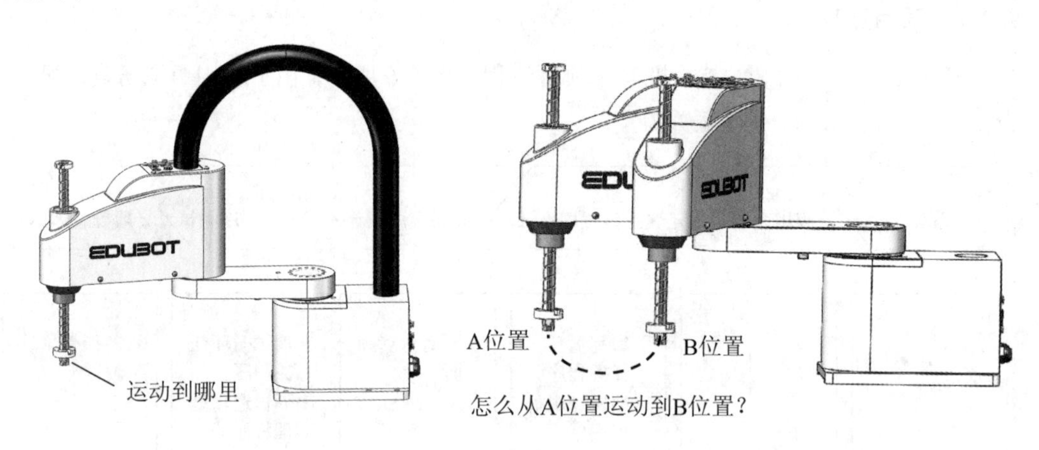

（a）正向运动学问题　　（b）逆向运动学问题

图 9.7　运动学基本问题

2. SCARA 机器人运动学算法

SCARA 机器人有 4 个轴，其中轴 1、2、4 为旋转轴，轴 3 是平移轴，如图 9.8 所示。执行器端部（末端夹具）可以放到机器人基座上笛卡尔坐标系为 x，y，z 的一个点上。而且，相对基座坐标系的角度 θ_{tool} 由用户指定的期望执行器方向决定，如图 9.9 所示。

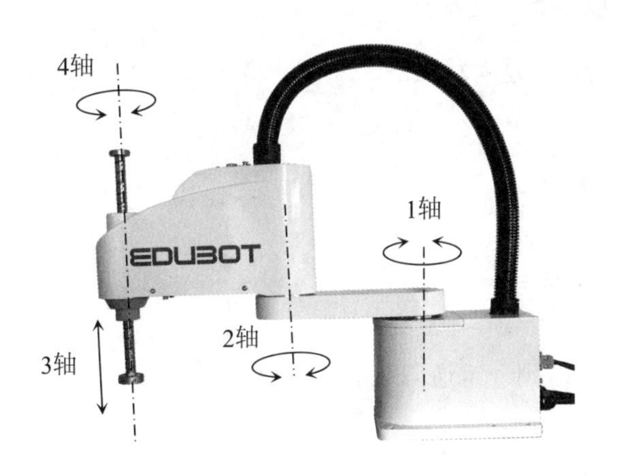

图 9.8　SCARA 机器人的 4 个轴

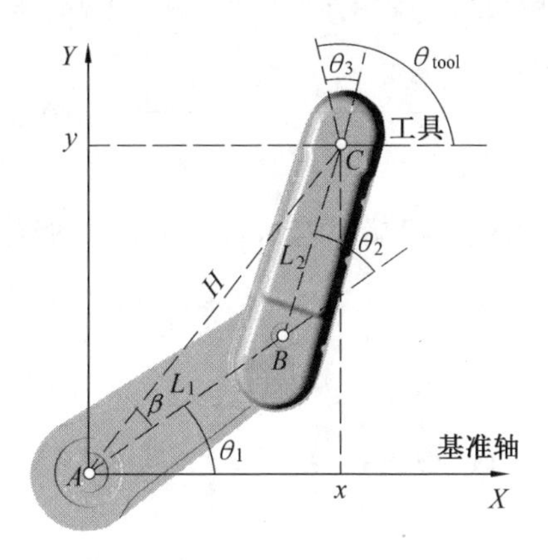

图 9.9　SCARA 机器人顶视图

（1）正向运动学算法。

SCARA 机器人的正向运动学方程为

$$x = L_1 \cos\theta_1 + L_2 \cos(\theta_1 + \theta_2)$$

$$y = L_1 \sin\theta_1 + L_2 \sin(\theta_1 + \theta_2)$$

$$z = z_0 + d_4$$

$$\theta_{\text{tool}} = \theta_1 + \theta_2 + \theta_3 \tag{9.1}$$

式中，θ_1，θ_2，θ_3 为各编码器监测的关节位置；L_1，L_2 为两个关节轴沿它们之间公法线方向连杆的长度；d_4 为轴 3 的直线位移，当该轴在零位时，执行器端部位于与基座坐标系水平面距离为 z_0 的位置。

（2）逆向运动学算法。

逆向运动学求解需要通过给定的执行器末端的 x，y，z 坐标以及相对于基座坐标系的执行器方向角 θ_{tool} 求出 θ_1，θ_2，θ_3 和 d_4，然后利用三角形 ABC 和三角余弦定理，可以得出

$$H^2 = L_1^2 + L_2^2 2L_1L_2 \cos(180° - \theta_2)$$

由余弦定理可得

$$\cos(180° - \theta_2) = -\cos\theta_2$$

于是公式可转换为

$$\cos\theta_2 = \frac{H^2 - L_1^2 - L_2^2}{2L_1L_2} \tag{9.2}$$

式中，$H=\sqrt{x^2+y^2}$。类似用余弦定理可以求得角度β为

$$\cos\beta=\frac{H^2+L_1^2-L_2^2}{2L_1L_2} \tag{9.3}$$

由执行器端部的x，y坐标，我们可以得到

$$\tan(\theta_1+\beta)=\frac{y}{x} \tag{9.4}$$

用式（9.2）、式（9.3）、式（9.4），可以得到一组逆向运动学方程：

$$\beta=\arccos\left(\frac{H^2+L_1^2-L_2^2}{2L_1L_2}\right)$$

$$\theta_1=\arctan\left(\frac{y}{x}\right)-\beta$$

$$\theta_2=\arccos\left(\frac{H^2-L_1^2-L_2^2}{2L_1L_2}\right)$$

$$\theta_3=\theta_{\text{tool}}-\theta_1-\theta_2 \tag{9.5}$$

9.3.2 运动学参数

SCARA 机器人安装完成后，需要对机器人进行框架配置，使其能按照特定的路径及坐标系进行运动。在这里需要使用到 FRAME 指令进行转换。当机器人没有与该坐标系统直接或一对一机械连接时，该转换使用户能够在同一个坐标系中进行编程。

1. 运动学框架

（1）FRAME 指令。

FRAME 为控制器的运动学框架设置指令，该指令选择在 FRAME_GROUP 中的轴上使用哪种转换。FRAME 指令提供 15 种运动学框架的设置。在本书中只介绍当 FRAME=115 和 FRAME=0 时的转换。

当 FRAME=115 时表示启用 4 轴 SCARA 机器人的转换。使机器以 X、Y、Z,（相对于 Z 轴的手腕角度）和（相对于 Y 轴的手腕角度）定义手腕的最终位置。根据第二轴马达是在关节中还是在基座上，框架允许 SCARA 的 2 种配置。

当 FRAME=0 时，控制器的运动学功能会生成一个 Tabel 组数据，可根据 Tabel 组数据中的每一个数据进行设定，从而生成机器人的运动学参数，见表 9.1。

表 9.1　Table 组数据

<table>
<tr><td rowspan="14">table data</td><td>0</td><td>LINK1 长度</td></tr>
<tr><td>1</td><td>LINK2 长度</td></tr>
<tr><td>2</td><td>轴 0 电子齿轮比</td></tr>
<tr><td>3</td><td>轴 1 电子齿轮比</td></tr>
<tr><td>4</td><td>机械配置：0=两个电机都固定在底座上
1=关节处的电动机</td></tr>
<tr><td>5</td><td>联合配置：0=左手 SCARA
1=右手 SCARA</td></tr>
<tr><td>6</td><td>轴 2 电子齿轮比</td></tr>
<tr><td>7</td><td>轴 2 与轴 3 的电子齿轮比的比值</td></tr>
<tr><td>8</td><td>Linkx（4 轴或 5 轴可选）</td></tr>
<tr><td>9</td><td>Linky（4 轴或 5 轴可选）</td></tr>
<tr><td>10</td><td>Linkz（4 轴或 5 轴可选）</td></tr>
<tr><td>11</td><td>轴 3 电子齿轮比</td></tr>
<tr><td>12</td><td>编码器边缘/弧度（可选 Y 旋转）</td></tr>
<tr><td>13</td><td>用于更改方向轴 3 的可选参数：
0=没有变化
1=改变</td></tr>
</table>

（2）TABLE 指令。

TABLE 指令可用于加载和读回内部 TABLE 值。 由于 TABLE 指令可以写入和读取，因此可以用它来保存信息作为变量的替代。TABLE 指令用法及示例见表 9.2。

表 9.2　TABLE 指令用法及示例

<table>
<tr><td>格式</td><td colspan="2">value=TABLE(address [, data0…data35])</td></tr>
<tr><td rowspan="3">参数</td><td>value</td><td>返回存储在地址中的值，如果用作写入的一部分，则返回-1</td></tr>
<tr><td>address</td><td>写入的第一个值的地址，或要读取的地址</td></tr>
<tr><td>data0</td><td>写入地址的数据</td></tr>
<tr><td>示例</td><td colspan="2">TABLE(100,0,120,200,320,390,450)</td></tr>
<tr><td>说明</td><td colspan="2">从地址 100 开始使用以下值加载 TABLE
<table><tr><td>TABLE</td><td>数值</td></tr><tr><td>100</td><td>0</td></tr><tr><td>101</td><td>120</td></tr><tr><td>102</td><td>200</td></tr><tr><td>103</td><td>320</td></tr><tr><td>104</td><td>390</td></tr><tr><td>105</td><td>450</td></tr></table></td></tr>
</table>

（3）FRAME_GROUP。

FRAME_GROUP 指令用于定义在 FRAME 或 USER_FRAME 转换中使用的轴组和 TABLE 偏移量，有 8 个组可用，可以在控制器上运行最多 8 个 FRAME。

组中的轴数必须与 FRAME 指令使用的轴数相匹配。轴也必须按升序排列，尽管它们不一定是连续的。如果删除组，则对于这些轴，FRAME 和 USER_FRAME 设置为“0”。

在组中的轴上使用 FRAME 命令或不配置组时为了保持向后兼容性，则使用最低轴和 table_offset =0 创建默认组。在这种情况下，如果已配置 FRAME_GROUP(0)，则会覆盖它。

删除组时，FRAME 设置为 0，USER_FRAME(0)激活，TOOL_OFFSET(0)激活。这时可以删除 FRAME_GROUP 以重置所有这些命令。FRAME_GROUP 指令用法及示例见表 9.3。

表 9.3　FRAME_GROUP 指令用法及示例

格式	FRAME_GROUP(group, [table_offset, [axis0, axis1…axisn]])	
参数	group	组号，0～7
	table_offset	−1 =删除组数据
		0+ =表中用于存储 FRAME 配置的起始位置
	axis0	组中的第一个轴
	axis1	组中的第二个轴
示例	FRAME_GROUP(0,100, 1,2,5)	
说明	使用 TABLE100 为轴 1、2 和 5 配置 FRAME_GROUP	

2. 运动学参数设置

本书所述的 SCARA 机器人由基座、大臂、小臂组成，如图 9.10 所示，其中大臂 L_1 长度为 200 mm，小臂 L_2 长度为 250 mm，通过这两个参数进行 tabel 值的前两个参数设置。

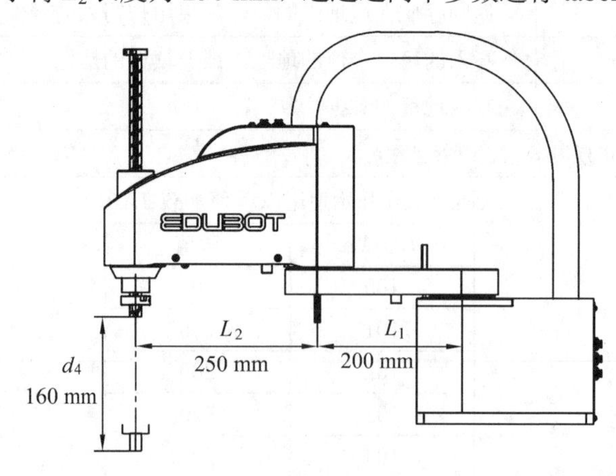

图 9.10　SCARA 机器人示意图

对于一款 SCARA 机器人来说，在设计之前必须了解臂长参数和传动参数这两个参数。

（1）臂长参数。

根据 SCARA 机器人运动学原理，SCARA 机器人的基本臂长参数见表 9.4。

表 9.4　SCARA 机器人的基本臂长参数

结构参数	数值	单位	含义
L_1	200	mm	大臂长度
L_2	250	mm	小臂长度
d_4	160	mm	轴 4 运动行程

（2）传动参数。

减速装置的形式多种多样，选择一种合适的减速装置对机器人的性能有着相当重要的作用。

结合机器人设计中要求的输出转矩大、传动效率高、噪音小、结构紧凑等要求，所选择的传动类型及减速比见表 9.5。

表 9.5　SCARA 机器人的基本传动参数

结构	传动类型	减速比
轴 1	齿轮传动	1∶80
轴 2	齿轮传动	1∶80
轴 3	同步带传动	1∶3
轴 4	同步带传动	1∶7.2

根据机器人臂长参数和传动参数可以得出机器人的运动学参数，具体代码如下：

```
TABLE(6100,1,2,3,4)                          '初始化 SCARA 参数
FRAME_GROUP(1,6000,TABLE(6100),TABLE         '设置轴 0,1,2,3 为一个组，从地址 6100 开始作
(6101),TABLE(6102),TABLE(6103))              '为第一个轴
TABLE(6000, 200)                             '大臂长度
TABLE(6001, 250)                             '小臂长度
TABLE(6002, 1280000 * 80 / (PI * 2))         '轴 1 编码器边沿转化成度数
TABLE(6003, 1280000 * 80 / (PI * 2))         '轴 2 编码器边沿转化成度数
TABLE(6004, 1)                               '设置轴 2 为关节轴
TABLE(6006, 1280000 *3 /16)                  '轴 3 编码器边沿转化成 mm
TABLE(6007, 0.41666667)                      '轴 3 编码器边沿与轴 4 编码器边沿比值
TABLE(6008, 0)                               'Wrist link x
TABLE(6009, 0)                               'Wrist link y
```

```
TABLE(6010, 0)                              'Wrist link z
TABLE(6011, 1280000 * 7.2 / (PI * 2))       '轴 4 编码器边沿转化成度数
```

3. 关节与线性坐标轴参数设置

（1）AXIS_UNITS 指令。

AXIS_UNITS 是一个转换因子，允许用户将控制脉冲缩放到更方便的比例。AXIS_UNITS 只在 FRAME<> 0 时使用。AXIS_UNITS 会改变机器人处于运动状态时的一些轴参数，包括 AXIS_DPOS、AXIS_FS_LIMIT、AXIS_RS_LIMIT 和 MPOS。例如，MPOS 在 FRAME =0 时使用 UNITS，在 FRAME <> 0 时使用 AXIS_UNITS，AXIS_UNITS 指令用法及示例见表 9.6。

表 9.6　AXIS_UNITS 指令用法及示例

格式	AXIS_UNITS=Value	
参数	Value	每个必需单元的基数（默认值为 1）
示例	AXIS_UNITS=3 555.555 6	
说明	轴电子齿轮比设置为 3 555.555 6	

（2）关节运动参数设置。

当 FRAME=0 时，机器人处于关节运动，根据机器人的传动参数可以得到机器人在 FRAME=0 的时参数，参数设置代码如下：


```
BASE(1,2,3,4)                  '基于轴 1、2、3、4 执行以下动作
USER_FRAME(0)                  '工件坐标系设置为世界坐标系
TOOL_OFFSET(0)                 '工具坐标系设置为世界坐标系
WA(10)                         '延时 10 ms
FRAME = 0                      '设置机器人框架为 0
BASE(1)                        '基于轴 1 执行以下动作
UNITS = 1280000*80/360         '设置电子齿轮比
AXIS_UNITS = UNITS             '轴 UNITS 设置为 UNITS
BASE(2)                        '基于轴 2 执行以下动作
UNITS = 1280000*80/360         '设置电子齿轮比
AXIS_UNITS = UNITS             '轴 UNITS 设置为 UNITS
BASE(3)                        '基于轴 3 执行以下动作
UNITS = 1280000*3/16           '设置电子齿轮比
AXIS_UNITS = UNITS             '轴 UNITS 设置为 UNITS
BASE(4)                        '基于轴 4 执行以下动作
UNITS = 1280000*7.2/360        '设置电子齿轮比
AXIS_UNITS = UNITS             '轴 UNITS 设置为 UNITS
```

（3）线性运动参数设置。

当 FRAME=115 时，机器人处于线性运动，由机器人的结构参数（如图 9.11 所示）得知，机器人轴 1 长度为 200 mm，轴 2 长度为 250 mm，轴 3 长度为 160 mm。通过公式 $H=\sqrt{x^2+y^2}$ 可以得到 H 在 X 方向和 Y 方向的运动范围均为-450～+450 mm。

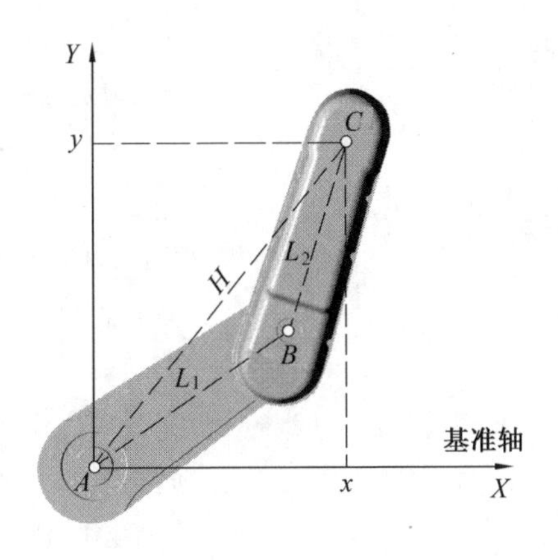

图 9.11　机器人结构图示

启用 FRAME 后，将 UNITS 设置为 FRAME_SCALE，以便笛卡尔运动使用的比例与表数据中使用的相同。因此，如果 TABLE 数据以 mm 编程，那么当 UNITS 设置为 FRAME_SCALE 时，机器人便用 mm 进行编程。将旋转轴（手腕）上的 UNITS 设置为 FRAME_SCALE * 2 米 PI / 360，机器人便以“°”进行编程。

当机器人 FRAME=115 时，参数设置代码如下：

```
FRAME AXIS(1)=115              ' 设置机器人框架为 115 SCARA 框架
BASE(1)                        ' 基于轴 1 执行以下动作
UNITS = FRAME_SCALE            ' 设置机器人用 mm 为单位编程
SPEED = 100                    ' 设置机器人运行速度
ACCEL = SPEED * 5              ' 设置机器人运行加速度
DECEL = ACCEL                  ' 设置机器人运行减速度
FS_LIMIT = 450                 ' 设置机器人运行正向软限位
RS_LIMIT = -450                ' 设置机器人运行反向软限位
FE_LIMIT = 10                  ' 设置机器人跟随误差
SERVO=1                        ' 设置机器人 S-ON
BASE(2)                        ' 基于轴 2 执行以下动作
UNITS = FRAME_SCALE            ' 设置机器人用 mm 为单位编程
SPEED = 100                    ' 设置机器人运行速度
ACCEL = SPEED * 5              ' 设置机器人运行加速度
```

```
DECEL = ACCEL                         ' 设置机器人运行减速度
FS_LIMIT = 450                        ' 设置机器人运行正向软限位
RS_LIMIT = -200                       ' 设置机器人运行反向软限位
FE_LIMIT = 10                         ' 设置机器人跟随误差
SERVO=1                               ' 设置机器人 S-ON
BASE(3)                               ' 基于轴 3 执行以下动作
UNITS = FRAME_SCALE                   ' 设置机器人用 mm 为单位编程
SPEED = 100                           ' 设置机器人运行速度
ACCEL = SPEED * 5                     ' 设置机器人运行加速度
DECEL = ACCEL                         ' 设置机器人运行减速度
FS_LIMIT = 0                          ' 设置机器人运行正向软限位
RS_LIMIT = -160                       ' 设置机器人运行反向软限位
FE_LIMIT = 10                         ' 设置机器人跟随误差
SERVO=1                               ' 设置机器人 S-ON
BASE(4)                               ' 基于轴 4 执行以下动作
UNITS = FRAME_SCALE*PI*3/360          ' 设置机器人用度为单位编程
SPEED = 100                           ' 设置机器人运行速度
ACCEL = SPEED * 5                     ' 设置机器人运行加速度
DECEL = ACCEL                         ' 设置机器人运行减速度
FS_LIMIT = 360                        ' 设置机器人运行正向软限位
RS_LIMIT = -360                       ' 设置机器人运行反向软限位
FE_LIMIT = 10                         ' 设置机器人跟随误差
SERVO=1                               ' 设置机器人 S-ON
```


9.3.3 坐标系功能

1. 工具坐标系

工具坐标系是用来定义工具中心点的位置和工具姿态的坐标系，工具中心点（Tool Center Point，TCP）是机器人系统的真正控制点。初始化未定义时，工具坐标系默认位于连接法兰中心处。安装机器人作业工具后，实际真正用于作业的 TCP 一般将发生变化，变为工具末端的中心。这时需要标定机器人的工具坐标系，使得机器人控制点与 TCP 重合，以方便控制。

TOOL_OFFSET 指令用于设置机器人的工具坐标系，默认的 TOOL_OFFSET 初始状态为世界坐标系原点。如果要禁用 TOOL_OFFSET，则需要选择“TOOL_OFFSET(0)”。

TOOL_OFFSET 指令需要在定义了 FRAME_GROUP 后才能使用，如果未定义 FRAME_GROUP，则将生成运行时错误。TOOL_OFFSET 指令用法及示例见表 9.7。

表 9.7　TOOL_OFFSET 指令用法及示例

格式	TOOL_OFFSET(identity, x_offset, y_offset, z_offset)	
参数	identity	0 =设置为世界坐标系的默认组 1～31 =用户定义的刀具补偿的标识号
	x_offset	从世界坐标系原点到用户坐标系原点的 x 轴偏移
	y_offset	从世界坐标系原点到用户坐标系原点的 y 轴偏移
	z_offset	从世界坐标系原点到用户坐标系原点的 z 轴偏移
示例	TOOL_OFFSET(1, 20, 30, 300)	
说明	工具坐标系原点在 x 方向上具有 20 mm 的偏移，在 y 方向上具有 30 mm 的偏移并且在 z 方向上具有 300 mm 的偏移	

2. 工件坐标系

工件坐标系是以机器人基坐标系为参考，建立在工件或者工作台上的坐标系，用于确定该工件相对于基坐标系的位置。工件坐标系的作用是当机器人运行轨迹相同，只是工件位置不同时，只需要更新用户坐标系即可，无需重新编程。

用户可使用 USER_FRAME 指令进行工件坐标系的设定，默认坐标系为世界坐标系。如果要禁用 USER_FRAME，则需要选择“USER_FRAME(0)”。

USER_FRAME 指令需要在定义了 FRAME_GROUP 后才能使用，如果未定义 FRAME_GROUP，则将生成运行时错误。USER_FRAME 指令用法及示例见表 9.8。

表 9.8　USER_FRAME 指令用法及示例

格式	USER_FRAME(identity [, x_offset, y_offset, z_offset [, x_rotation [, y_rotation [, z_rotation]]]])	
参数	identity	0 =设置为世界坐标系的默认组 1～31 =用户定义的工件标识号
	x_offset	从世界坐标系原点到用户坐标系原点的 x 轴偏移
	y_offset	从世界坐标系原点到用户坐标系原点的 y 轴偏移
	z_offset	从世界坐标系原点到用户坐标系原点的 z 轴偏移
	x_rotation	围绕 x 轴以弧度旋转
	y_rotation	围绕 y 轴以弧度旋转
	z_rotation	围绕 z 轴以弧度旋转
示例	USER_FRAME(1,10,20,30,PI/2)	
说明	用户坐标系原点在 x 方向上具有 10 mm 的偏移，在 y 方向上具有 20 mm 的偏移，在 z 方向上具有 30 mm 的偏移，并围绕 X 轴旋转 $\frac{\pi}{2}$ 弧度	

9.4 项目步骤

※ SCARA 机器人项目步骤

9.4.1 应用系统连接

本项目为基于多轴运动的 SCARA 机器人项目，使用控制器的虚拟仿真工具，图 9.12 所示为项目构架图，控制器连接至计算机。

图 9.12 项目构架图

9.4.2 应用系统配置

设置计算机以太网端口 IP 为“192.168.0.100”，如图 9.13 所示。

图 9.13 计算机 IP 设置

9.4.3 主体程序设计

基于多轴运动的 SCARA 机器人项目共包含 3 个 BASIC 程序。如图 9.14 所示，各程序的功能分别为：

STARTUP：上电自动启动程序，执行初始化网络，机器人运动学参数、轴参数设置，并调用逻辑处理程序，仅运行 1 次。

MAIN：逻辑处理程序，执行数字输入逻辑的处理和“TASK_SCARA”程序的控制。

TASK_SCARA：循环运行程序，执行 SCARA 机器人的循环运行。

图 9.14　程序运行流程

主体程序设计的步骤分为 5 步，如图 9.15 所示。

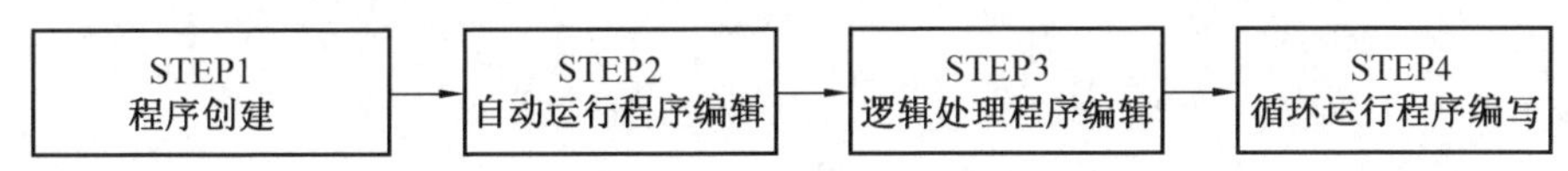

图 9.15　主体程序设计步骤

1. STEP1：程序创建

程序创建的具体步骤见表 9.9。

表 9.9　程序创建

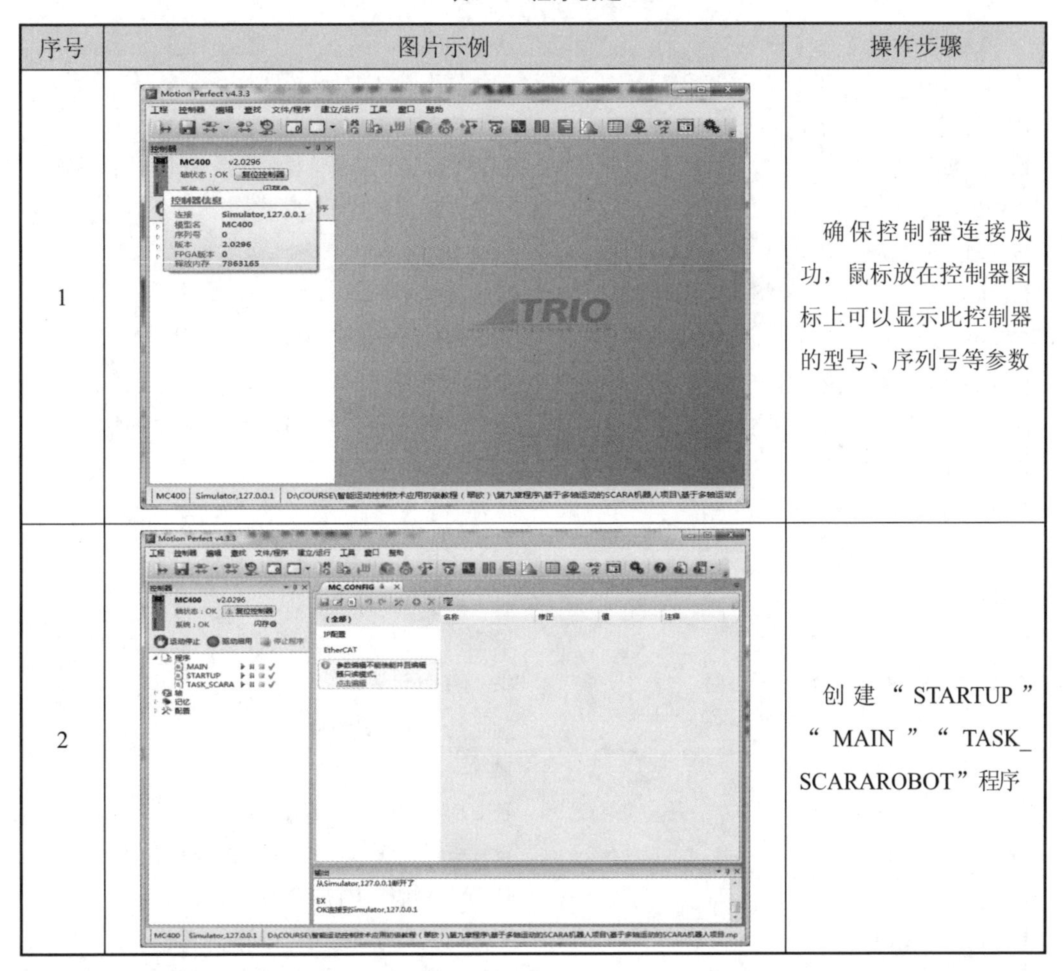

序号	图片示例	操作步骤
1		确保控制器连接成功，鼠标放在控制器图标上可以显示此控制器的型号、序列号等参数
2		创建“STARTUP”“MAIN”“TASK_SCARAROBOT”程序

2. STEP3：自动运行程序编辑

“STARTUP”程序分为 3 部分：运动学参数设置、轴参数设置、调用逻辑处理程序，具体程序代码如下：

```
TABLE(6100,1,2,3,4)                                  '设置轴组
FRAME_GROUP(1,6000,TABLE(6100),TABLE                 '设置轴 0,1,2,3 为一个组，从地址 6100 开始作为
(6101),TABLE(6102),TABLE(6103))                      第一个轴
TABLE(6000, 200)                                     '大臂长度
TABLE(6001, 250)                                     '小臂长度
TABLE(6002, 1280000 * 80 / (PI * 2))                 '轴 1 编码器边沿转化成度数
TABLE(6003, 1280000 * 80 / (PI * 2))                 '轴 2 编码器边沿转化成度数
TABLE(6004, 1)                                       '设置轴 2 为关节轴
TABLE(6006, 1280000 *3 /16)                          '轴 3 编码器边沿转化成 mm
TABLE(6007, 0.41666667)                              '轴 3 编码器边沿与轴 4 编码器边沿比值
TABLE(6008, 0)                                       'Wrist link x
TABLE(6009, 0)                                       'Wrist link y
TABLE(6010, 0)                                       'Wrist link z
TABLE(6011, 1280000 * 7.2 / (PI * 2))                '轴 4 编码器边沿转化成度数
BASE(1,2,3,4)                                        '基于轴 1、2、3、4 执行以下动作
USER_FRAME(0)                                        '工件坐标系设置为世界坐标系
TOOL_OFFSET(0)                                       '工具坐标系设置为世界坐标系
WA(10)                                               '延时 10 ms
FRAME = 0                                            '设置机器人框架为 0
BASE(1)                                              '基于轴 1 执行以下动作
UNITS = 1280000*80/360                               '设置电子齿轮比
AXIS_UNITS = UNITS                                   '轴 UNITS 设置为 UNITS
BASE(2)                                              '基于轴 2 执行以下动作
UNITS = 1280000*80/360                               '设置电子齿轮比
AXIS_UNITS = UNITS                                   '轴 UNITS 设置为 UNITS
BASE(3)                                              '基于轴 3 执行以下动作
UNITS = 1280000*3/16                                 '设置电子齿轮比
AXIS_UNITS = UNITS                                   '轴 UNITS 设置为 UNITS
BASE(4)                                              '基于轴 4 执行以下动作
UNITS = 1280000*7.2/360                              '设置电子齿轮比
AXIS_UNITS = UNITS                                   '轴 UNITS 设置为 UNITS
FRAME AXIS(1)=115                                    '设置机器人框架为 115 SCARA 框架
BASE(1)                                              '基于轴 1 执行以下动作
UNITS = FRAME_SCALE                                  '设置机器人用 mm 为单位编程
SPEED = 100                                          '设置机器人运行速度
ACCEL = SPEED * 5                                    '设置机器人运行加速度
DECEL = ACCEL                                        '设置机器人运行减速度
```

```
FS_LIMIT = 450                          '设置机器人运行正向软限位
RS_LIMIT = -450                         '设置机器人运行反向软限位
FE_LIMIT = 10                           '设置机器人跟随误差
SERVO=1                                 '设置机器人 S-ON
BASE(2)                                 '基于轴 2 执行以下动作
UNITS = FRAME_SCALE                     '设置机器人用 mm 为单位编程
SPEED = 100                             '设置机器人运行速度
ACCEL = SPEED * 5                       '设置机器人运行加速度
DECEL = ACCEL                           '设置机器人运行减速度
FS_LIMIT = 450                          '设置机器人运行正向软限位
RS_LIMIT = -200                         '设置机器人运行反向软限位
FE_LIMIT = 10                           '设置机器人跟随误差
SERVO=1                                 '设置机器人 S-ON
BASE(3)                                 '基于轴 3 执行以下动作
UNITS = FRAME_SCALE                     '设置机器人用 mm 为单位编程
SPEED = 100                             '设置机器人运行速度
ACCEL = SPEED * 5                       '设置机器人运行加速度
DECEL = ACCEL                           '设置机器人运行减速度
FS_LIMIT = 0                            '设置机器人运行正向软限位
RS_LIMIT = -160                         '设置机器人运行反向软限位
FE_LIMIT = 10                           '设置机器人跟随误差
SERVO=1                                 '设置机器人 S-ON
BASE(4)                                 '基于轴 4 执行以下动作
UNITS = FRAME_SCALE*PI*3/360            '设置机器人以度为单位编程
SPEED = 100                             '设置机器人运行速度
ACCEL = SPEED * 5                       '设置机器人运行加速度
DECEL = ACCEL                           '设置机器人运行减速度
FS_LIMIT = 360                          '设置机器人运行正向软限位
RS_LIMIT = -360                         '设置机器人运行反向软限位
FE_LIMIT = 10                           '设置机器人跟随误差
SERVO=1                                 '设置机器人 S-ON
WDOG=1                                  '控制器驱动启动
  BASE(1)                               '基于轴 1 执行以下动作
TOOL_OFFSET(1, 50, 0, 0)                '设定机器人工具坐标系
RUN "MAIN"                              '运行逻辑控制程序 main
```

4. STEP4：逻辑处理程序编辑

逻辑处理程序分为 5 部分：变量声明、初始化变量、启动循环任务、停止循环任务、急停处理，具体程序代码如下：

```
DIM oldstart AS INTEGER                          '声明启动变量
DIM oldstop AS INTEGER                           '声明停止变量
DIM oldemg AS INTEGER                            '声明急停变量
oldstart=0                                       '初始化启动变量
oldstop=0                                        '初始化停止变量
oldemg=0                                         '初始化急停变量
VR(0)=0                                          '初始化循环标志位变量
begin:                                           '标签
  IF oldstart=0 AND IN(0)=1 THEN                 '判断启动上升沿信号
    IF IN(4)=1 AND PROC_STATUS PROC(9)=0 THEN    '判断急停信号和程序状态
      VR(0)=1                                    '置位循环标志位
      RUN "TASK_SCARA",9                         '运行机器人程序
    ENDIF                                        'IF 结束标志
  ENDIF                                          'IF 结束标志
  oldstart=IN(0)                                 '设定启动初始化输入状态到锁存状态
  IF oldstop=0 AND IN(1)=1 THEN                  '判断停止上升沿信号
    VR(0)=0                                      '复位循环标志位
  ENDIF                                          'IF 结束标志
  oldstop=IN(1)                                  '设定停止初始化输入状态到锁存状态
  IF (oldemg=1) AND IN(4)=0 THEN                 '判断急停下降沿信号
    STOP "TASK_SCARA"                            '停止机器人运行进程
    BASE(1)                                      '基于轴 1
    SERVO=0                                      '关闭轴 1 使能
    BASE(2)                                      '基于轴 2
    SERVO=0                                      '关闭轴 2 使能
    BASE(3)                                      '基于轴 3
    SERVO=0                                      '关闭轴 3 使能
    BASE(4)                                      '基于轴 4
    SERVO=0                                      '关闭轴 4 使能
 ENDIF                                           'IF 结束标志
  IF(oldemg=0)AND IN(4)=1 THEN                   '判断急停上升沿信号
    BASE(1)                                      '基于轴 1
    SERVO=1                                      '打开轴 1 使能
    BASE(2)                                      '基于轴 2
```

```
    SERVO=1                                        '打开轴 2 使能
    BASE(3)                                        '基于轴 3
    SERVO=1                                        '打开轴 3 使能
    BASE(4)                                        '基于轴 4
    SERVO=1                                        '打开轴 4 使能
 ENDIF                                             'IF 结束标志
  oldemg = IN(4)                                   '设定急停初始化输入状态到锁存状态
GOTO begin                                         '跳转至标签
```

5. STEP5：循环运行程序编写

SCARA 机器人循环运行程序代码如下：

```
WHILE VR(0)=1                                                  'WHILE 循环
  BASE(1)                                                      '基于轴 1 执行以下动作
  TOOL_OFFSET(1)                                               '调用 1 号工具坐标系
  WA(10)                                                       '延时 10 ms
  MOVEABS(-64.94487,152.3547,-38.45106,9.80876)                'P0 点
  MOVEABS(43.20337,90.75812,-38.45173,-29.03943)               'P1 点
  MOVEABS(36.26495,95.67926,-38.45178,-24.60073)               'P2 点
  MOVEABS(57.18742,140.00772,-38.45181,-33.28895)              'P3 点
  MOVEABS(45.26715,145.43643,-38.45184,-28.52499)              'P4 点
  MOVEABS(27.57371,101.1378,-38.45184,-19.45345)               'P5 点
  MOVEABS(-1.87359,127.76003,-38.45184,-6.71083)               'P6 点
  MOVEABS(8.23474,180.5074,-38.45191,-18.25812)                'P7 点
  MOVEABS(22.63021,172.47847,-38.4519,-22.05703)               'P8 点
  MOVEABS(13.35314,226.78599,-38.45192,-26.68734)              'P9 点
  MOVEABS(-5.28484,130.83359,-38.45191,-5.70581)               'P10 点
  MOVEABS(-18.3372,141.0385,-38.45192,-2.29839)                'P11 点
  MOVEABS(-37.34889,194.20333,-38.45194,-7.50317)              'P12 点
  MOVEABS(-22.28335,186.65508,-38.45195,-9.99977)              'P13 点
  MOVEABS(-15.42573,166.02065,-38.45196,-8.14591)              'P14 点
  MOVEABS(-5.46698,227.20829,-38.45196,-21.95573)              'P15 点
  MOVEABS(-45.44341,245.7648,-38.45197,-16.86823)              'P16 点
  MOVEABS(-34.13288,220.13375,-38.45197,-13.74499)             'P17 点
  MOVEABS(-17.2381,211.36621,-38.45196,-16.08775)              'P18 点
  MOVEABS(-19.57489,201.66771,-38.45196,-13.63863)             'P19 点
  MOVEABS(-45.98195,215.42978,-38.45198,-10.08705)             'P20 点
WEND                                                           'WHILE 循环结束位
```

9.4.4 关联程序设计

通过控制器软件中的 SCARA 机器人进行机器人的仿真演示，仿真配置的具体步骤见表 9.11。

表 9.11 SCARA 机器人仿真设置

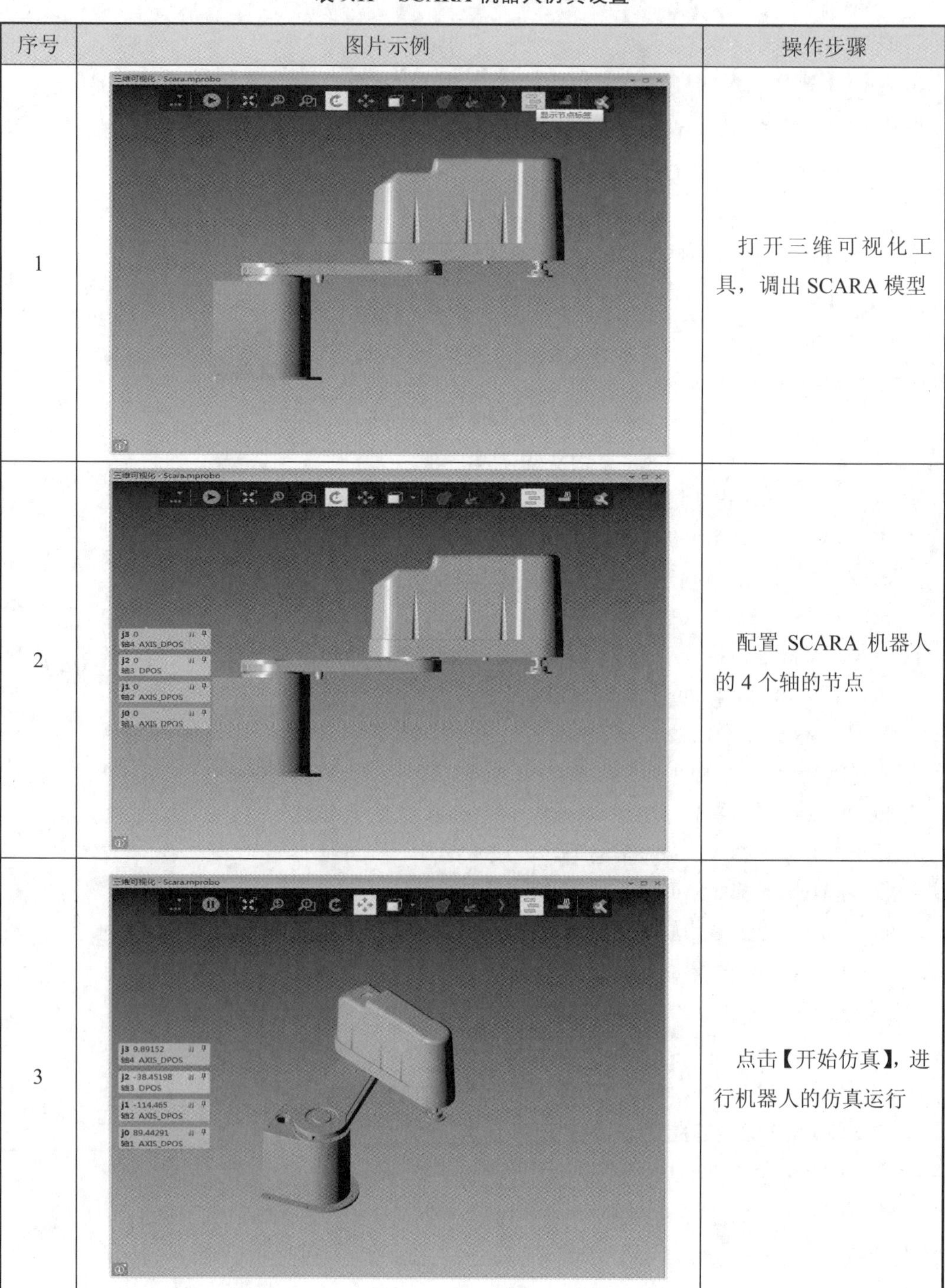

序号	图片示例	操作步骤
1		打开三维可视化工具，调出 SCARA 模型
2		配置 SCARA 机器人的 4 个轴的节点
3		点击【开始仿真】，进行机器人的仿真运行

9.4.5　项目程序调试

本项目共包含 3 个 BASIC 程序，需要分别对这 3 个程序进行调试。

1. 自动运行程序调试

自动运行程序“STARTUP”的调试步骤见表 9.12。

表 9.12　自动运行程序调试

序号	图片示例	操作步骤
1		打开自动运行程序“STARTUP”
2		点击工具栏或者“控制器树”窗口中的单步运行

续表 9.12

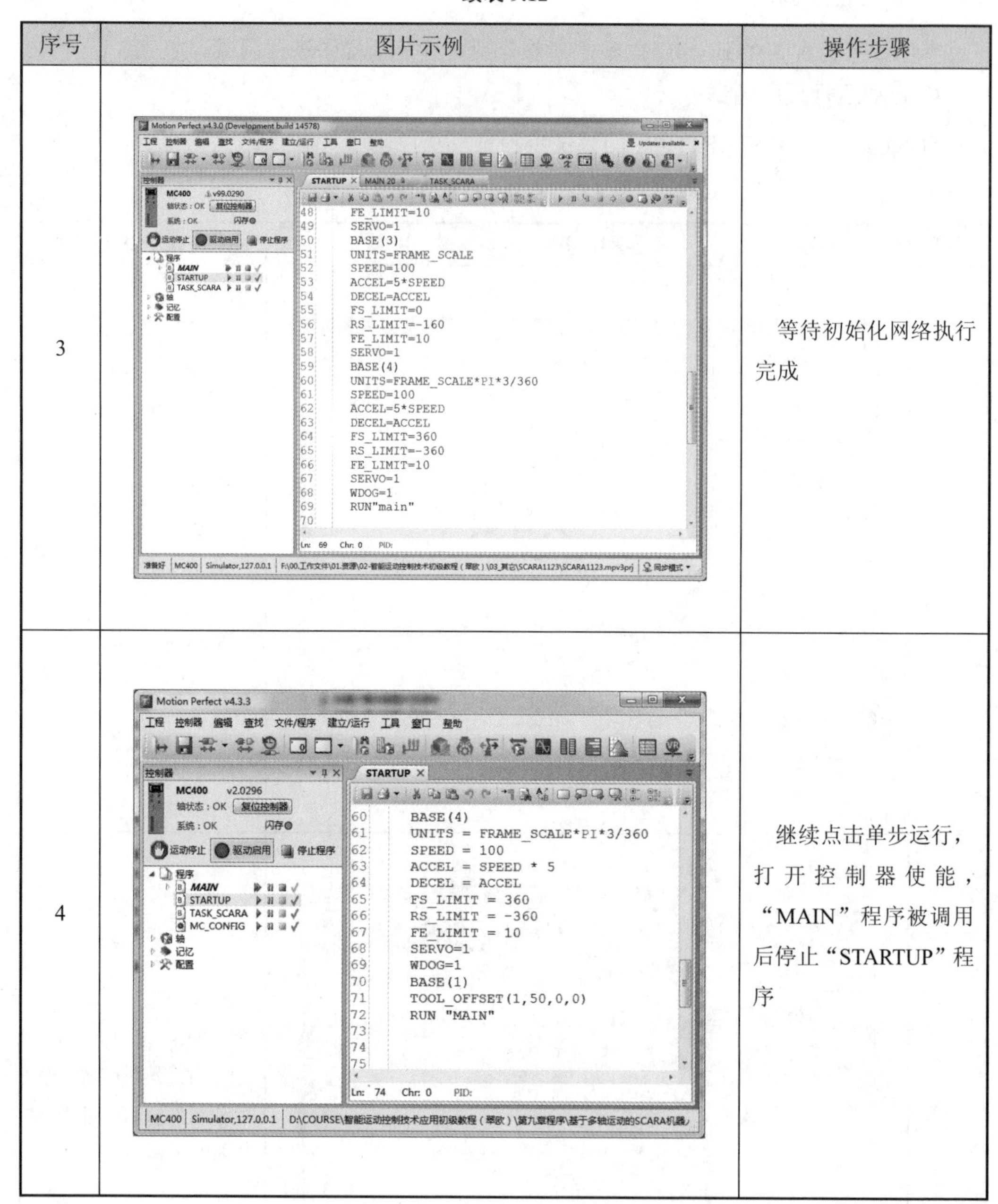

序号	图片示例	操作步骤
3		等待初始化网络执行完成
4		继续点击单步运行，打开控制器使能，“MAIN”程序被调用后停止“STARTUP”程序

2. 逻辑处理程序调试

逻辑处理程序“MAIN”的调试步骤见表 9.13。

表 9.13 逻辑处理程序调试

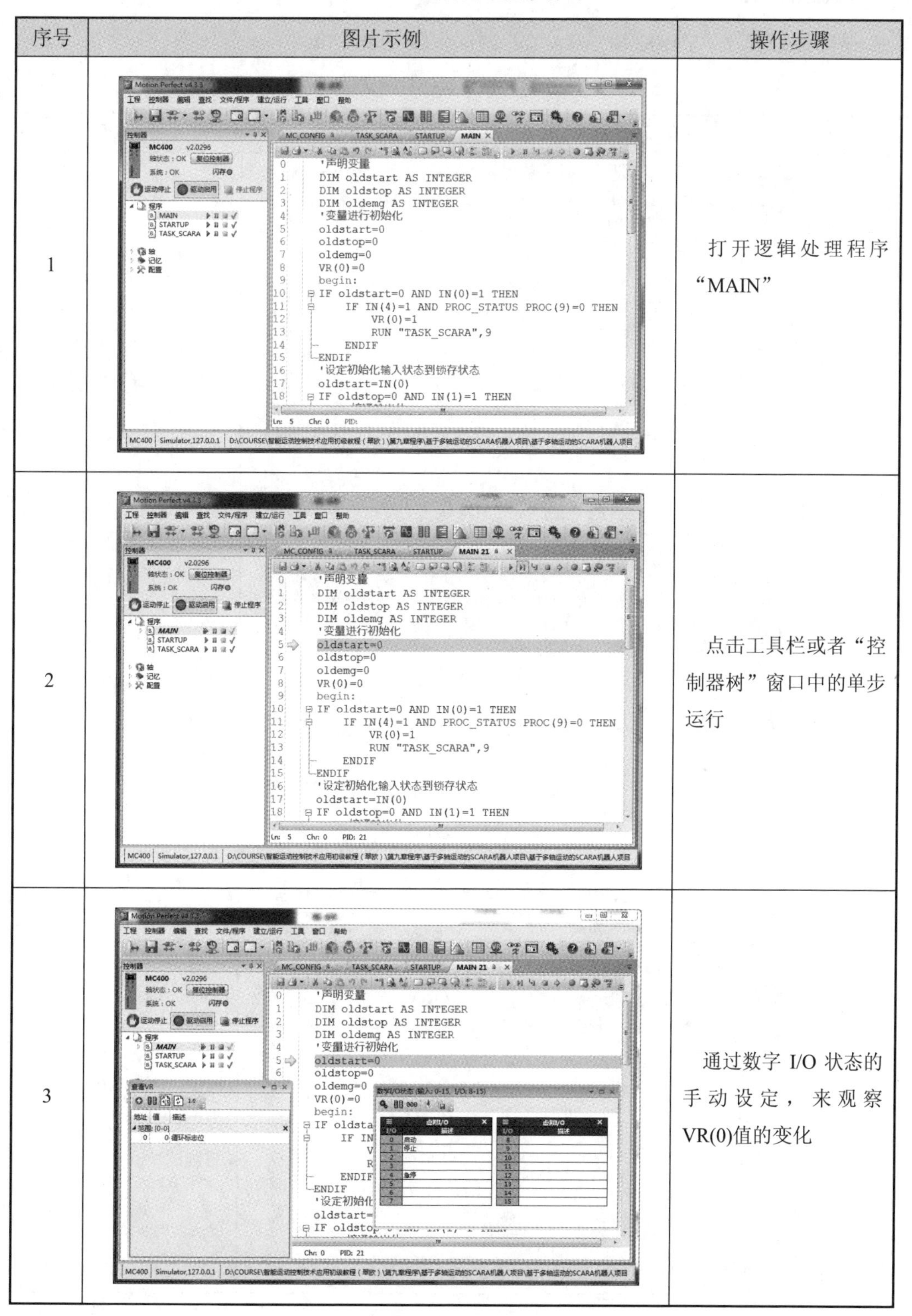

序号	图片示例	操作步骤
1		打开逻辑处理程序“MAIN”
2		点击工具栏或者“控制器树”窗口中的单步运行
3		通过数字 I/O 状态的手动设定，来观察 VR(0)值的变化

3. 循环运行程序调试

循环运行程序“TASK_SCARA”的调试步骤见表 9.14。

表 9.14　循环运行程序调试

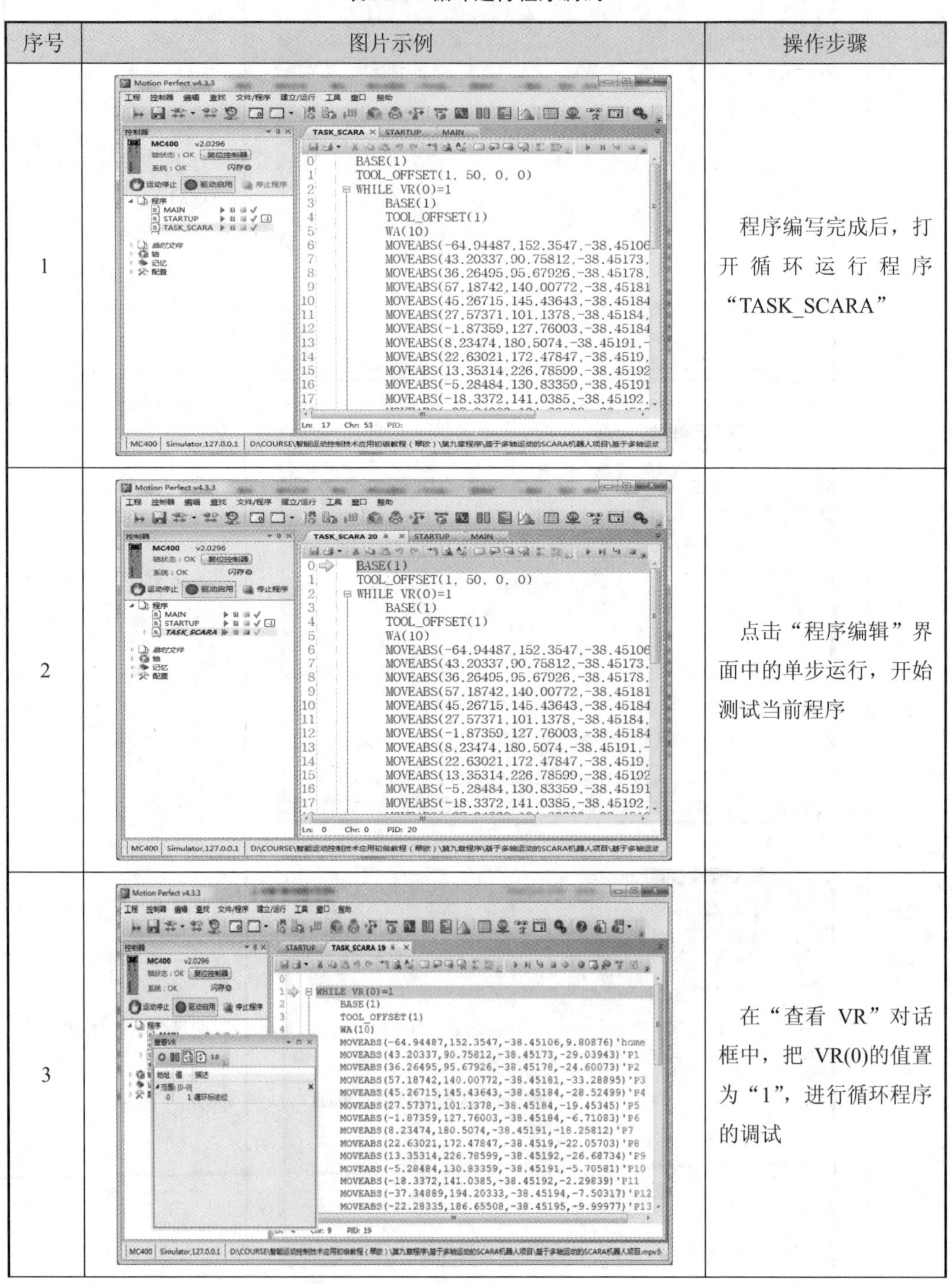

序号	图片示例	操作步骤
1		程序编写完成后，打开循环运行程序“TASK_SCARA”
2		点击“程序编辑”界面中的单步运行，开始测试当前程序
3		在“查看 VR”对话框中，把 VR(0)的值置为“1”，进行循环程序的调试

续表 9.14

序号	图片示例	操作步骤
4	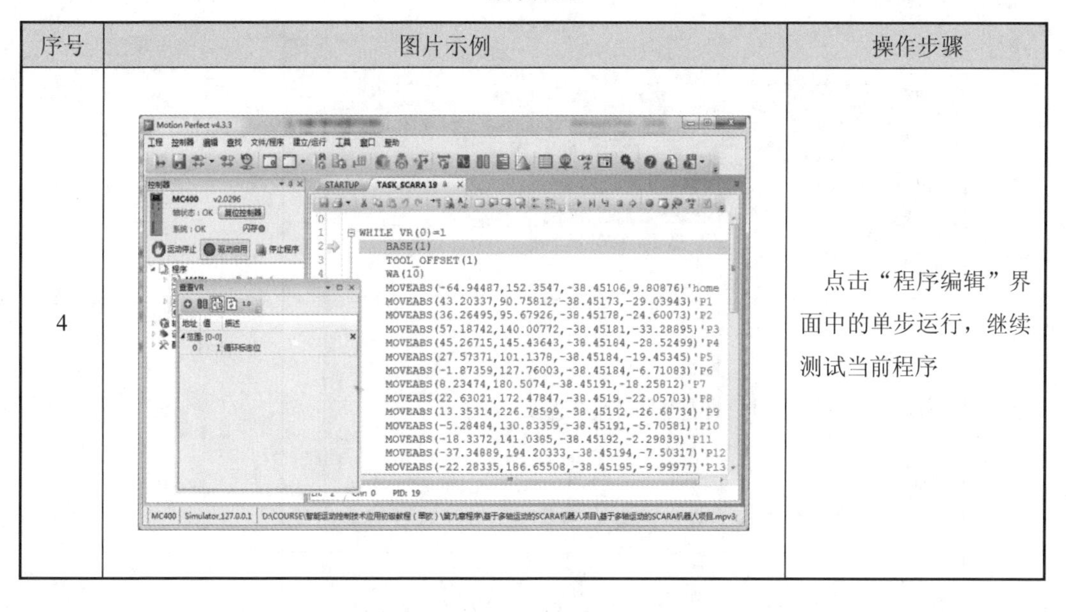	点击“程序编辑”界面中的单步运行，继续测试当前程序

9.4.6　项目总体运行

项目总体运行的具体步骤见表 9.15。

表 9.15　项目总体运行

序号	图片示例	操作步骤
1	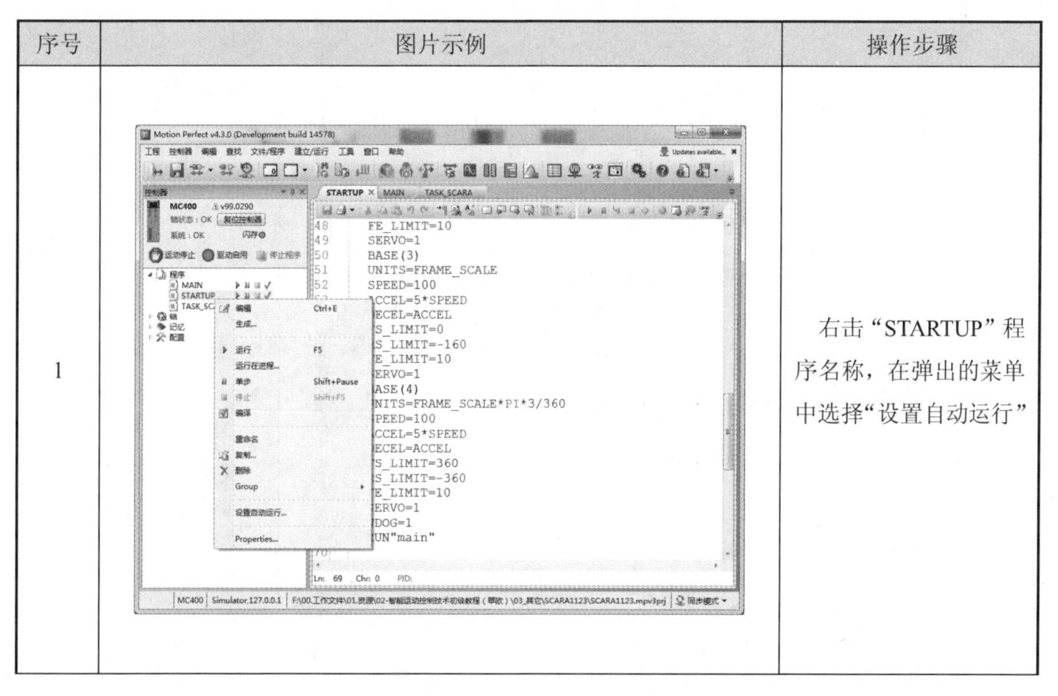	右击“STARTUP”程序名称，在弹出的菜单中选择“设置自动运行”

续表 9.15

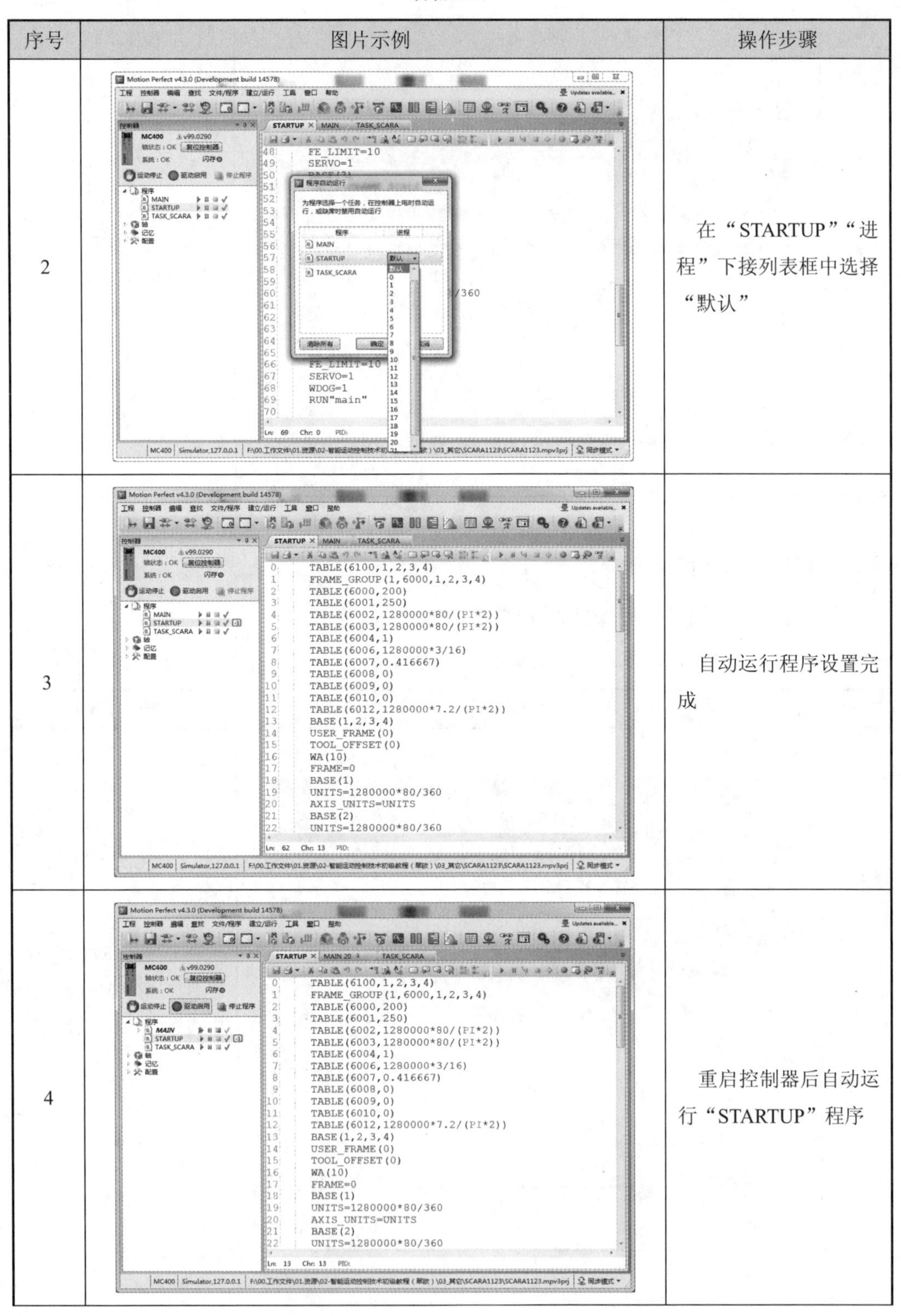

序号	图片示例	操作步骤
2		在“STARTUP”“进程”下接列表框中选择“默认”
3		自动运行程序设置完成
4		重启控制器后自动运行“STARTUP”程序

续表 9.15

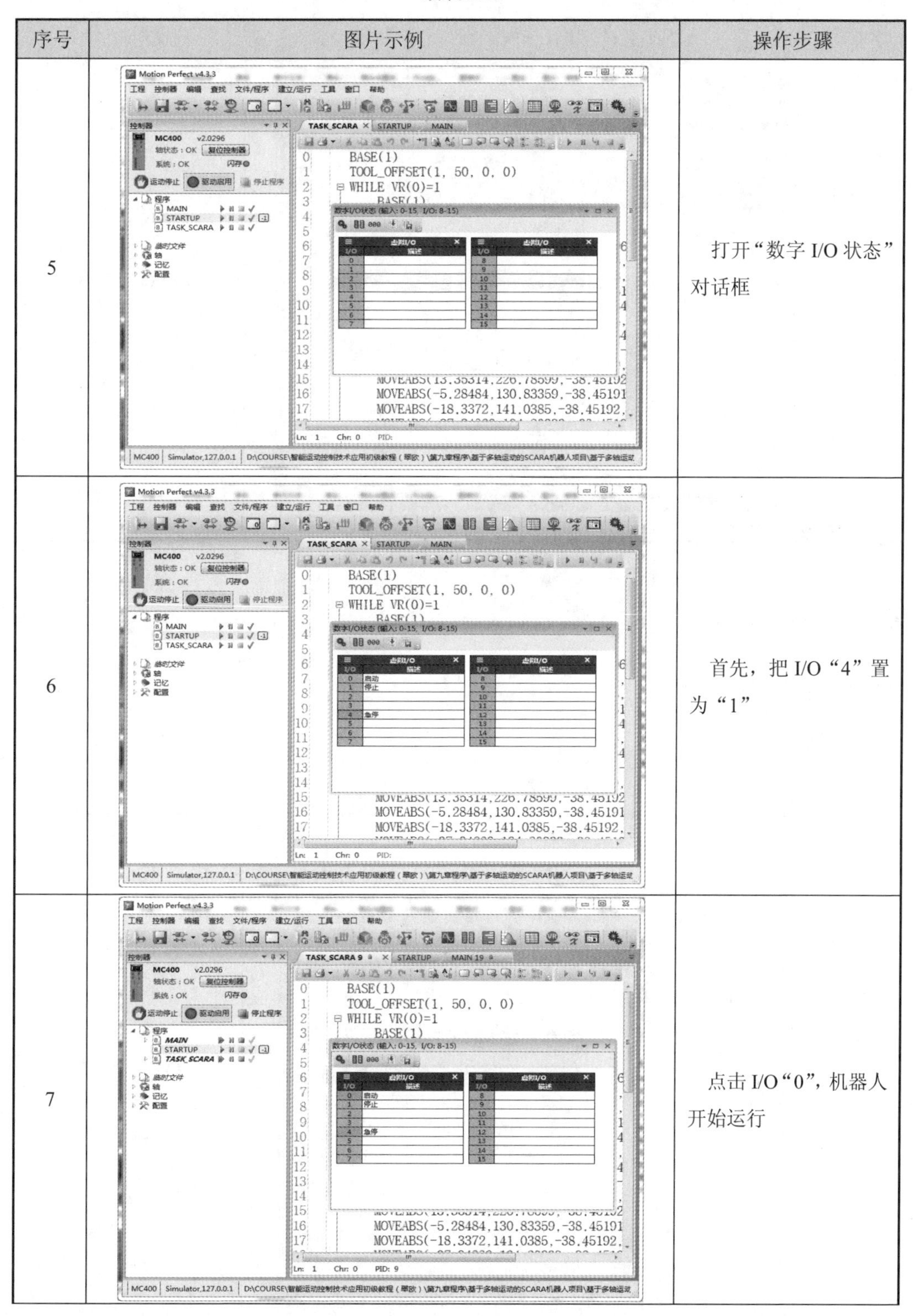

序号	图片示例	操作步骤
5		打开“数字 I/O 状态”对话框
6		首先，把 I/O “4” 置为 “1”
7		点击 I/O “0”，机器人开始运行

续表 9.15

序号	图片示例	操作步骤
8	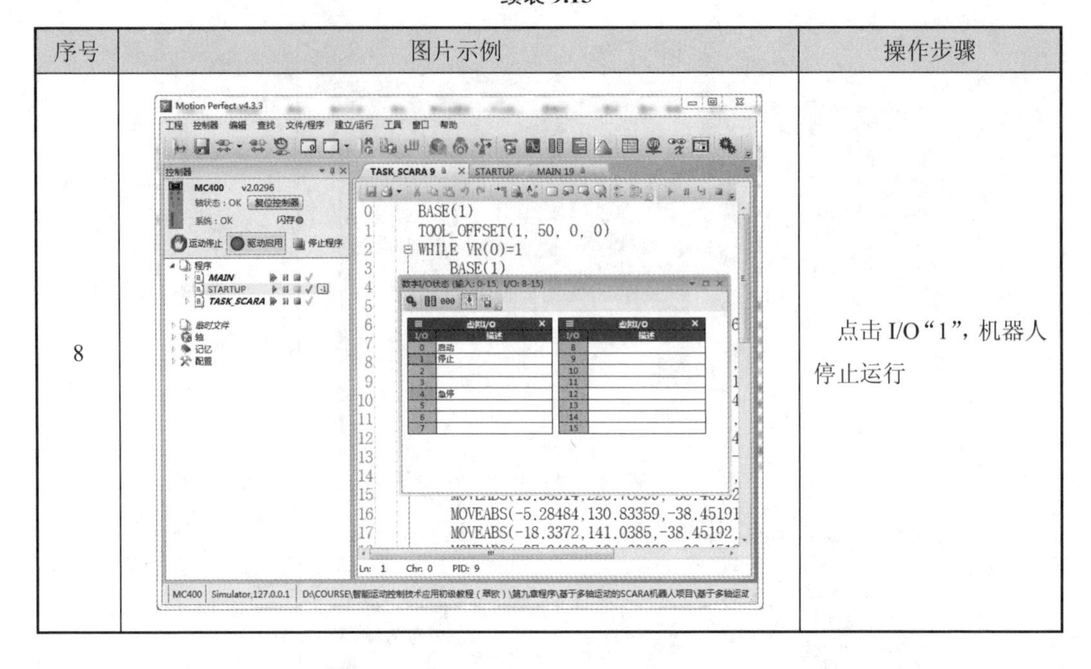	点击 I/O“1”，机器人停止运行

9.5 项目验证

9.5.1 效果验证

效果验证见表 9.16。

表 9.16 效果验证

序号	图片示例	操作步骤
1	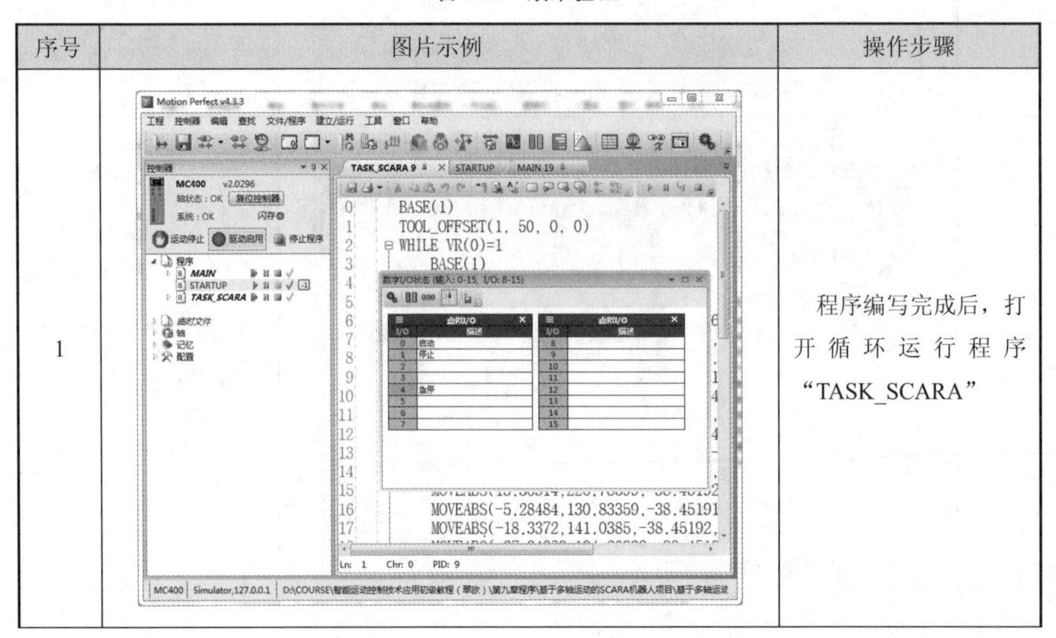	程序编写完成后，打开循环运行程序“TASK_SCARA”

续表 9.16

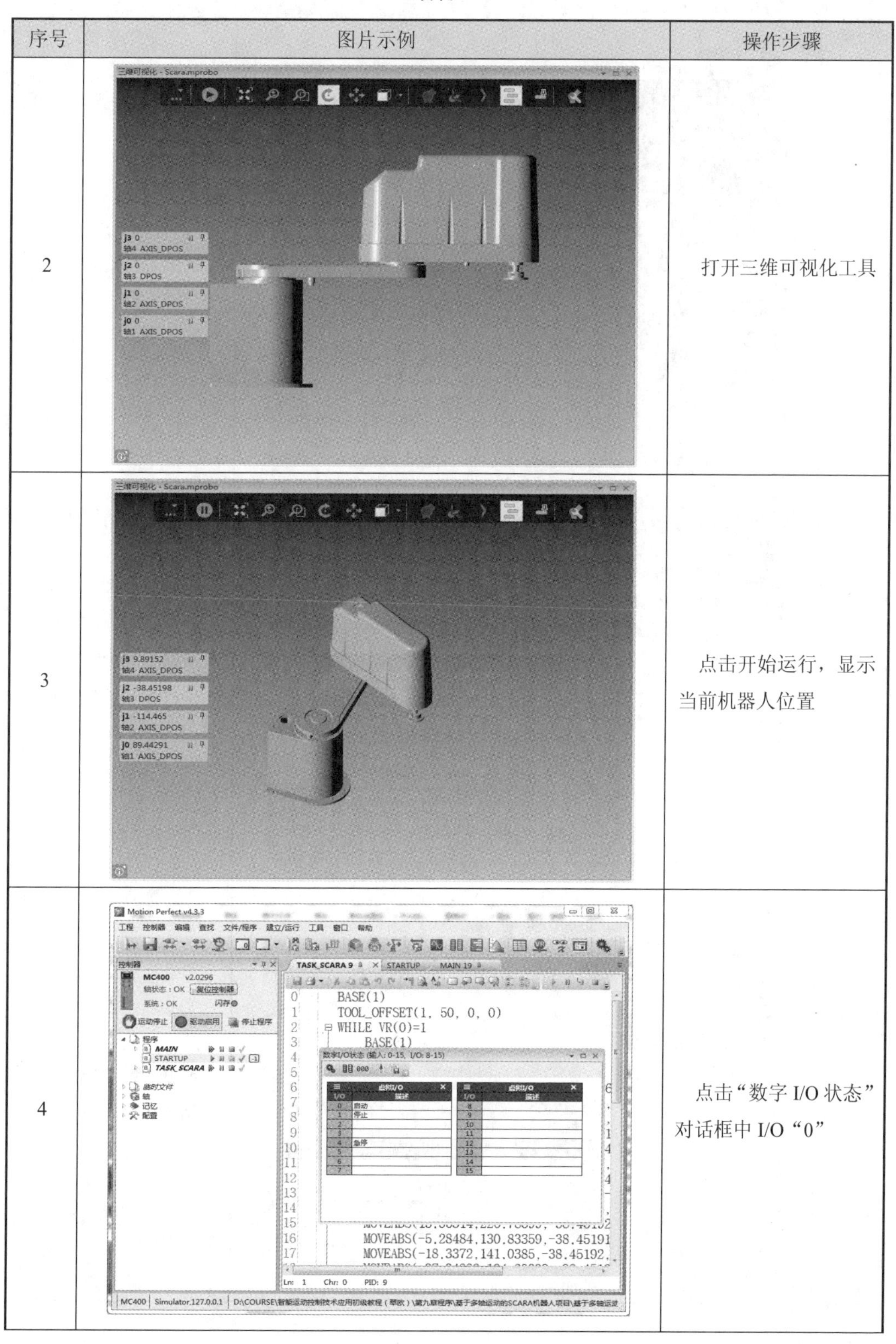

序号	图片示例	操作步骤
2		打开三维可视化工具
3		点击开始运行，显示当前机器人位置
4		点击“数字 I/O 状态”对话框中 I/O “0”

续表 9.16

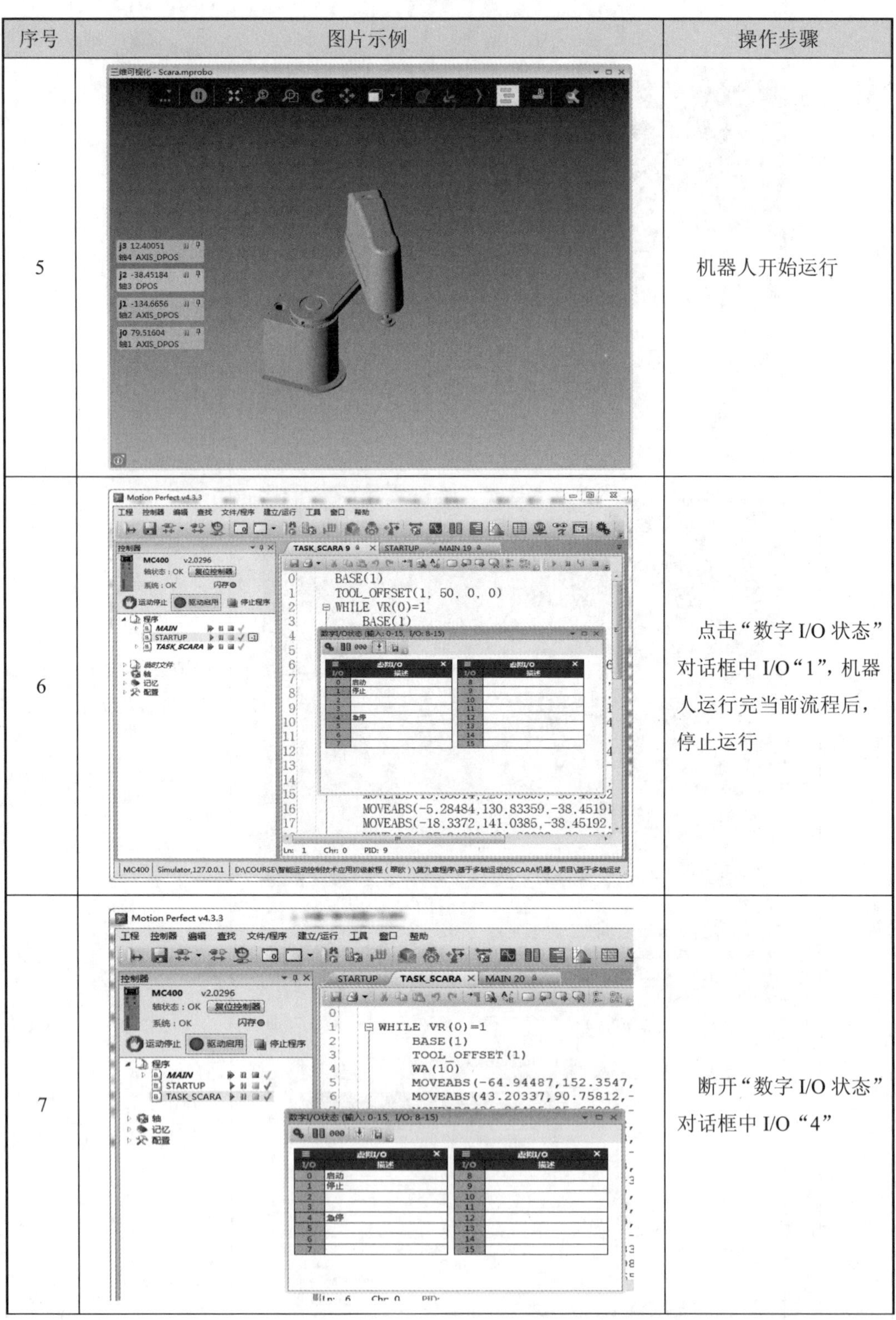

序号	图片示例	操作步骤
5		机器人开始运行
6		点击“数字 I/O 状态”对话框中 I/O“1”，机器人运行完当前流程后，停止运行
7		断开“数字 I/O 状态”对话框中 I/O “4”

续表 9.16

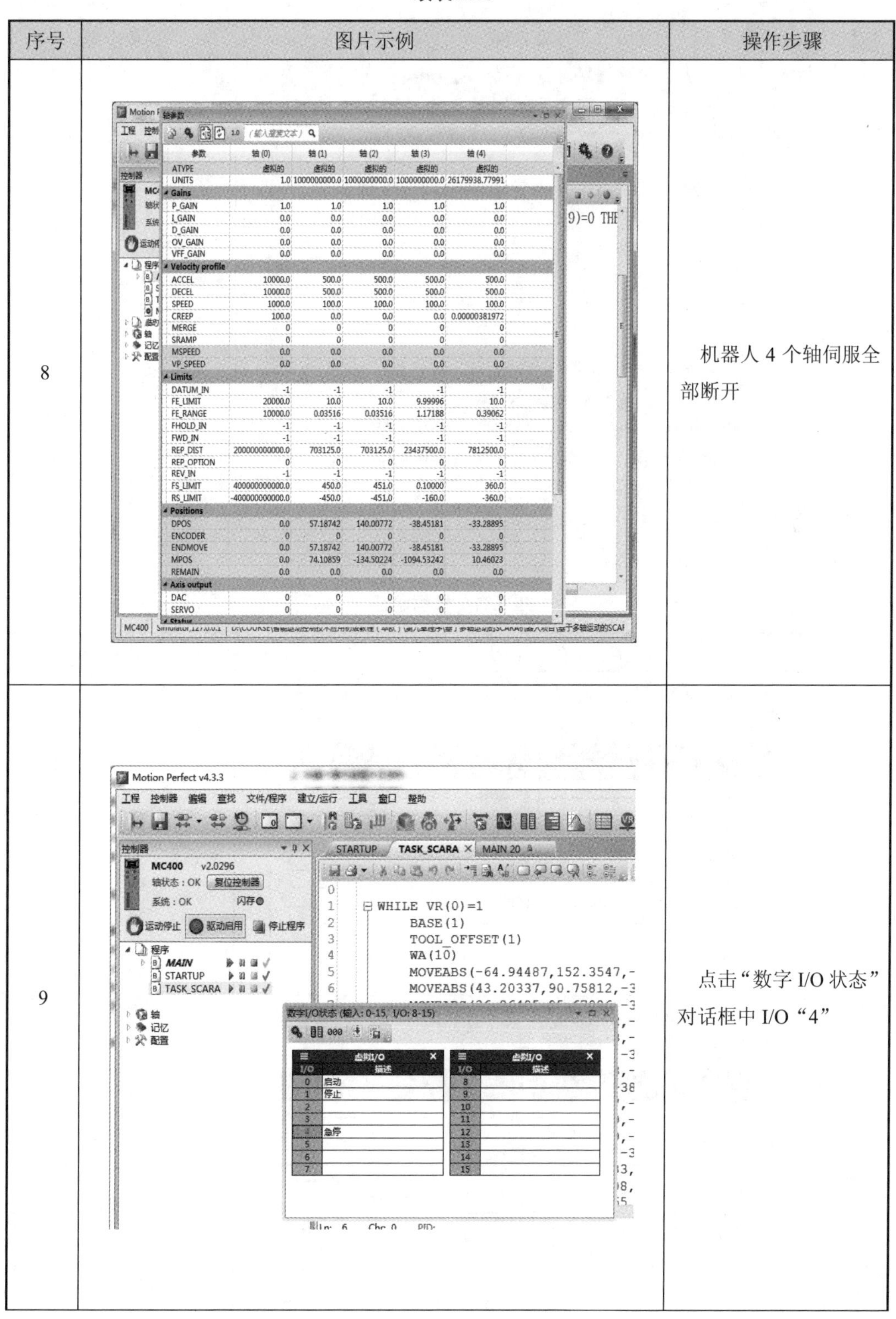

序号	图片示例	操作步骤
8		机器人 4 个轴伺服全部断开
9		点击“数字 I/O 状态”对话框中 I/O“4”

续表 9.16

序号	图片示例	操作步骤
10	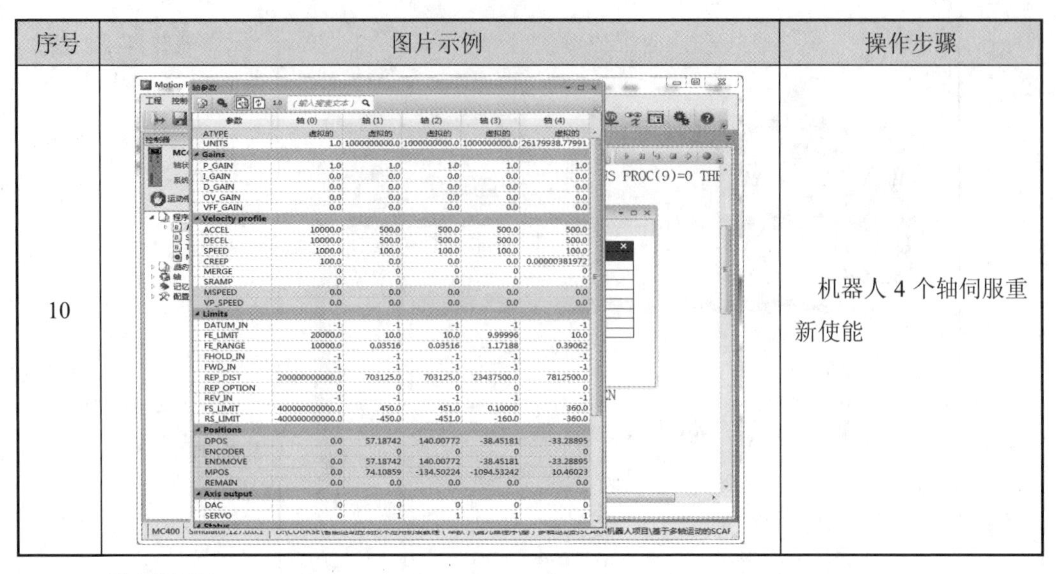	机器人 4 个轴伺服重新使能

9.5.2 数据验证

数据验证结果见表 9.17。

表 9.17 数据验证

序号	图片示例	操作步骤
1		打开"数字 I/O 状态"对话框
2		点击 I/O "0"

续表 9.17

序号	图片示例	操作步骤
3	查看VR 1.0 地址 值 描述 范围: [0-0] 0 1 循环标志位	置位循环标志位
4	数字I/O状态 (输入: 0-15, I/O: 8-15) 000 虚拟I/O 虚拟I/O I/O 描述 I/O 描述 0 启动 8 1 停止 9 2 10 3 11 4 急停 12 5 13 6 14 7 15	点击 I/O “1”
5	查看VR 1.0 地址 值 描述 范围: [0-0] 0 0 循环标志位	复位循环标志位

续表 9.17

序号	图片示例	操作步骤
6	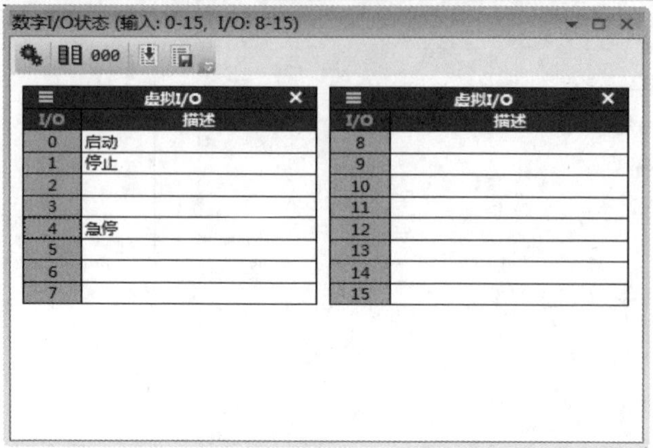	断开 I/O“4”，同样复位循环标志位

9.6 项目总结

9.6.1 项目评价

项目评价见表 9.12。

表 9.18 项目评价表

项目指标		分值	自评	互评	评分说明
项目分析	1. 硬件构架分析	6			
	2. 软件构架分析	6			
	3. 项目流程分析	6			
项目要点	1. 机器人运动学	6			
	2. 轴数值切换	6			
	3. 坐标系认知	6			
项目步骤	1. 应用系统连接	8			
	2. 应用系统配置	8			
	3. 主体程序设计	8			
	4. 关联程序设计	8			
	5. 项目程序调试	8			
	6. 项目运行调试	8			
项目验证	1. 效果验证	5			
	2. 数据验证	5			
合计		100			

9.6.2　项目拓展

（1）设计一个机器人动作，使机器人能够在运行到某一定点时输出信号，并通过一个外部输入信号来使机器人进行选择性工作，并使用虚拟仿真进行验证。

（2）使用控制器控制机器人手动、自动的切换，机器人手动操作单个轴，并能把所有轴的使能写成一个函数，使用控制器库函数来完成这些动作，如图 9.16 所示。

```
⊞ 'TABLE
⊞ FUNCTION hdgetversion() AS STRING

⊞ FUNCTION hdgetsn() AS STRING


  'Init code
⊞ FUNCTION hdinit(a1 AS INTEGER,a2 AS INTEGER,a3 AS INTEGER,a4 AS INTEGER)

⊞ FUNCTION hd2world() AS BOOLEAN

  '转换为关节
⊞ FUNCTION hd2joint() AS BOOLEAN

⊞ FUNCTION hdservo(state AS BOOLEAN) AS BOOLEAN

⊞ 'FUNCTION hdbase(i AS INTEGER)

⊟ FUNCTION hdjoint(caxis AS INTEGER,state AS INTEGER) AS BOOLEAN
      IF (TABLE(6120) <>9) THEN
          PRINT "Robot is not Init."
          RETURN FALSE
      ENDIF
      IF(caxis <1)OR(caxis >4) THEN
          PRINT "AXIS Err!"
          RETURN FALSE
      ENDIF
```

图 9.16　库函数编写示例

参考文献

[1] 张明文. 工业机器人技术人才培养方案[M]. 哈尔滨：哈尔滨工业大学出版社，2017.
[2] 张明文. 工业机器人基础与应用[M]. 北京：机械工业出版社，2018.
[3] 张明文. 工业机器人技术基础及应用[M]. 哈尔滨：哈尔滨工业大学出版社，2017.
[4] 张明文. 工业机器人入门实用教程：FANUC 机器人[M]. 哈尔滨：哈尔滨工业大学出版社，2017.
[5] 张明文. 工业机器人原理及应用：DELTA 并联机器人[M]. 哈尔滨：哈尔滨工业大学出版社，2018.

观看教学视频

步骤一

登录“技皆知网”

www.jijiezhi.com

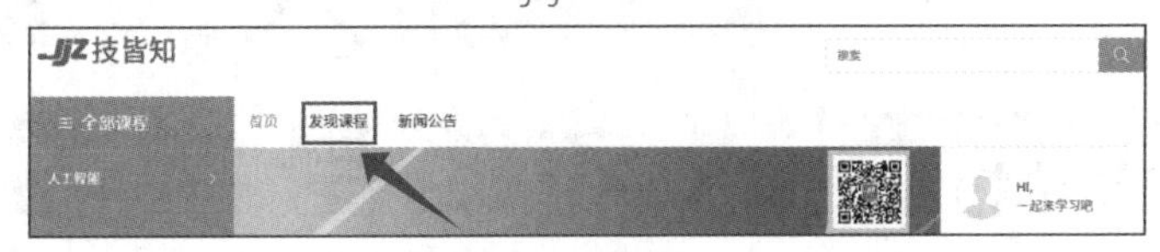

步骤二

搜索教程对应课程

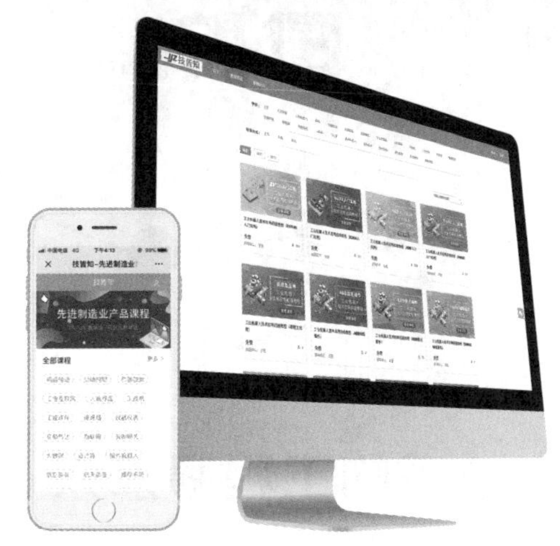

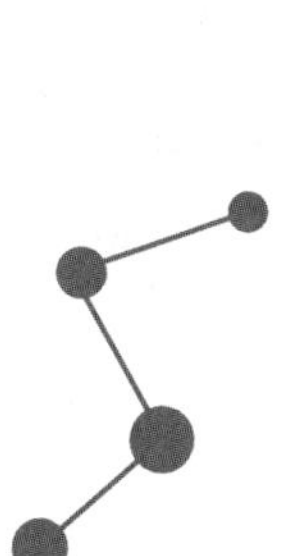

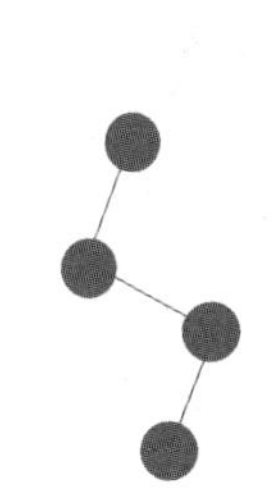

咨询与反馈

尊敬的读者：

感谢您选用我们的教程！

本书有丰富的配套教学资源，凡使用本书作为教程的教师可咨询有关实训装备事宜。在使用过程中，如有任何疑问或建议，可通过电子邮箱（market@jijiezhi.com）或扫描右侧二维码，提交咨询信息。

（书籍购买及反馈表）

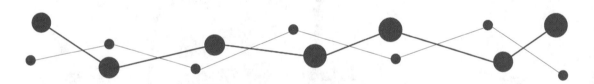